JN276041

花色の生理・生化学

安田 齊 著

増補版

内田老鶴圃

本書の全部あるいは一部を断わりなく転載または複写(コピー)することは，著作権および出版権の侵害となる場合がありますのでご注意下さい．

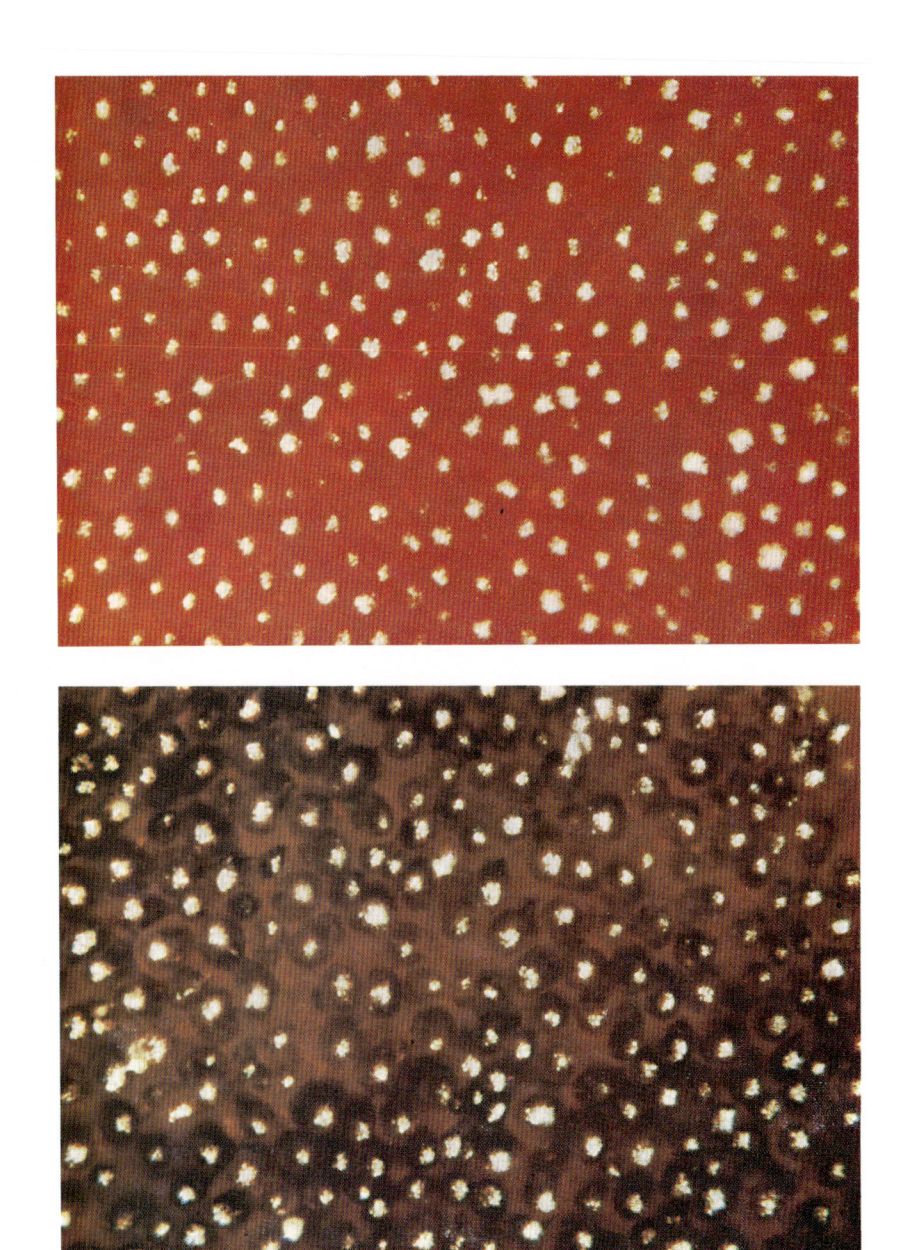

バラの赤色種(上)と黒色種(下)の花弁の表面観(Yasuda, 1964)(本文4・8節参照)

推薦のことば

　花の色は，葉の緑とともに，植物が染めだす美しい自然の彩りであり，また，いつもわれわれの身近かにあって生活に無限の潤いを与えている。そのためか，研究の歴史も古く，過去100年余りの間に，花色をつくりだすアントシアン，フラボン，カロチノイドなどの色素群については多くの知見が集積され，最近ではそれらの生合成の研究も画期的の進歩を遂げつつある。近年，欧米ではこれらの色素群ごとに専門的な総説書がいくつか刊行されているが，花の色と題してまとめたものは，内外ともにまだ見当らない。

　たまたま，安田博士から「花色の生理・生化学」をまとめてみたとの話を伺い，まもなく初校刷りで，内容を詳しく知ることができた。それは正にわが国の花色研究者の伴侶として相応しい著書であり，久しく私たちの待ち望んでいたものであった。

　安田博士は，孤立にも近い研究環境の中で，十数年にわたって花色の研究に取り組み，ほとんど自力で独自の研究領域を開拓しつつある，真に篤学の人である。ひたすら文献を師とし友として学びとろうとする立場から，無数の文献を渉猟し，原著論文の意を忠実に本書に反映された並々ならぬ労苦には，私は深く敬意を表したい。各章の終りに付けられている多数の文献は，花色研究の鳥瞰図としても役立ち，今後わが国において花色の生化学を植物の生理，遺伝，育種などの研究に発展させようとする人々に対しても個々の研究を詳しく知る手がかりにしたいという著者の配慮が窺われる。

　本書が「花の色」についての単なる教科書，参考書にとどまらず，研究者のための好著として広く活用され，花色に秘められた自然のしくみが，より正し

く，より深く，多くの人々によって理解されることを願って推薦のことばとする。

昭和48年3月

東京農業大学育種学研究所にて

林　孝三

まえがき

　私が花色の研究を始めてから，もう10年余りになる。この間私は，どちらかといえば孤立した研究環境におかれていたと思う。それは，地方大学に奉職した関係から同学者との交流にあまり恵まれなかったことに加えて，花色の研究をほとんど独学で始めたことによる。

　研究者が一人前になるオーソドックスの道といえば，まず大学の卒業論文に始まり，以後も恩師の指導を受けてやがて独立するといったものであろう。私が花色の研究に入った経過は，そうではなかった。卒業論文は「イネの子葉鞘におけるコハク酸脱水素酵素」であったし，卒業後2〜3年間は生体アミンの酵素学的研究に従事した。この頃までは指導者があったが，信州大学で花色の研究を始めてからは，直接の指導者なしに今日におよんでいる。

　そのような環境におかれたので，視野が狭くならないよう，また偏見を抱くことのないよう常に心がけ，とくに文献を集めて読むことにかなりの時間と精力を費した。初めは狭い範囲での文献収集であったが，その範囲はだんだん広いものとなり，やがて相当の分量になった。集めたままでは利用しにくいので，内容を要約して整理し，私個人用の文献要約集とした。これを座右におき，研究を進めるうえでのよい伴侶とした。

　ひるがえって花色に関する書物を探してみると，この方面を総合的に扱ったものは意外と見当らないことに気がついた。そこで，現在の私には任が重すぎるけれども，上述の文献要約集をさらに体系的に整理し，これに平易な解説を加え，一冊の書にまとめてみた次第である。したがって本書は，植物生理学や遺伝学，育種学などの研究に携わっている人々や，花色に興味をもっている人々の参考になるものと信じる。

花色の研究の歴史はずい分古く，色素化学の研究も含めれば19世紀中葉までさかのぼることができる．それ以来，幾多の先人が貴重な業績を遺し，多くの問題を解決してきた．しかし，まだまだ数多くの問題が未解決のままでいる．将来，さらに多くの人々が，いっそう多角的に花色の研究に乗りださなければならないことを痛感する．この書が，花色研究の今後の発展のための一助ともなれば幸である．

　化合物の日本語訳は，IUPAC規則によったが，なお不適当なものがあれば，ご指摘いただきたい．

　終りに臨み，この書の出版のいとぐちをつくられ，執筆のうえでいろいろとご指導くださった信州大学名誉教授中山　包先生，ならびに懇切なご校閲とご助言を賜り，そのうえ身に余る推薦のことばをいただいた元東京教育大学教授林　孝三先生に深甚の謝意を表する．また，刊行のためにご尽力くださった内田老鶴圃新社の内田　悟，長谷部義夫両氏，編集に当たられた瀧山陽子さんの方々にも深く感謝申し上げる．

　　昭和48年3月

　　　　　　　　　　　　　　　　　　　信州大学理学部にて

　　　　　　　　　　　　　　　　　　　　　　　安　田　　齊

増補新版の序

　このたび，新しく印刷するに当って，第2章，章末ベタシアニン等に関するその後の進展を補遺として，巻末に追加記載しました．第2章，第3章を読まれるときには，巻末の補遺をも読んでいただきます．

　すでに，本書が多くの方々に読まれていますことを深く感謝いたします．

　　昭和55年3月

　　　　　　　　　　　　　　　　　　　　　　　安　田　　齊

目　　次

1　総　論 ……………………………………………… 1
　　花色の定義　　花色の母体——色素　　花弁内の色素の
　　分布　　色の表現について　　花色の意義　　花色の研
　　究分野
　参考文献

2　色素の化学 ………………………………………… 9
　　　　　　　　　カロチノイド
　　化学構造　　抽出および分離法　　吸収スペクトル
　　　　　　　　　フラボノイド
　2・1　アントシアニン(その1)——化学構造 ……… 17
　　アントシアニジン　　配糖体型　　アシル化アントシア
　　ニン
　2・2　アントシアニン(その2)——分離定性法 …… 26
　　抽出および精製　　ペーパークロマトグラフィーによる
　　定性　　部分的加水分解による定性法　　アントシアニ
　　ジンの定性試験　　スペクトル特性
　2・3　ジェヌインアントシアニン ……………………… 36
　　抽出，結晶化の例と，だいたいの性質　　ジェヌイン
　　アントシアニンの化学構造に関する二三の実験
　2・4　アントキサンチン——フラボンとフラボノール——の化学構造 …… 40
　　フラボン　　フラボノール

v

2・5 カルコンおよびアウロンの化学構造・・・・・・・・・・・・ 45
　　　カルコン　　アウロン
2・6 フラボノイドの分離定性法・・・・・・・・・・・・・・・・ 47
　　　分離法　　個々のフラボノイドの定性

　　　　　　　　ベタシアニンとベタキサンチン

参考文献

3　色素の生合成・・・・・・・・・・・・・・・・・・・・・・・・ 60

　　　　　　　　　　　カロチノイド

3・1 生合成の経路・・・・・・・・・・・・・・・・・・・・・・ 60
　　　メバロン酸の生成　　イソペンテニルピロリン酸エステ
　　　ルの生成　　イソペンテニルピロリン酸エステルの連続
　　　縮合　　フィトエンの生成　　フィトエンの脱飽和
　　　閉環型カロチノイドの生成　　キサントフィルの生成
3・2 生合成におよぼす生理的条件の影響・・・・・・・・・・・・ 71
　　　温度　　光　　その他

　　　　　　　　　　　フラボノイド

3・3 生合成の経路・・・・・・・・・・・・・・・・・・・・・・ 74
　　　フラボノイドの前駆物質　　カルコンの生成　　フラバ
　　　ノンの生成　　フラボノールとアントシアニンの生成
　　　アウロンの生成　　イソフラボンの生成　　ロイコア
　　　ントシアニン　　ヒドロキシル化　　メチル化　　グリ
　　　コシル化　　アシル化
3・4 生合成におよぼす生理的条件の影響・・・・・・・・・・・・ 92
　　　花弁の培養と生成するアントシアニン　　光　　糖類
　　　　温度　　核酸代謝　　タンパク質代謝　　アミノ酸お
　　　よびその類似体　　各種の硫黄化合物　　金属元素また
　　　は金属イオン　　生長物質など　　除草剤　　リボフラ
　　　ビン　　傷害および病害　　呼吸阻害剤　　アデノシン

目次

　　　　三リン酸(ATP)　　酸性度
　　参考文献

4　花色変異の機構 ･････････････････････128
　4・1　花色と色素の種類 ･････････････････129
　　色素構成　　アントシアニンの化学構造と花色
　4・2　色素の量的効果 ･･･････････････････138
　　桃色系と赤色系の花色変異　　黒色系の花色
　4・3　pH と花色 ･････････････････････････142
　4・4　花弁の青色発現についての金属錯体説とメタロアントシアニンの単離
　　　　結晶化 ･････････････････････････････145
　　金属錯体説　　天然より単離結晶化した青色色素とその化学構造(その1)——プロトシアニン　　プロトシアニンの化学構造(続)　　天然より単離結晶化した青色色素とその化学構造(その2)——コンメリニン　　天然より単離結晶化した青色色素とその化学構造(その3)——シアノセントーリン　　人工的に製出したアントシアニンまたはアントシアニジンの金属錯体とその性質
　4・5　コピグメンテーション ･････････････161
　4・6　細胞液のコロイド状態 ･････････････166
　4・7　アジサイの花色変異 ･･･････････････168
　4・8　花弁の組織構造が花色に与える影響 ････177
　4・9　花色の微細変異——赤色系バラを中心として ･････180
　　基本的な実験方法　　色素の量的効果　　コピグメンテーション様効果　　花弁の表面反射光の役割　　花弁の半透明性の影響　　花弁の色素層の細胞液のpH
　4・10　バラ花弁にみられるブルーイング現象 ･････199
　4・11　花弁の吸収スペクトル ･････････････206
　参考文献

5　花色の遺伝生化学 ・・・・・・・・・・・・・・・・・・・・・・・・・・・ 219

植物各論

チュウカザクラ　キンギョソウ　ヒナゲシ　ダリア　ニオイアラセイトウ　スイートピー　ストレプトカルプス　アサガオ　バラ　ポテト　パンジー　ホウセンカ　トレニア　ポインセチア　マツバボタン

花色変異の要因についての各論

5・1　フラボノイドの種類と遺伝子 ・・・・・・・・・・・・・・・・ 255
　ヒドロキシル化　メチル化　グリコシル化　アシル化

5・2　アントシアニンの色調変化にあずかる遺伝子 ・・・・・・・ 263
　絶胞液の酸性度　コピグメンテーション　アントシアニンの含量

5・3　フラボノイドの分布に関係する遺伝子 ・・・・・・・・・・・ 266
　花と他の器官とで色素の分布を不均一にする遺伝子　一つの花の中で色素の分布を不均一にする遺伝子　その他

カロチノイドに関する遺伝生化学

参考文献

補　遺 ・・・・・・・・・・・・・・・・・・・・・・・・・・・・・・・・・・・・ 273

索　引 ・・・・・・・・・・・・・・・・・・・・・・・・・・・・・・・・・・・・ 281

1章 総論

花色の定義

　花色 flower color の生理・生化学の説明にはいる前に，花色の定義について考えておく必要がある。花色を字のとおりに解釈すれば，花 flower すなわち顕花植物の生殖器官全体の示す色ということになる。しかし，花はいくつかの器官が集合してできたもので，その構造はけっして単一ではない。花色として一般に対象とされているのは花全体ではなく，普通色彩的に顕著な，特に花弁状に発達した部分である。

　多くの植物では，この部分は内花被 inner perianth——花冠 corolla ともいわれる——をさすが，ユリ，アヤメ，スイセンなどの花のように外花被 outer perianth——がく caryx ともいわれる——も花弁状に発達して花冠と区別できなくなったものもある。そのほか，がくだけが花弁状に発達したもの(例：トリカブト，ヒメハギ，ソバなど)，苞 bract が著しく発達して花弁状となり，本来の花被を欠いているもの(例：ドクダミ，ポインセチアなど)もある。

　花被†や苞は，雄ずい，心皮などと同じく葉の変態したものと考えられ，花葉 floral leaf と総称されている。したがって，花色を広義に解釈すれば花葉が示すすべての色をいわなければならないであろうが，一般に用いられている意味はそれよりも狭く，花葉のうち特に花弁状に発達した部分の呈する色に限

---

† 花被を構成する1枚1枚の単位をがく片 sepal または花弁 petal という。

られている。

花色の母体――色素

　厳密にいえば，花色はそこに含まれている色素の色調そのままが現われたものとはいえないが，第一義的にいえば色素が母体となってだいたいの花色が決定されているわけである。

　花色の種類は非常に豊富であるから，その母体である色素(花色素)の種類も非常に多い。これら花色素の単離結晶化，化学構造の決定などの研究は，すでに19世紀の中頃には始められていた。今世紀にはいるやますます盛んとなり，今日もなお引き続いて行なわれている。

　これらのばく大な研究結果からみると，花色に関与している色素の大部分はカロチノイド carotenoid かフラボノイド flavonoid かのどちらかに所属する。このどちらにも属さない色素もあるが，これらは種類が少ないうえに特殊な植物にしか含まれていないので本書ではその説明を省略した。ただし，窒素を含む色素ベタシアニン betacyanin とベタキサンチン betaxanthin は，最近化学構造も明らかになり，そのうえ植物の系統との関連性も注目されてきたので，本書では部分的に取り扱った箇所もある。

　カロチノイドはその化学構造にテルペン類やゴム類と共通の基本骨格をもつ色素の総称で，いわゆるイソプレノイド isoprenoid の一種である。また，フラボノイドは，リグニンやタンニンなどとその基本骨格が似ており，植物性多価フェノール類 plant polyphenols に属する。これらの色素の詳細については次章以下で述べるが，いずれも植物の2次代謝産物 secondary plant products である。

花弁内の色素の分布

　色素は，花葉内にまんべんなく含まれているのではなく，ある部分(層)に限られて分布している。色素が主として花葉内のどの部分に含まれているかを花弁を例にして説明しよう。花弁以外の花葉でも同様である。

　それに先立って，花弁の内部構造を簡単に説明しておかなければならない。上面表皮――多くの場合，乳頭状をした細胞が1列に並んでいる――のすぐ下

に1～2列の細胞からなる柵状の部分があり，海綿状の組織がこれに続いている。ここには多数の細胞間隙があって，空気が含まれている。また，維管束もこの部分を走っている。いちばん下には1列の細胞からなる下面表皮がある。このように，花弁の内部構造は葉の内部構造と基本的には同様である。バラ花弁の断面の模式図を図1・1に示す。

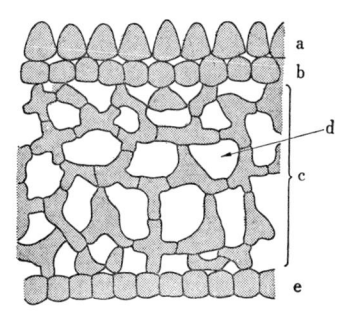

a：上面の表皮
b：柵状の組織
c：海綿状の組織
d：細胞間隙
e：下面の表皮

図 1・1 バラ花弁の断面の模式図(原図)

　色素は上面表皮の細胞に含まれているのが普通であるが，比較的濃厚色の花弁では柵状の組織や海綿状の組織の細胞にも色素が含まれている。また，下面表皮の細胞にも含まれている場合もある。

　色素は，健全な花弁であるかぎり細胞内に含まれている。しかし，細胞内といっても色素の種類によって含まれる箇所が違う。一般に，カロチノイドは細胞質内にある色素体に沈着または結晶状で存在し，フラボノイドは液胞内に細胞液に溶けた状態で含まれている(図1・2)。同一の細胞内に，カロチノイドが細胞質に，フラボノイドが液胞に含まれている場合もある。

　フラボノイドは細胞液に溶けた状態で含まれているほか，液胞内で特殊な在り方をする場合がある。このような細胞では，液胞が部分的に着色したり，あるいは部分的に異なった色調を呈している。

　たとえば，アントシアノホア anthocyanophore はフラボノイドの一種であ

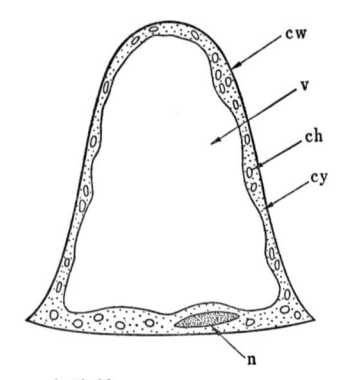

cy： 細胞質
n ： 細胞核
cw： 細胞壁
ch： 有色体(カロチノイドが含まれる)
v ： 液　胞(細胞液が充満し，それにフラボノイドが溶けている)

図 1・2　バラ花弁の上面表皮細胞の模式図(原図)

るアントシアニン anthocyanin が液胞内で塊状をなしているものである。この本体はまだよくわかっていないが，おそらくタンニンやペクチン質，粘液質などにアントシアニンがゼリー状に集まり，水に不溶性になったものと推定されている(例：カーネーションやアイリスの花，フクシアの果皮など)。

また，ある種のタンニン体にアントシアニンが吸着されている場合もある(例：バラのブルーイング花弁)。このタンニン体は，通常の液胞内にタンニン物質を主体とする塊状構造が発達したものである。詳細は後述する。

そのほか，アントシアニンが細胞質内に結晶状あるいは擬結晶状で含まれている場合や，細胞膜に沈着している場合もあるが，その例はあまり多くない。

色の表現について

花の色にかぎらず，物の色を正確に表現するのはなかなかむずかしいことである。色の差がかなり大きいときにはいわゆる俗称による表現でも十分であるが，細かい色の差を区別するのには俗称ではあいまいになる。

物の色を正確に表現するには物理的方法，すなわち色彩学の方法がある。この方法の概略については後で述べるが，物の色を色差計などを用いてスペクト

ルでとらえ，これから計算により幾つかの数値を求め，この数値から色の性質を判断する方法である．場合によっては，この数値から具体的な色名，たとえば I. S. C. C.–N. B. S. 色名も求められる．色彩学の方法によれば色を正確に把握し，また表現することができるが，あまり一般的な方法とはいえない．花色の分野では，特殊な場合にこの方法がとられているが，だいたいは俗称による表現の形式をとっている．実用的にはそれで十分な場合が多い．

外国語による色名を日本語で簡単に表現することがむずかしい場合もある．また，無理に日本語に訳すよりも，外国語のままのほうがよく色を理解できることもある．本書では white, yellow, red など比較的わかりやすい外国名は辞書による日本語訳としたが，特殊な色名については，しいて日本語に訳さないでそのまま音訳し片仮名で表現した．

花色の意義

花色は改めて説明するまでもなく，植物が種族を維持していくうえに重要な役割をもっている．すなわち，花葉のある部分が花弁状に発達して緑色以外の色彩を呈するのは，ミツバチその他のこん虫の眼をひき，植物の生殖をより確実にするのに役立つと考えられている．

花色とミツバチの行動との関係は 18 世紀の終わりには Sprengel が，また 19 世紀には Darwin がすでに観察している．これらの観察結果によれば，ミツバチは青色を最も好むとされている．温帯植物の花色が，青の色調を増す方向に進化してきたと考えられているが，このことをミツバチの色の感受性と合わせ考えると興味深いものがある．

ミツバチは青色のほか，黄色その他，われわれが有色とは認識できない程度に淡い黄色——われわれが普通白色の花といっているのはたいていこれである——も感じとることができるといわれている．このごく淡い黄色の花には，可視部の光をほとんど吸収しないが，紫外部の光をかなり吸収する色素が含まれている．こん虫はこのような光をも感受して飛来すると考えられている．

花によっては，たとえば黄色の地に赤色の筋が幾本か走っている花弁をもつものがある．これは，花弁に飛来したこん虫をさらに奥にある蜜腺に誘導する

のに役立つといわれている。

花色の研究分野

　現在までの花色についての研究内容を整理すると，おおよそ次のような分野に分けることができる。

　(a) **天然物有機化学の分野**　色素の単離結晶化，化学構造の決定，分析方法の確立などを取り扱う分野で，この研究の歴史は非常に古く，1800年代にまでさかのぼることができる。花色の生化学的研究は，まず，この分野から始まったわけである。花色についての過去の研究は，大部分がこの分野についやされたということもできよう。この方面の研究は現在もなお続けられており，花色発現機構の解明に貴重な資料を提供している。

　本書では，2章「色素の化学」でこの分野の基礎的な知識について述べる。

　(b) **生合成の分野**　花色の母体である色素が生体内でどのような代謝経路で生成するか，あるいは色素生成経路がどのようなほかの代謝経路と関連しているかなどを研究する分野で，天然物有機化学の基礎のうえに立って放射性同位元素の利用，ペーパークロマトグラフィーその他の微量分析法などの進歩の助けをかりて近年非常に発達してきた分野である。

　しかし残念なことには，花弁そのものを材料にした研究が少なく，植物のほかの器官——たとえば根，果実，発芽植物，微生物，あるいは動物などで得た知識から，花弁内のことを想像せざるをえない現状である。

　本書では3章「色素の生合成」でその大要を説明する。

　(c) **花色変異に関する分野**　花色は含有色素そのものの色調の現われであると考えがちであるが，実際には同一種類の色素を含みながら花色は必ずしも同一とはかぎらない。中には，かなり相違する場合もある。この原因をさらに詳細な色素の化学や，花弁についての物理的または化学的条件の面から考究する分野で，本書のおもな目的の一つである。4章「花色変異の機構」で詳しく説明する。

　(d) **遺伝生化学の分野**　色素の種類，含量，色調に変化を与える諸要素と遺伝子との関係を明らかにする分野で，比較的その研究の歴史は古い。生合成

の経路がかなりはっきりしてきた今日，この方面の研究はさらに急速な進歩をみせている．本書ではこれを5章「花色の遺伝生化学」で取り扱う．

(e) 比較生化学(化学分類学)の分野　植物の系統と色素構成との関係を論ずる分野である．一部の「目」や「科」ではかなりの量のデータがあり，いくつかの興味ある知見が得られているが，植物全般にわたる色素地図が完成されていないので，全般的な論議はまだできない現状である．

本書では，特にこの題目は取りあげていない．

(f) 生態学または栽培学の分野　環境要因と色素の種類，あるいは色素含量との関係から花色を考察する分野で，花卉園芸学では栽培条件と花色との関係を調べる分野である．

前述の花色変異に直接影響を与える要素を内的要因とすれば，ここでいう環境要素は外的要因といえる．外的要因はいったん内的要因に影響をおよぼしてから間接的に花色変異に現われてくる．しかし現在では，内外両要因の関連づけは十分なされていない．

本書では，これに関する二三の知見を部分的に取りあげる程度にとどめた．

(g) 色素の生理に関する分野　色素は花色の母体として植物の種族維持のうえに重要な役割を果たしていることは前に述べたが，それ以外にどんな生理的意義をもつであろうか．このことは古くから注目されてきた課題であるが，明確な解答はまだ得られていない．

最近，生長や分化の生理学的研究が進み，それに関する多くのデータがあげられている．その中に，ある種の色素(フラボノイド)が生長や分化に重要な関係があるとの報告がある．特に天然アウキシンであるインドール酢酸を不活性化するインドール酢酸酸化酵素系と色素が密接な関係をもつ事例も示されている．

この方面の研究はこれから発展していくものと考えられるが，直接花色とは関係がないので本書では特に触れなかった．

参考文献

Blank, F., *Bot. Rev.*, **13**, 241 (1947)

Bonner, J.(Bonner, J., Varner, J. E. ed.), "Plant Biochemistry," p. 665 Academic Press, New York (1965)

Goodwin, T. W., "Chemistry and Biochemistry of Plant Pigments," Academic Press, New York (1965)

Harborne, J. B. (Bonner, J., Varner, J. E. ed.), "Plant Biochemistry," p. 618 Academic Press, New York (1965)

Harborne, J. B., "Comparative Biochemistry of the Flavonoids," Academic Press, New York (1967)

2章　色素の化学

　花色を理解するためには，まず花色の母体である色素の化学について知らなければならない。花色に関与している色素の種類はおびただしい数にのぼるが，大部分は前章で述べたようにカロチノイドかフラボノイドかのどちらかに所属する。

　本章ではこれら色素の性質，化学構造の概略を説明し，合わせて花色の実験の参考に資するために，色素の抽出法や分析法も取り扱った。

カロチノイド

　カロチノイドは，カロチン carotene とキサントフィル xanthophyll の総称である。いずれも黄色，橙色または赤色を呈する色素で，動物，植物を問わず生物界に広く分布している。植物では花のほか，葉や根，果皮などにも含まれており，その部分に黄色から赤色にかけての色を与えている。

　カロチノイドは一般に水に不溶，脂肪やリポイドには可溶である。したがって，植物の細胞内では細胞液に溶けて存在することはなく，細胞質内にある色素体に含まれているのが普通である。カロチノイドのうち，カロチンは化学構造が炭化水素に属するため（詳細は後述）石油エーテル類には易溶，アルコール類には不溶であるが，キサントフィルはカロチンの水酸化誘導体であるので，石油エーテルへの親和性は低く，アルコールへの親和性が高い。

化学構造

カロチノイドの化学構造の研究は，Willstätter や Karrer におうところが大きい。すなわち，同氏らは 1910 年頃から 1930 年頃にかけて，多くの生物材料からカロチノイドを単離結晶化してその化学構造を調べた。今日われわれが用いているカロチノイドの構造式のほとんどが，その頃，同氏らによって想定されたといってもよい。

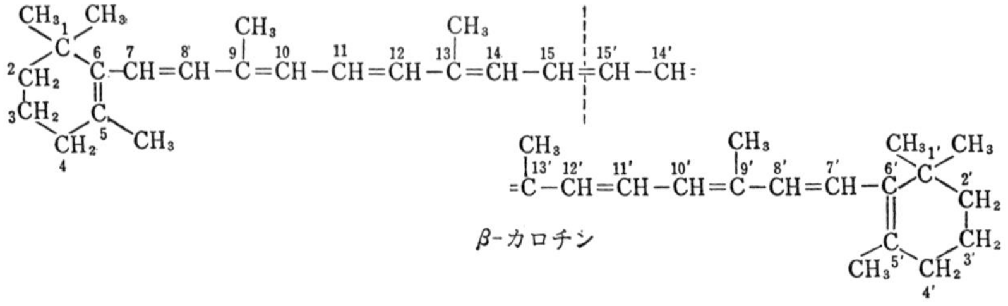

β-カロチン

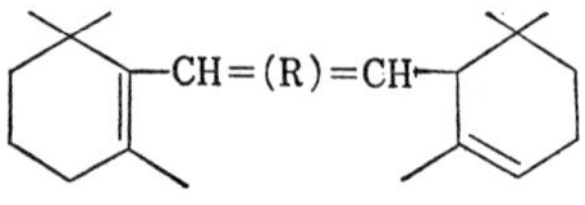

α-カロチン

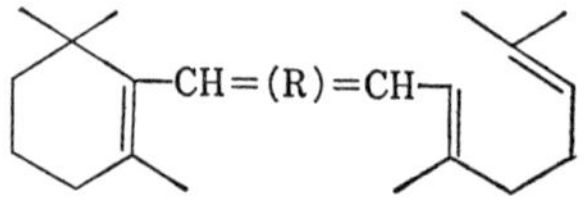

γ-カロチン

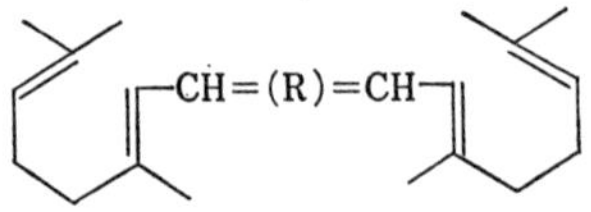

リコピン

図 2·1　代表的なカロチンの構造式。R は β-カロチンの炭素番号の 8,9,10・・・10′,9′,8′ の骨格を示す

β-カロチン β-carotene を例にして説明すれば，1913 年 Willstätter らがそれに対して $C_{40}H_{56}$ という分子式を与え，ついで 1928 年には Zechmeister らがその分子中に 11 個の二重結合をもっていることを見いだした。1930 年には，Karrer らが今日の β-カロチンの構造式を想定した。それから 20 年の歳月を経て 1950 年，Karrer らと Inhoffen らとがほとんど同時に β-カロチンの完全合成に成功し，その構造式が確立したのである。

代表的なカロチンの構造式を図 2·1 に，またキサントフィルの構造式を図

2·2にそれぞれ示した。このようにカロチノイドはイソプレン isoprene を基本骨格とした化合物で，そのためイソプレノイドの一種といわれている。

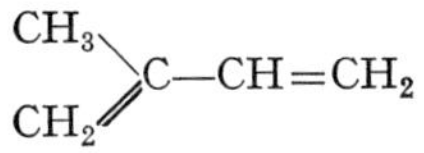
CH3
C—CH=CH2
CH2

イソプレン

カロチンはその分子が炭素と水素だけから構成されているから，炭化水素ともいうことができる。一方，キサントフィルはカロチンが酸化されたもので，高級アルコールに属する。キサントフィルの水酸基は，カロチンの3-位に1個結合するかまたは3-位と3′-位とに2個結合するのが普通である。たとえば，クリプトキサンチン cryptoxanthin は β-カロチンの3-位に1個の水酸基がついたもの(3-hydroxy-β-carotene)，リコフィル lycophyll はリコピン lycopene の3-位と3′-位とに2個の水酸基がついたもの(3,3-dihydroxylycopene)である。

また，キサントフィルの水酸基が高級脂肪酸とエステルを形成している場合

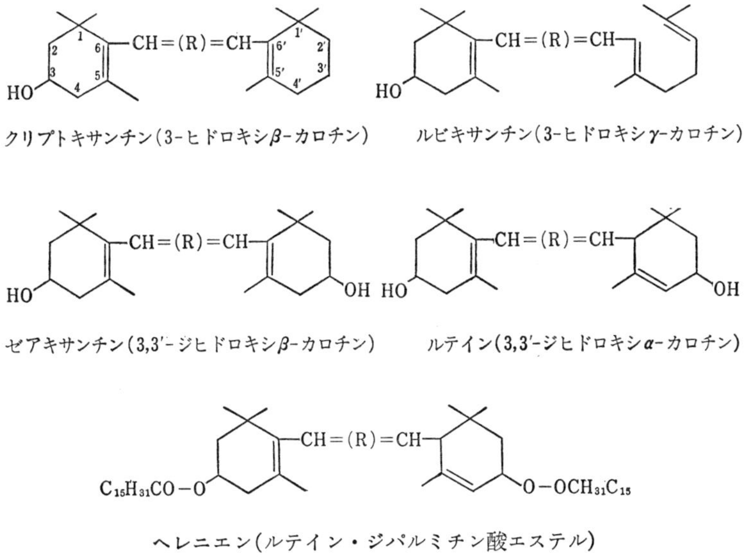
CH=(R)=CH
HO
クリプトキサンチン(3-ヒドロキシβ-カロチン)
CH=(R)=CH
HO
ルビキサンチン(3-ヒドロキシγ-カロチン)
CH=(R)=CH
HO
OH
ゼアキサンチン(3,3′-ジヒドロキシβ-カロチン)
CH=(R)=CH
HO
OH
ルテイン(3,3′-ジヒドロキシα-カロチン)
CH=(R)=CH
C15H31CO−O
O−OCH31C15
ヘレニエン(ルテイン・ジパルミチン酸エステル)

図 2·2 代表的なキサントフィルの構造式。R は図2·1参照

(カロチノイドエステル carotenoidester)がある。Kleinig ら(1968)は,黄色や橙色の花弁に一般的にみられるカロチノイドエステルとして次の型があるといっている。すなわち,アルコール残基としてはクリプトキサンチン(およびそのエポキシド),ゼアキサンチン zeaxanthin, ルテイン lutein(およびそのエポキシド),アンテラキサンチン antheraxanthin, ビオラキサンチン violaxanthin, ネオキサンチン neoxanthin などで,また酸の残基としてはミリスチン酸がおもで,そのほかにラウリン酸,ステアリン酸,パルミチン酸などの飽和脂肪酸があげられる。不飽和の脂肪酸が結合している場合もある。

これらのエステルは,脂肪酸が1個結合したモノエステルと, 2個結合したジエステルとが発見されている。ジエステルの場合,結合する2個の脂肪酸の種類が同じもの(例:ミリスチン酸ジエステル,パルミチン酸ジエステル)と,異なるもの(例:ミリスチン酸とパルミチン酸のジエステル,パルミチン酸とステアリン酸のジエステル)とがある。一例としてヘレニエン helenien(ルテインのパルミチン酸ジエステル)の構造を図 2・2 に示した。

カロチノイドは図 2・1, 図 2・2 でわかるとおり,長い鎖状構造に幾つかの二重結合をもっている。しかもこの二重結合のあるものは,両炭素の一方には水素原子,他方にはメチル基が結合している。したがって,かなり複雑なシス,トランスの幾何学的異性体が存在することになる。これについての詳細は省略するが,天然のカロチノイド中の二重結合は大部分がトランス型である。シス型の二重結合をもつ異性体も発見されているが,非常にまれである。

抽出および分離法

最も一般的に行なわれているカロチノイドの抽出方法は,次のとおりである。乾燥花弁の粉末を石油エーテルまたは石油ベンジンで抽出し,得られた抽出液をアルコール性水酸化カリウムで処理してカロチノイドエステルをけん化した後,水を加えてアルコール層とエーテル層に分ける。エーテル層からはカロチンが,アルコール層からはキサントフィルが得られる。図 2・3 は Banba(1968)が花ユリのカロチノイドを抽出分離した方法である。

一般に,花弁には多種類のカロチノイドが含まれている。したがって,上記

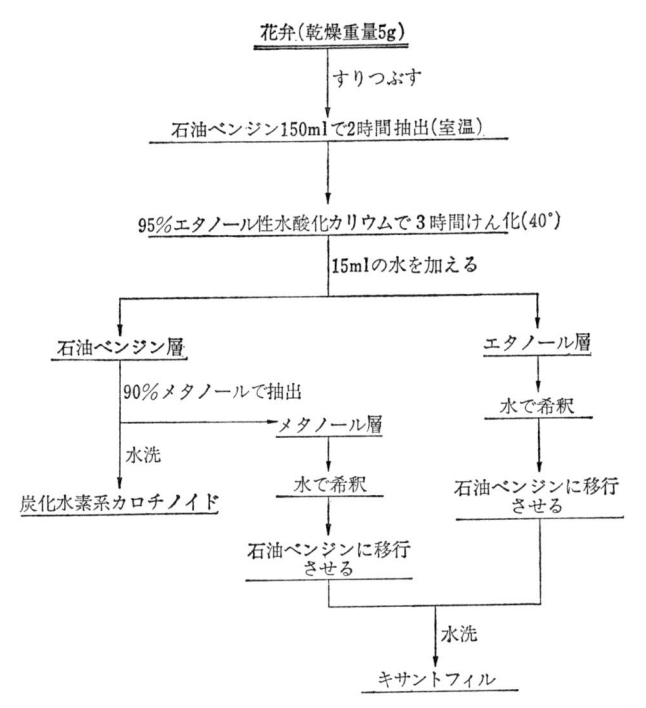

```
                    花弁(乾燥重量5g)
                          │
                       すりつぶす
                          ↓
            石油ベンジン150mlで2時間抽出(室温)
                          ↓
        95%エタノール性水酸化カリウムで3時間けん化(40°)
                          ↓
                    15mlの水を加える
          ┌───────────────┴───────────────┐
      石油ベンジン層                    エタノール層
          │                                │
     90%メタノールで抽出                 水で希釈
          │     ↓                          ↓
      水洗    メタノール層          石油ベンジンに移行
          ↓       ↓                     させる
  炭化水素系カロチノイド  水で希釈           │
                     石油ベンジンに移行       │
                         させる              │
                          └────────┬────────┘
                                   ↓
                                  水洗
                                   ↓
                               キサントフィル
```

図 2・3 花ユリの花弁からのカロチノイドの抽出例(Banba, 1968)

のような操作で得たアルコール層やエーテル層にはそれぞれ幾種類かのカロチン類，キサントフィル類が混在しているわけである。これらをさらに分離するにはカラムクロマトグラフィーが有効である。

　カロチノイドのカラムクロマトグラフィーで普通に使用されている吸着剤は水酸化カルシウム，炭酸カルシウム，アルミナ，炭酸亜鉛などである。展開溶媒は一般にベンゼンが使用されているが，カロチン類には石油エーテル(またはこれにベンゼンを加えたもの)，キサントフィル類にはベンゼン(またはこれにエーテルあるいは石油エーテルを混合したもの)が使用されることもある。

　薄層クロマトグラフィーを用いるとかなり微量のカロチノイドを分離定性することができるが，展開中にカロチノイドが酸化される危険があるので注意が必要である。

吸収スペクトル

カラムクロマトグラフィーで分離した個々のカロチノイドの同定には，吸収スペクトルの測定が利用される。

カロチノイドは，紫外部から可視部にかけて通常3個の吸収帯がある。この吸収帯の位置は，カロチノイドの化学構造——特に共役二重結合の数——，使用する溶媒などによって異なる。おもなカロチノイドの吸収帯の位置を表2・1, 2・2, 2・3に示す。

クロマトグラフィーで分離した色素を2または3種類の異なった溶媒で別々に抽出し，それぞれの吸収帯を測定し，その結果をこれらの表に照合して同定する。

表 2・1 石油ベンジンまたは n-ヘキサン(＊印)中におけるおもなカロチノイドの最大吸収波長(Davies, 1965)

カロチノイド	最大吸収波長[mμ]		
アウロキサンチン	382	402	421
カプサンチン		474.5	504*
α-カロチン	422	444	473
β-カロチン	(425)	451	482
γ-カロチン	437	462	494
δ-カロチン	428	458	490*
ε-カロチン	419	444	475
ζ-カロチン	378	400	425
クロセチン	400	420	445*
クリプトキサンチン	425	451	483*
ヘレニエン	420	445	475*
ルテイン	420	447	477*
リコピン	446	472	505*
リコフィル	444	473	504
フィサリエン		452	480*
フィトエン	275	285	296
フィトフルエン	331	348	367
ロドキサンチン	458	489	524*
ルビキサンチン	432	462	494*
ゼアキサンチン	423	451	483

表 2・2 二硫化炭素中におけるおもなカロチノイドの最大吸収波長(Davies, 1965)

カロチノイド	最大吸収波長[mμ]		
アウロキサンチン		423	454
カプサンチン		503	542
α-カロチン		477	509
β-カロチン	(450)	485	520
γ-カロチン	463	496	533
δ-カロチン	457	490	526
クロセチン		426	453	482
クリプトキサンチン	453	483	518
ルテイン	445	475	508
リコピン	477	507.5	548
リコフィル	472	506	546
ロドキサンチン	491	525	564
ルビキサンチン	461	494	533
ビオラキサンチン	440	470	501
ゼアキサンチン	450	483	518

表 2・3 クロロホルムおよびベンゼン中におけるおもなカロチノイドの最大吸収波長
(Davies, 1965)

カロチノイド	最大吸収波長[mμ]		
クロロホルム中			
アウロキサンチン	385	413	438
α-カロチン		454	485
β-カロチン		466	497
γ-カロチン	477	475	508
δ-カロチン	440	470	503
クロセチン		434.5	463
クリプトキサンチン	433	463	497
ルテイン	428	456	487
リコピン	456	485	520
ロドキサンチン	482	510	546
ビオラキサンチン	424	451.5	482
ゼアキサンチン	429	462	494
ベンゼン中			
カプサンチン		486	519
β-カロチン		466	
γ-カロチン	447	477	510
リコピン	455	487	522
リコフィル	456	487	521
ロドキサンチン	474	503.5	542
ビオラキサンチン	428	453.5	483

フラボノイド

フラボノイドは，化学構造が 2-フェニルクロモン 2-phenylchromone (フラボン flavone) 核を基礎とする物質の総称である。すなわち，2-フェニルクロモンは下図に示すように，AとBとの2個のフェニル環が3個の炭素鎖を介し

2-フェニルクロモン(フラボン)の構造と，置換基の位置を示す番号

て γ-ピロン環(C環)をつくって結合しているが，このC環の酸化状態で種々のフラボノイドが区別される(図 2·4)。

これらのうちカルコン chalcone, アウロン aurone などは，構造上 2-フェニ

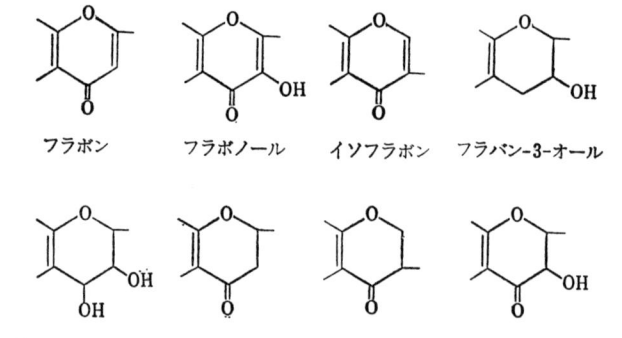

フラボン　　フラボノール　　イソフラボン　　フラバン-3-オール

フラバン-3,4-ジオール　フラバノン　イソフラバノン　ジヒドロフラボノール

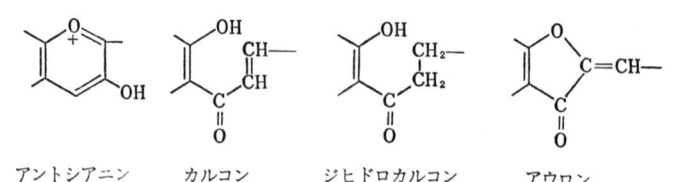

アントシアニン　カルコン　ジヒドロカルコン　アウロン

図 2·4　種々のフラボノイドにおけるC環の構造 (Swain, 1965)

ルクロモン核とははなはだしく異なっているが，化学的性質が他のフラボノイドと非常によく似ており，また後で述べるように生合成の経路上フラボノイド合成の重要な中間体か，あるいはそれから枝分かれしたものと考えられる。したがって，この2種の色素もフラボノイドに組み入れるのが普通である。

フラボノイドはアントシアニンが赤色系である以外は黄色系を示す。フラボノイドの黄色はカルコン，アウロンではかなり濃厚であるが，他は薄い黄色かあるいはほとんど無色である。われわれが白色の花といっているものにも，薄い黄色かほとんど無色のフラボノイドが含まれている。また，後述するように細胞液中でアントシアニンと共存してアントシアニンの色調を変化させ，花色変異に重要な役割を果たすフラボノイドもある。フラボノイドはまた，花のほか植物の各器官に含まれている。

天然のフラボノイドは，その基本骨格である2-フェニルクロモンのAおよびBのフェニル環の水素が，部分的に水酸基またはメトキシル基で置換されている。これらの置換基の位置や数によりフラボノイドの種類はさらに異なってくる。

また，フラボノイドは天然には配糖体 glycoside として存在する。糖がはずれたものはアグリコン aglycone とよばれる。アントシアニンのアグリコンは，普通アントシアニジン anthocyanidin といわれている。フラボノイドがアグリコンのまま天然に含まれている場合があるという報告もときにはあるが，Swein(1965)は新鮮な組織を用いるかぎり，それはたぶん抽出過程で糖がはずれたものであろうといっている。

アグリコンと結合する糖の種類，結合する位置などによりフラボノイドの種類はまたさらに多くなる。その詳細は各色素の項で説明する。

2・1　アントシアニン（その1）——化学構造

アントシアニンは赤色から紫色，青色にかけての花色の母体となる色素で，前述のとおり通常は細胞液に溶解しているが，中にはアントシアノホアやタンニン体の成分として存在することもある。アントシアニンは花以外に，果実や

茎，葉，根にも含まれる。

アントシアニンという名称をはじめて使用した人は Marquart(1835) であるといわれている。その後多くの人がこの赤色色素に着目して化学的研究を試みた。アントシアニンは天然物中最も不安定な化合物に属し，そのうえ結晶化が困難なためその本質は長い間不明のままであった。

アントシアニンの結晶化にはじめて成功した人は Molish(1905) といわれているが，本格的に化学構造を研究し始めたのは Willstätter である。同氏は1913年から1916年にかけて数多くの植物の果実や花から多種類のアントシアニンを単離結晶化させ，化学構造の研究を行なった。この研究はその後さらに Karrer に引きつがれ，化学構造の研究が進められた。

その結果，1930年頃までに現在判明しているアントシアニジンの化学構造が，ほとんどすべて解明されたのである。配糖体型はその当時かなりわかっていたが，本格的に明らかになったのはむしろ最近のことで Bate-Smith, Harborne らの研究におうところが大きい。以下，アントシアニンの化学構造のあらましを説明しよう。

アントシアニジン

アントシアニンのアグリコン，すなわちアントシアニジンは，3,5,7-トリヒドロキシ-2-フェニルベンゾピリリウム 3,5,7-trihydroxy-2-phenylbenzopyrylium(トリヒドロキシフラビリウム trihydroxyflavylium)を基本骨格としている。アントシアニンの種類は非常に多いが，アントシアニジンの種類は現在

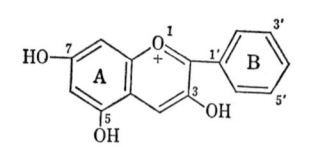

3,5,7-トリヒドロキシ-2-フェニルベンゾピリリウム
(トリヒドロキシフラビリウム)

天然から発見されているのはわずかに7種類である。これら7種類のアントシアニジンの化学構造は，図2・5に示すように母核のフェニル環(B環)における置換基，水酸基やメトキシル基の数と位置とによって決定される。

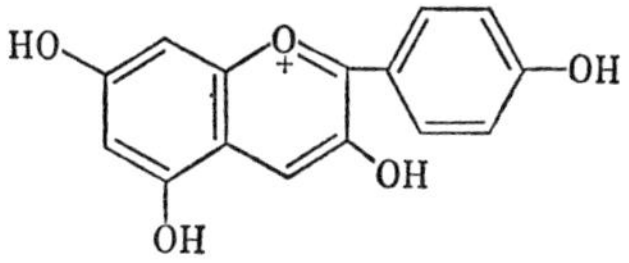

ペラルゴニジン 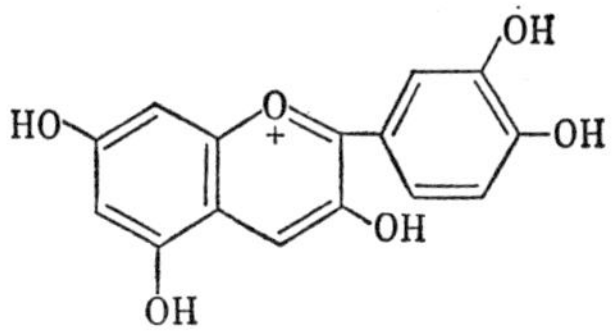　　　　　　　シアニジン

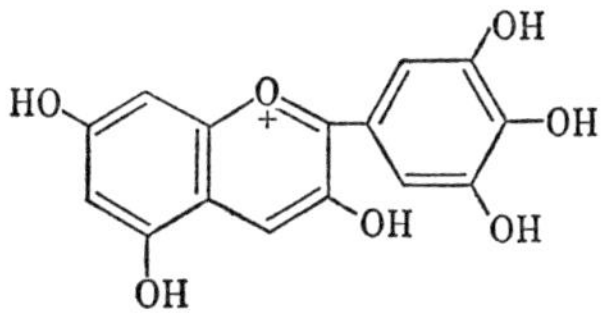

デルフィニジン 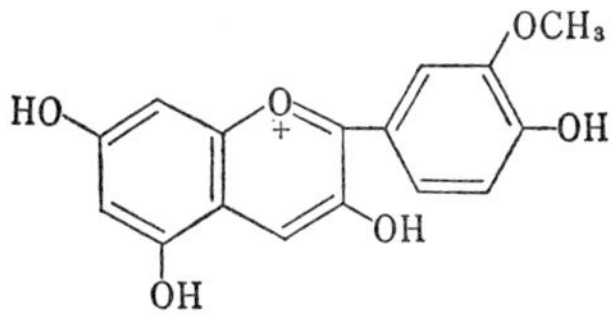　　　　　　　ペオニジン

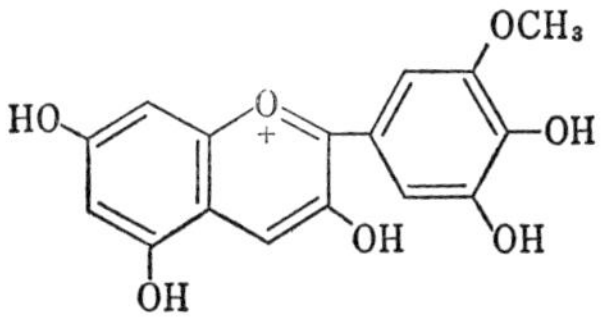

ペツニジン 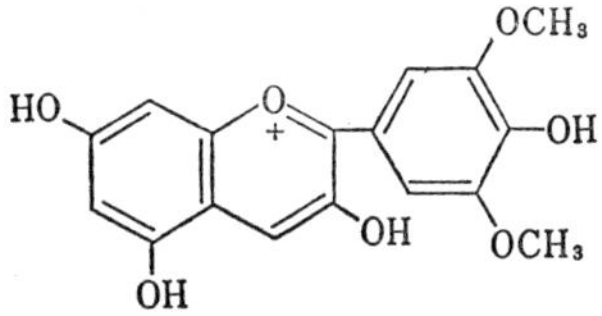　　　　　　　　　マルビジン

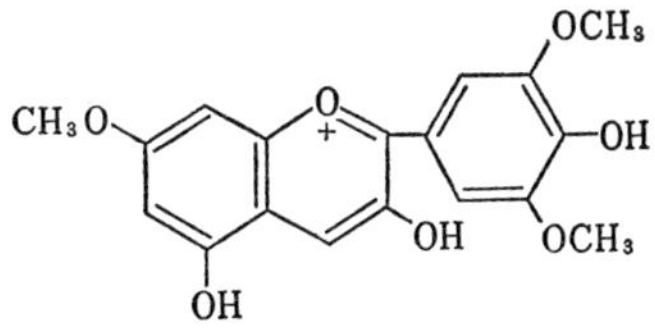

ヒルスチジン

図 2・5　アントシアニジンの構造式

アントシアニジンの構造式が塩酸塩の形で示されることがあるが，これはアントシアニジン(またはアントシアニン)の抽出，精製などが塩酸酸性のもとで

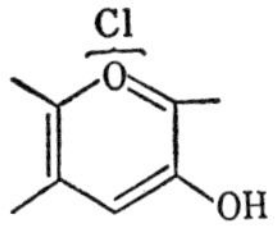

アントシアニジンの塩酸塩の表示

表 2·4 アントシアニンの配糖体型
(Harborne, 1963; Swain, 1965)

配糖体型	糖の種類*
3-モノシド	グルコース ガラクトース ラムノース アラビノース
3-ビオシド	サンブビオース ラチロース ルチノース ゲンチオビオース ソホロース
3-トリオシド	グルコシルグルコシルグルコース 2^G-キシロシルルチノース 2^G-グルコシルルチノース
3-モノシド -5-グルコシド	ラムノース グルコース
3-ビオシド -5-グルコシド	ルチノース サンブビオース ソホロース
3-ビオシド -7-グルコシド	ソホロース

* 糖の構造式は図 2·6 を参照のこと。

行なわれるからである。しかし,天然には塩酸塩として存在しているとは考えにくい。おそらくリンゴ酸,クエン酸など花弁に固有な酸†の塩として含まれるか,または Saito ら(1964),Takeda ら(1968)が発見したジェヌインアントシアニン genuine anthocyanin——後述する——として存在するものと考えられる。

配糖体型

アントシアニジンの水酸基に糖がグリコシド結合するとアントシアニンとなるが,糖の結合の仕方(結合する位置,数,糖の種類)によりアントシアニンの種類はそれぞれ異なる。

---

† 花弁に含まれている酸類の分析はあまり行なわれていないが,Bayer(1958)によれば花弁中の遊離酸はリンゴ酸とクエン酸が一般的であるといっている。しかし,植物によってはこのほかの酸も含まれており,たとえばフクシヤの花弁ではリンゴ酸とクエン酸以外に酒石酸も含まれ(Bayer, 1958),バラの花弁ではリンゴ酸とリン酸が主成分でクエン酸とコハク酸が少量含まれているといわれている(Weinstein, 1957; Yasuda, 1969)。

糖が1個しか結合しない場合(ブドウ糖の場合はモノグルコシド)は，アントシアニジン骨格の3-位に結合するのが普通である。糖が2個別々の位置に結合する場合(ジグルコシド)は3-位と5-位の水酸基に結合する。なかには，3-位と7-位とに結合する例もある。

結合する糖が単糖類であればモノシド，二糖類であればビオシド，三糖類であればトリオシドといわれる。3-位に結合する糖はモノシド，ビオシド，トリオシドいずれも知られているが，5-位または7-位に結合する糖は一般にモノシ

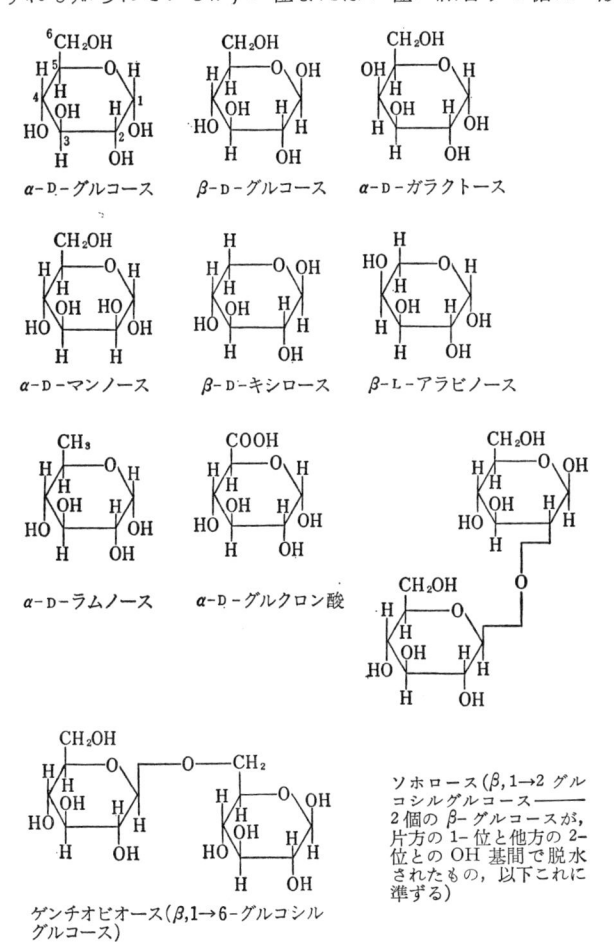

α-D-グルコース　　β-D-グルコース　　α-D-ガラクトース

α-D-マンノース　　β-D-キシロース　　β-L-アラビノース

α-D-ラムノース　　α-D-グルクロン酸

ゲンチオビオース($\beta,1\to6$-グルコシルグルコース)

ソホロース($\beta,1\to2$グルコシルグルコース——2個のβ-グルコースが，片方の1-位と他方の2-位とのOH基間で脱水されたもの，以下これに準ずる)

ラチロース(β,1→2 キシロシルガラクトース)

サンブビオース(β,1→2 キシロシルグルコース)

ルチノース(α,1→6 ラムノシルグルコース)

ゲンチオトリオース
(グルコシルグルコシルグルコース)

2^G-グルコシルルチノース（グルコースの1-位のOHと，ルチノースを構成しているグルコースの2-位のOH間で脱水されたもの，以下これに準ずる）

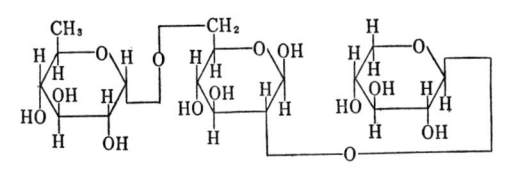

2^G-キシロシルルチノース

図 2・6 アントシアニジンとグリコシド結合をするおもな糖類(ピラノース型で表示した)

ドである。

Harborne(1963)は，アントシアニジンに結合する糖の種類，結合する位置によりアントシアニンの配糖体型を6個の型に分類している(表2・4)。グリコシド結合するおもな糖の構造式を図2・6に示す。

アシル化アントシアニン

アントシアニンの中にはケイ皮酸，p-クマル酸，カフェー酸，フェルラ酸などの有機酸でアシル化されたものがある。これはアシル化アントシアニン acylated anthocyanin とよばれ，花弁中にしばしば発見されている。これらの有機酸は，アントシアニジンの3-位の糖に結合するのが普通であるが，3-位と5-位の糖に2個結合する例もある。

これらの糖がアシル化される場合，糖のどの位置で行なわれるかは，二三の報告があるだけで全般的にはまだよくわかっていない。たとえば，ネグレテイン negretein はマルビジンの3-ルチノシド-5-グルコシドに p-クマル酸が結合したものであるが，その結合位置はラムノシドの4-位の水酸基であると考えられている(図2・7(a))。またサルビアニン salvianin (ペラルゴニジン-3,5-ジグルコシドがカフェー酸でアシル化されたもの)では，ペラルゴニジンの3-位についているグルコースの6-位の水酸基がアシル化されている(図2・7(b))。

3-ビオシド型のアントシアニンでは，アントシアニジン核に近いほうの糖がアシル化される場合と遠いほうの糖がアシル化される場合とがある。たとえば，ラファヌシンA raphanusin A は(図2・7(c))ペラルゴニジン核に近いほうのグルコースが p-クマル酸でアシル化されているが，前に述べたネグレテインや，最近 Ishikura ら(1970)がヤブカラシの果皮から発見した新アントシアニン，

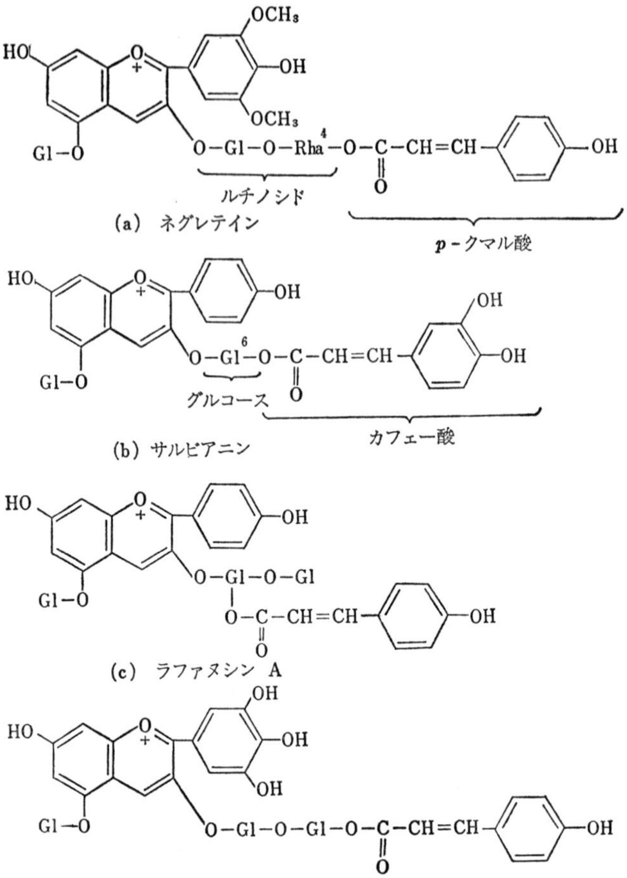

(a) ネグレテイン — ルチノシド, p-クマル酸

(b) サルビアニン — グルコース, カフェー酸

(c) ラファヌシン A

(d) カイラチニン

Gl: グルコース　　Rha: ラムノース

図 2・7　アシル化アントシアニンの構造例

カイラチニン Cayratinin (デルフィニジン-3-p-クマロイルソホロシド-5-モノグルコシド)はアントシアニジン核より遠いほうの糖がアシル化されている(図 2・7(d))。

　Harborne(1967)はアシル化アントシアニンを広範囲に調査している(表2・5)。それによれば,アシル化にあずかる有機酸としてはp-クマル酸がおもで,カフ

表 2·5 おもなアシル化アントシアニンの構造 (Harborne, 1967)

アシル化アントシアニン	有機酸の種類と数（ ）内	配糖体型*
ペラルゴニジン誘導体		
モナルデイン	p-クマル酸(1)	3G5G
サルビアニン	カフェー酸(1)	3G5G
ペラニン	p-クマル酸(1)	3RG5G
マチオラニン	p-クマル酸(1), フェルラ酸(1)	3X5G
ラファヌシンA	p-クマル酸(1)	3GG5G
ラファヌシンB	フェルラ酸(1)	3GG5G
シアニジン誘導体		
ペリラニン	p-クマル酸(1)	3G5G
シアナニン	p-クマル酸(1)	3RG5G
ラファヌシンC	p-クマル酸(1)	3GG5G
ラファヌシンD	フェルラ酸(1)	3GG5G
ルブロブラッシシンC	フェルラ酸(2)	3GG5G
ヒヤシンシン	p-クマル酸(1)	3G
ペオニジン誘導体		
ペオナニン	p-クマル酸(1)	3RG5G
デルフィニジン誘導体		
アオバニン	p-クマル酸(1)	3G5G
デルファニン	p-クマル酸(1)	3RG5G
ペツニジン誘導体		
ペタニン	p-クマル酸(1)	3RG5G
グィネエシン	p-クマル酸(2)	3RG5G
マルビジン誘導体		
クマロイルエニン	p-クマル酸(1)	3G
チボウヒニン	p-クマル酸(1)	3G5G
ネグレテイン	p-クマル酸(1)	3RG5G

* 3G: 3-グルコシド, 3G5G: 3,5-ジグルコシド, 3RG5G: 3-ルチノシド-5-グルコシド, 3XG5G: 3-サンブビオシド-5-グルコシド, 3GG5G: 3-ソホロシド-5-グルコシド

ェー酸やフェルラ酸はむしろまれである。結合する有機酸は1個の場合が多いが，2個結合する場合もある。たとえばルブロブラッシシンC rubrobrassicin C ではフェルラ酸が2個，グィネエシン guineesin では p-クマル酸が2個，またマッチオラニン mattiolanin では p-クマル酸とフェルラ酸とがそれぞれ1個ずつ結合している。

Ishikura ら(1965)は赤紫色系の大根から5種類のアシル化アントシアニンを単離結晶化したが，その中のルブロブラッシシン C-2 rubrobrassicin C-2 は3個の異なる有機酸(p-クマル酸，フェルラ酸，カフェー酸)でアシル化され，

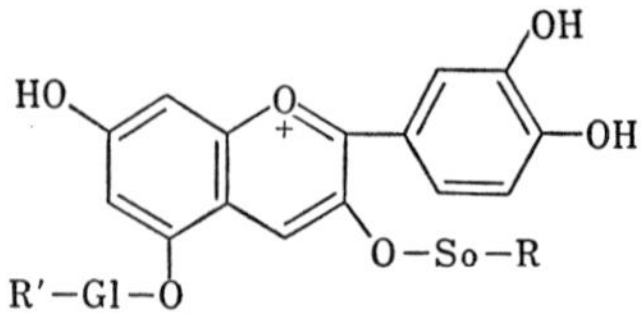

Gl：グルコース
So：ソホロース

ルブロブラッシシン A　　R＝p-クマル酸；R′＝なし
　　　　　　B-1　R＝フェルラ酸；R′＝なし
　　　　　　B-2　R＝カフェー酸；R′＝なし
　　　　　　C-1　R＝p-クマル酸とフェルラ酸
　　　　　　　　　R′＝なし
　　　　　　C-2　R＝p-クマル酸とフェルラ酸
　　　　　　　　　R′＝カフェー酸

図 2・8　赤紫色系大根のアシル化アントシアニンの化学構造(Ishikura ら，1965)

しかもカフェー酸はシアニジン核の 5-位の糖に結合しているものと考えられている。同氏らが大根からの 5 種類のアシル化アントシアニンに与えた構造式は図 2・8 に示されている。

2・2　アントシアニン(その 2)──分離定性法

抽出および精製

アントシアニンの抽出には，一般に塩酸酸性にしたメタノールが用いられる。すなわち，花弁を細切し，0.1％塩酸性メタノールに一晩浸漬すると赤色の抽出液が得られる。

この抽出液に約 3～5 倍量のエーテル(酸化物を含まないもの)を加え，よく振とうして冷蔵庫に放置するとアントシアニンはシロップ状または無結晶状の粗色素として沈殿する。この粗色素を再び 0.1％塩酸性メタノールに溶かし，得られた赤色溶液にエーテルを加えてしばらく放置するとアントシアニンは粉末状に沈殿する。この操作を繰り返すとアントシアニンの純度はだんだん高くなるが，化学構造の決定などのための資料とするには，さらに鉛塩かピクリン酸塩として精製する。

花弁には幾種類ものアントシアニンが混在していることが多いから，個々の

表 2·6 ペーパークロマトグラフィーによるアントシアニン定性用展開溶媒*

略　号	展　開　溶　媒　の　組　成	混　合　比
Bu. AA-1	n-ブタノール-酢酸-水	4:1:2
Bu. AA-2	n-ブタノール-酢酸-水	4:1:5
Bu. A	n-ブタノール-2N-塩酸	1:1
Bu. AH	n-ブタノール-36%塩酸-水	5:1:2
Bu. H	n-ブタノール-濃塩酸-水	7:2:5
Bu. AmPh	n-ブタノール-0.5N $(NH_4)_2HPO_4$ 飽和溶液	—
Bu. PrH	n-ブタノール-ピリジン-水	6:3:1
CAH	m-クレゾール-酢酸-水	50:2:48
CFH	o-クレゾール-80%ギ酸-水	12:3:5
EAH	酢酸エチル-酢酸-水	4:1:2
EFH	酢酸エチル-80%ギ酸-水	8:2:3
FAH-1	80%ギ酸-36%塩酸-水	5:1:4
FAH-2	80%ギ酸-36%塩酸-水	5:2:3
AAH-1	酢酸-36%塩酸-水	5:1:5
AAH-2	酢酸-濃塩酸-水	15:3:82
iBu. AH	イソブタノール-36%塩酸-水	100:65:100
1%塩酸	水-濃塩酸	97:3

* 植物化学実験書(植物化学研究会編，広川書店，東京)，Shibata ら(1960) Harborne(1967)などより．

色素を分離するにはマスペーパークロマトグラフィーが有効である．これについては後で説明する．また，カラムクロマトグラフィーも行なわれることがある．

ペーパークロマトグラフィーによる定性

アントシアニンの定性は普通次の3段階に分けて行なわれる．①アグリコン(アントシアニジン)の定性　②糖の定性　③アントシアニジン核における糖の結合位置．アシル化アントシアニンではこのほかに有機酸の定性が加わる．

これらの定性には，ペーパークロマトグラフィー，薄層クロマトグラフィーが用いられる．ときには電気泳動クロマトグラフィーも行なわれる．

Shibataら(1960)は107品種のチューリップの花弁のアントシアニンの定性を行なっているが，同氏らの採用した方法を例として，以下アントシアニンの定性について述べる．

(a) ペーパークロマト用展開試料の調製　新鮮な花弁を1%塩酸性メタノール 20 ml に一夜浸漬し，沪過する．沪液はデシケータ内で濃縮し，冷蔵庫にたくわえる．

(b) アントシアニン試料の調製　上記の展開試料を展開溶媒 Bu. H(表2・6)でマスペーパークロマトグラフィー[†]にかけ，得られた帯状の赤色部分を切り取る。切り取った帯状の沪紙に5％酢酸性メタノールを下降法で流し，アントシアニンを溶出させる。

(c) アントシアニンの加水分解　(b)で得たアントシアニンの溶出液5mlに，同容量の20％塩酸を加え3～5分間煮沸する。冷却後水および少量のイソアミルアルコールを加え振とう後静置すると，アントシアニジンは上層(アルコール性画分)に糖類は下層(水性画分)にそれぞれ移行する。各層について下記のとおりペーパークロマトグラフィーを実施する。

(d) アントシアニジンのペーパークロマトグラフィー　(c)で分離したアルコール性画分に2倍量の水と4倍量のベンゼンを加え振とうすると，アントシアニジンは下層(水層)に移る。水層に再び少量のイソアミルアルコールを加えるとアントシアニジンは上層に移るから，これを試料にして展開溶媒 AA. H など(表2・6)を用いて展開する。

アントシアニジンの結晶標品の Rf 値と，沪紙上の色を表2・7に示す。これらの値は使用する沪紙の種類，展開温度などの実験条件で多少異なる。

表 2・7　種々の展開溶媒によるアントシアニジンの Rf 値*

アントシアニジン ＼ 溶媒の略号**	AAH-1	AAH-3	Bu. A	Bu. AA-2	FAH-2	沪紙上の色(可視光)
ペラルゴニジン	0.59	0.68	0.80	0.80	0.36	赤橙
シアニジン	0.34	0.49	0.69	0.68	0.22	赤
デルフィニジン	0.23	0.32	0.35	0.42	0.12	紫赤
ペオニジン	0.53	0.63	0.72	0.71	0.30	赤
ペツニジン	—	0.46	—	0.52	0.19	紫赤
マルビジン	0.48	0.60	0.53	0.58	0.27	赤
ヒルスチジン	—	0.78	—	0.66	0.36	紫赤

*　植物化学実験書(植物化学研究会編，広川書店，東京)，Harborne(1967)より。
**　表2・6参照。

[†] 比較的大量の試料を分離するのに用いられるペーパークロマトグラフィーで，二次元ペーパークロマト用沪紙の下方に試料を帯状につけ，後は通常の方法で展開する。得られた分離帯を切り取り，抽出後定性試験を行なう。実際の定性には，1～10枚あるいはそれ以上の沪紙が必要である。

(e) 糖類のペーパークロマトグラフィー　(c)で分離した下層の水性画分を減圧濃縮し，水酸化ナトリウムを入れたデシケータ内で乾固し，残査を少量の水に溶かしペーパークロマトグラフィーを行なう。展開溶媒は Bu. AA-1, Bu. AA-2, Bu. PrH, Bu. H (いずれも表2・6)を使用するとよい。

スポットの検出には1%アニリン塩酸塩，2%シアニジン塩酸塩，5%ベンジジン酢酸，0.1%過マンガン酸カリウム，アンモニア性硝酸銀などが用いられる。アントシアニジンに結合しているおもな糖の Rf 値を表2・8に示した。

表 2・8　アントシアニンにみられるおもな糖類の Rf 値*

糖　類 \ 溶媒の略号**	Bu. AA-1	Bu. AA-2	Bu. PrH	Bu. H
ガラクトース	0.25	0.21	0.22	0.25
グルコース	0.27	0.22	0.27	0.28
アラビノース	0.31	0.27	0.33	0.37
キシロース	0.34	0.31	0.39	0.42
ラムノース	0.44	0.42	0.51	0.52

*　Shibata ら(1960), Shibata ら(1967)による。
**　表2・6参照。

(f) 有機酸の検出　(b)で得たアントシアニン溶出液5mlを20%水酸化ナトリウム5mlで1時間処理する(水素気流中)。反応液を濃塩酸で酸性にした後，エーテルを用いて遊離した有機酸を数回抽出する。抽出液を集め，エーテルを蒸発させ，残査についてペーパークロマトグラフィーを行なう。展開溶媒および Rf 値の一例を表2・9に示した。スポットの検出はメチルレッドの0.02%エタノール溶液による。

表 2・9　アシル化アントシアニンにみられるおもな有機酸の Rf 値*

有機酸 \ 溶媒の組成	イソプロピルアルコール-アンモニア-水 (200:10:20)	ベンゼン-酢酸-水 (125:72:3)	ギ酸ナトリウム-水-ギ酸 (10g:200ml:1ml)	n-ブタノール-ピリジン-水 (140:30:30)
p-クマル酸	0.17	0.78	0.33	0.70
フェルラ酸	0.11	0.91	0.28	0.61
カフェー酸	0.03	0.36	0.24	0.53

*　Ishikura ら(1962)による。

(g) アントシアニンのペーパークロマトグラフィー　以上(d)～(f)によりアントシアニジン型，配糖体型，アシル化アントシアニンの場合は有機酸の種類

表 2·10　種々な展開溶媒によるおもなアントシアニンの Rf 値*

アントシアニン\溶媒の略号**	Bu.AA-1	Bu.AA-2	Bu.A	CHA	iBu.AH	EAH	Bu.AH	EFH	CFH	FAH-1	1%塩酸	AAH-2
カリステフィン	—	0.44	0.38	0.67	—	—	—	—	—	—	0.14	0.35
ペラルゴニン	0.46	0.31	0.14	0.42	0.43	0.07	0.47	0.28	0.51	0.77	0.23	0.45
サルビアニン	—	0.37	0.37	—	—	—	—	—	—	—	0.17	0.48
クリサンテミン	0.45	0.38	0.25	***	0.40	0.15	0.48	0.42	0.47	0.50	0.17	0.26
イデイン	0.41	0.37	0.24	—	0.38	0.13	0.46	0.41	0.49	0.51	0.07	0.26
ケラシアニン	0.44	0.37	0.25	0.25	—	—	0.57	0.39	0.41	0.65	0.19	0.43
メコシアニン	—	0.33	0.22	0.18	—	—	—	—	—	—	0.34	0.61
シアニン	0.25	0.28	0.06	0.19	0.29	0.05	0.31	0.18	0.40	0.68	0.16	0.40
ペオニン	0.46	0.31	0.10	0.48	0.38	0.07	0.35	0.29	0.51	0.78	0.17	0.44
エムベトリン	—	0.23	0.11	—	0.29	0.08	0.28	0.21	0.37	0.39	0.03	0.18
デルフィニン	0.14	0.15	0.03	0.03	—	—	0.18	0.08	0.27	0.56	0.08	0.32
アオベニン	—	0.30	0.22	—	—	—	—	—	—	—	0.05	0.32
エニン	—	0.38	0.15	0.75	—	—	—	—	—	—	0.06	0.29
プリムリン	0.49	0.36	0.15	0.76	0.41	0.17	0.48	0.51	0.70	0.59	0.06	0.29
マルビン	0.41	0.31	0.03	0.54	0.32	0.06	0.32	0.30	0.55	0.77	0.13	0.42

*　植物化学実験書（植物化学研究会編，広川書店，東京，Harborne(1967)より。
**　表2·6参照。
***　長く尾を引く。

が決定されると，検索すべきアントシアニンの種類はかなり絞られてくる。代表的なアントシアニンの Rf 値を表 2·10 に示す。アントシアニンの種類は非常に多く，ここに示したのはほんの一部にすぎない。これ以外のアントシアニンについては Harborne(1967) のものを参照されたい。

部分的加水分解による定性法

これはアントシアニンがジグルコシド型のとき，比較的緩和な加水分解を行なうと糖が部分的にはずれることを利用して，アントシアニンの定性をより確実にしようとするもので，Abe ら(1956)により考案された方法である。その概略を次に示す。

アントシアニンの1% 塩酸性メタノール溶液に同容量の 20% 塩酸を加え，70°の水浴上で加温する。一定時間ごとに反応液を少量ずつ取りだしてペーパークロマトグラフィーを行なう。これにより，グリコシド型によって特徴のあるクロマトグラムが得られる(図 2·9)。

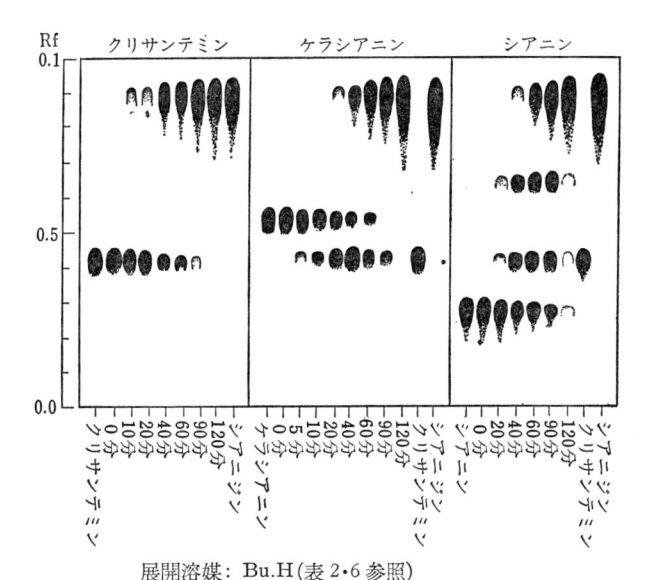

展開溶媒：Bu.H (表 2·6 参照)
図 2·9 部分的加水分解によるアントシアニンのペーパークロマトグラム (Abe ら，1956)

アントシアニジンの定性試験

これは Robinson ら(1931)により考案されたもので，ペーパークロマトグラフィーの発達以前には重要な定性法として利用された。しかし現在でも，クロマトグラフィーと併用することにより，アントシアニジンの定性をより確実にすることができる。特に，アントシアニジンの結晶標品が手もとにないときは有効である。方法の概略は次のとおりで，試験結果は表 2・11 に示されている。

表 2・11 アントシアニジンの定性試験(Robinson ら，1931; Bonner, 1950)

定性試験＼アントシアニジン	ペラルゴニジン	シアニジン	デルフィニジン	ペツニジン	マルビジン	ペオニジン
塩酸溶液の色調	赤	紫赤	青赤	紫赤	紫赤	紫赤
アミルアルコール-酢酸ナトリウム試験	紫赤	赤紫	青	紫赤	青紫	青
塩化鉄反応	変化なし	青	青	青	変化なし	わずかに変色
シアニジン試薬	不完全に溶出	わずかに溶出	溶出せず	溶出せず	溶出せず	溶 出
デルフィニジン試薬	完全に溶出	不完全に溶出	溶出せず	不完全に溶出	完全に溶出	溶 出
酸化試験	安 定	安 定	分 解	分 解	安 定	安 定

(a) 塩酸溶液の色調　アントシアニジンの塩酸溶液(100 ml 中 4 mg 以上)を調製し，以下に述べる諸試験を行なう前に，その色調を観察する。

(b) アミルアルコール-酢酸ナトリウム試験　上記の塩酸溶液の一部をとり，これにアミルアルコールを加え，振とう後静置する。上層(アルコール性画分)に酢酸ナトリウムを加える。

(c) 塩化鉄反応　(b)のアルコール性画分に塩化鉄(III)溶液1滴を加える。

(d) シアニジン試薬　(a)の塩酸溶液の一部に，シクロヘキサノール1容とトルエン5容の混合液を加えて振とうする。

(e) デルフィニジン試薬　(a)の塩酸溶液の一部に，アミルエチルエーテル1容，アニソール(メトキシベンゼン)4容の混合液にピクリン酸を 5% 加えた溶液を加えて振とうする。

(f) 酸化試験　(a)の塩酸溶液に，その半容の 10% 水酸化ナトリウムを加えて空気を通じる。

スペクトル特性

アントシアニンまたはそのアグリコンのスペクトル特性を知ることは，その色素の色調を判断するのに役立つだけでなく，ペーパークロマトグラフィーの Rf 値と合わせて色素の定性の参考資料として重要な意味をもっている。

通常，ペーパークロマトグラムから該当する色素の部分を切りとり，適当な溶媒で抽出し，その抽出液についてスペクトルを測定する。

(a) アントシアニジンのスペクトル特性　アントシアニジンを 0.01% の塩酸を含むメタノールまたはエタノールに溶解し——最大吸収波長における吸光係数が 0.8〜1.3 になるように色素濃度を調節する——可視部のスペクトルを測定する。それと同時に，上記のアントシアニジン溶液に 5% 塩化アルミニウムのエタノール溶液をごく少量加えたときの最大吸収値の移動も測定する。

表 2·12　アントシアニジンの可視部のスペクトル特性 (Harborne, 1958)

アントシアニジン	最大吸収波長 λ_{max}[mμ]		塩化アルミニウムによるスペクトル移動 $\Delta\lambda$[mμ]
	塩酸性メタノール	塩酸性エタノール	
ペラルゴニジン	520	530	0
シアニジン	535	545	18
デルフィニジン	546	557	23
ペオニジン	532	542	0
ペツニジン	543	558	24
マルビジン	542	554	0
ヒルスチジン	536	545	0

アントシアニジンのスペクトルは多くの人により測定されているが，ここでは Harborne (1958) の測定結果を表 2·12 に紹介する。それによると，溶媒がメタノールでもエタノールでも最大吸収は 520〜560 mμ にみられるが，エタノールを溶媒としたときのほうがメタノールを溶媒としたときよりやや大きい値を示している。

塩化アルミニウムによるスペクトル移動は，アントシアニジン核の B 環に水酸基が 1 個しかないか，あるいは 2 個以上あってもオルト位の水酸基がメチル化されているものでは起こらない（ペラルゴニジン，マルビジン，ペオニジン，ヒルスチジンなど）。

(b) アントシアニンのスペクトル特性　アントシアニンのスペクトルは，だ

いたいは図2・10で代表されるが，細かくいえば結合する糖の位置やアシル化の有無でやや異なっている．その概略は次のとおりである．

(1) アシル化していないアントシアニン

アシル化していないアントシアニンのスペクトルは，紫外部ではアントシアニンの種類によりほとんど変化がみられないが，可視部では種類によりかなり特徴ある変化を示す．したがって，アシル化していないアントシアニンの定性には，可視部の最大吸収波長を測定すれば十分である．

また，440 mμ における吸光係数 E_{440} と，可視部の最大吸光係数 E_{max} (500～550 mμ) との比率(%)はアントシアニジン核の 5-位の水酸基がグリコシル化されているかいないかの区別に役立つので，アントシアニン定性の参考資料として重要である．これらについて Harborne(1958)があげたデータを表2・13

表 2・13 アシル化していないアントシアニンの可視部における
スペクトル特性(Harborne, 1958)

色素		最大吸収波長* λ_{max}[mμ]	E_{440}/E_{max}** [%]	平均
アントシアニジン	配糖体型			
5-位の OH がグリコシル化されていないもの				
ペラルゴニジン	なし	520	39	39
	3-モノグルコシド	506	38	
	3-ラムノグルコシド	508	40	
	3-ゲンチオビオシド	506	36	
	3-ジグルコシド -7(または4')-グルコシド	498	42	
シアニジン	なし	535	19	23
	3-モノグルコシド	525	22	
	3-ラムノグルコシド	523	23	
	3-ゲンチオビオシド	523	25	
	3-キシログルコシド	523	22	
ペオニジン	なし	532	25	
	3-モノグルコシド	523	26	
デルフィニジン	なし	544	16	
	3-モノグルコシド	535	18	
	3-ラムノグルコシド	537	17	
ペツニジン	なし	543	17	18
	3-モノグルコシド	535	18	
マルビジン	なし	542	19	
	3-モノグルコシド	535	18	

	5-位の OH がグリコシル化されているもの		
ペラルゴニジン	5-グルコシド	513	15
	3,5-ジグルコシド	504	21
	3-ラムノグルコシド-5-グルコシド	505	19
	3-ジグルコシド-5-グルコシド	503	21
	モナルデイン	505	21
	サルビアニン	505	20
シアニジン	3,5-ジグルコシド	522	13
ペオニジン	3,5-ジグルコシド	523	13
	3-ラムノグルコシド-5-グルコシド	523	12
	5-グルコシド	528	12
	5-ベンゾアート	528	11
デルフィニジン	3,5-ジグルコシド	534	11
ペツニジン	3,5-ジグルコシド	533	10
	3-ラムノグルコシド-5-グルコシド	535	10
マルビジン	3,5-ジグルコシド	533	12
	3-ラムノグルコシド-5-グルコシド	534	9
	ネグレテイン	536	9

ペラルゴニジン ~20
ペオニジン ~12
デルフィニジン～マルビジン ~10

* 0.01% 塩酸性メタノール中。
** E_{440}: 440mμ における吸光度, E_{max}: 可視部の最大吸光度。

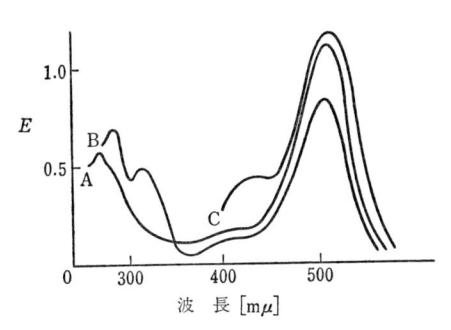

A：ペラルゴニジン-3,5-ジグルコシド
B：アシル化(p-クマル酸)ペラルゴニジン-3,5-ジグルコシド
C：ペラルゴニジン-3-モノグルコシド
（いずれも 0.01% 塩酸性メタノール中）
図 2・10 アントシアニンの吸収スペクトル (Harborne, 1958)

に紹介する。

(2) アシル化アントシアニン

図 2・10 からわかるように，アシル化アントシアニンの吸収スペクトルは，可視部に 1 個の吸収帯があるほかに，紫外部にも 2 個の吸収帯があり，これらはすべてアントシアニンの種類によりそれぞれ特徴を現わしている。

また，アシル化アントシアニンの最大吸光度 E_{max}-色素と，アシル化している有機酸に固有の最大吸光度 E_{max}-酸との比率から，アシル化アントシアニン分子内の酸の残基のだいたいの割合を知ることができる。代表的なアシル化アントシアニンについての，これらのデータを表 2・14 に示す。

表 2・14 アシル化アントシアニンのスペクトル特性 (Harborne, 1958)

アシル化アントシアニン	アントシアニジン	有　機　酸	最大吸収波長* $\lambda_{max}[m\mu]$	E_{max}-酸/E_{max}-色素 [%]
ペラニン	ペラルゴニジン	p-クマル酸	289, 313, 505	67
モナルデイン	ペラルゴニジン	p-クマル酸	286, 313, 507	60
サルビアニン	ペラルゴニジン	カフェー酸	285, 329, 507	48
ラファニン A	ペラルゴニジン	p-クマル酸	286, 313, 505	60
ラファニン B	ペラルゴニジン	フェルラ酸	282, 328, 505	52
ペタニン	ペツニジン	p-クマル酸	282, 308, 536	66
ネグレテイン	マルビジン	p-クマル酸	282, 308, 535	71

* 塩酸性メタノール中。

2・3　ジェヌインアントシアニン

いままでに述べたアントシアニンはすべて塩酸の存在下で抽出・結晶化が行なわれ，得られた色素はすべてオキソニウム型アントシアニンの塩酸塩であった。これから述べるジェヌインアントシアニン genuine anthocyanin は，その抽出，結晶化の過程に酸類はいっさい使用せず，したがって得られた色素は酸類を全然含まないものである。しかも，その色調はアントシアニン塩酸塩と異なり，自然の花色に非常に近い赤色または紫色を示している。

ジェヌインアントシアニンの発見は，アントシアニン化学に新しい局面を与えただけでなく，アントシアニンの自然界における存在状態を考えるうえにも重要な資料になるとして注目されている。この方面の研究を行なったのは，元

東京教育大学教授林孝三先生を中心とする研究陣——Saito ら(1964)，Takeda ら(1965，1968)である．以下，その研究成果の大要を紹介しよう．

抽出，結晶化の例と，だいたいの性質

(a) ヤグルマギク(*Centaurea cyanus* L.)の赤色花弁より　粉末にした花弁を60%メタノールに数時間浸漬し(室温)，最後に60~70°で20分間加温抽出する．抽出液を減圧濃縮してシロップ状とし，これをエーテルとエタノールで洗浄し，不溶の部分を温水に溶かし，沪過後同容量のエタノールを加え，約4時間冷蔵庫内に放置する．ここで一度沪過して不純物を除き，沪液を減圧下30~40°で蒸発乾固させる．残査を冷水に溶かし，2倍量のエタノールを加えて一夜冷所に放置すると粉末状の暗赤色の色素が析出する．これをさらに精製するには，50%エタノール(約60°)に溶解，沪過後沪液を30~40°で減圧濃縮し，冷所に一夜放置すると赤紫色の色素が結晶する．再結晶には50%エタノールを用いる．

元素分析の結果は $C=52.77\%$，$H=5.04\%$，$N=0\%$ で，$[C_{27}H_{31}O_{15}]$-OH——無水塩は $C_{27}H_{30}O_{15}$——の化学式に相当する．この色素を塩酸を含む展開溶媒でペーパークロマトグラフィーにかけると，Rf値はペラルゴニン塩酸塩のものと一致する(表2・15)．さらに詳しい化学構造については後で述べる．

(b) 濃赤色バラの栽培品種(Tassin および Josephine Bruce)の花弁よりアセトン法により脱水，粉末とした花弁をアセトン4容，エタノール2容，水3容の混合液に6時間浸漬し，得られた抽出液を30~40°で減圧下約1/10量に濃縮する．析出物を沪過して除き，沪液に2倍量のエタノールを加え冷蔵庫に放置すると，黒色を帯びた深赤色の色素が沈殿する．この沈殿を70~80°に加温した50%メタノールに溶かし，沪液をシロップ状になるまで減圧濃縮(30~40°)する．得られたシロップ状の残査を冷水とアセトンで処理すると，色素は徐々に粉末状に析出する．

この色素粉末を70~80°に加温した30%メタノールに溶かし，沪液を減圧下蒸発乾固する．残査を80°に加温した50%エタノールで抽出し，得られた液を濃縮後1/3量の50%アセトンを加えて冷所に約1週間放置すると赤褐色，

プリズム様の針状結晶が生じる。

ここに析出した色素は水，エタノール，アセトンに冷時不溶，熱時可溶で，その溶液は赤紫色を呈する。塩酸酸性にした水またはアルコールによく溶けて，シアニン塩酸塩溶液特有の赤色を示す。

元素分析の結果は C=50.58%，50.87%；H=5.16%，5.16%；N=0.13% で，$[C_{27}H_{31}O_{16}]$-OH——無水塩は $C_{27}H_{30}O_{16}$ ——の化学式に相当する。ペーパークロマトグラムでは，この色素の Rf 値は塩酸を含む展開溶媒を使用すればシアニン塩酸塩のものと一致する（表2·15）。

表 2·15 ヤグルマギクおよびバラの花弁から単離したジェヌインアントシアニンの Rf 値(Saito ら，1964)

展 開 溶 媒	ヤグルマギク	ペラルゴニン塩酸塩	バ ラ		シアニン塩酸塩
			Tassin	Josephine Bruce	
50%エタノール	0.80	0.78	0.73	0.73	0.68
1%塩酸*	0.23	0.23	0.12	0.12	0.12
AAH-2*	0.47	0.47	0.35	0.35	0.35
Bu. H*	0.28	0.28	0.12	0.12	0.12
Bu. AA-2*	0.24	0.21	0.13	0.13	0.10

* 表2·6参照。

(c) パンジーの濃紫色品種(Jet Black)の花弁より　アセトン法により脱水，粉末とした花弁をアセトン5容，エタノール2容，水3容の混合液に3時間浸し，得られた抽出液を30～40°で減圧下約 1/8 量に濃縮し，一夜冷蔵庫に放置する。これを沪過し，沪液に6倍量のエタノールを加え冷蔵庫に放置すると色素はシロップ状に析出する。

これを 60～70° に加温した 70% エタノールで抽出し，沪液を 30～40° で減圧下で蒸発乾固する。得られた濃紫色，塊状の残査を熱75% エタノールに溶かし，沪液に同容量のイソプロパノールを加え一夜冷所に放置する。一度沪過して不純物を除き，沪液に徐々にエーテルを加え 2～3 日間冷所に放置する。この間に析出した不純物を再び沪過して除き，沪液にさらにエーテルを加え一夜冷蔵庫に放置すると，青紫色の色素がシロップ状に析出する。これを 75%エタノールに溶かし，沪液を数日間少量のイソプロパノールを入れた容器内に

密栓して放置すると，色素は青紫色針状の結晶として析出する。この結晶を 85% エタノールに溶かし，沪液をイソプロパノールの蒸気中に保つと，数日後美麗な紫色針状の結晶が析出する。これ以上の精製は変色のおそれがある。

この色素は水または水を含んだエタノールによく溶け，溶液は紫色を呈する。無水エタノールおよびアセトンには不溶である。0.1 M-クエン酸緩衝液中では，この紫色は pH 5.6～6.5 の範囲では比較的安定であるが，pH 4.5 以下ではただちに赤色となる。また，pH 7.5 以上では不安定な青色に変わる。

元素分析の結果は，C=53.01, 53.50, 53.84%；H=5.21, 5.54, 5.16% で $[C_{42}H_{47}O_{23}]$-OH の化学式があてはまる。この紫色結晶の酸性エタノール溶液の吸収スペクトルは，ビオラニン violanin 塩酸塩のものとまったく一致する（図 2・11）。ペーパークロマトグラムでも，Rf 値はビオラニンのものとよく合致する（表 2・16）。これらのことから，この紫色の色素はジェヌインビオラニンとみなされる。

ジェヌインアントシアニンの化学構造に関する二三の実験

ジェヌインアントシアニンの化学構造をさらに詳細に検討するために，Takeda ら (1968) は通常のアントシアニン塩酸塩を脱塩素して得られた結晶と，花弁から単離したジェヌインアントシアニンとの元素分析値，赤外線スペクトルなどを比較した。脱塩素アントシアニンは，ペラルゴニンまたはシアニンの塩

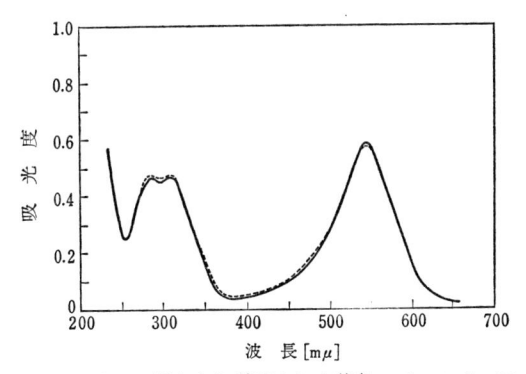

図 2・11 パンジーの花弁より単離された紫色のジェヌインアントシアニンとビオラニン塩酸塩の吸収スペクトル (Takeda ら, 1965)

表 2·16 パンジーの花弁から単離したジェヌインアントシアニンとビオラニン塩酸塩の Rf 値(Takeda ら, 1965)

展 開 溶 媒	パンジーの花弁からのジェヌインアントシアニン	ビオラニン塩酸塩
50%エタノール	0.59	0.58
AAH-2*	0.48	0.47
1%塩酸*	0.09	0.09
Bu. AA-2*	0.17	0.17
Bu. H*	0.56	0.56

* 表 2·6 参照。

酸塩を熱 30% メタノール(少量の塩酸を含む)に溶解し,0.5 N-アンモニア水を滴下してかすかにアルカリ性にした後常温で減圧濃縮し,50% エタノールで処理すると得られる。

ここに得られた結晶の元素分析結果は,脱塩素ペラルゴニンが $C_{27}H_{30}O_{15}$,脱塩素シアニンが $C_{27}H_{30}O_{16}$——いずれも脱水型——で,これらの値は花弁より単離したジェヌインペラルゴニンまたはジェヌインシアニンの無水型にそれぞれ一致する。

脱塩素アントシアニンと,ジェヌインアントシアニンとは赤外部吸収スペクトルはだいたい同じであるが,細かくみると完全に一致するとはいえない(図 2·12)。したがって,細部の構造にはまだ不明の点があるが,目下のところフラビリウムの無水型の構造式が考えられている(図 2·13)。

この不明の点を解明する手がかりとして,Osawa ら(1966)および Takeda ら(1968)による ESR スペクトル(電子スピン共鳴スペクトル electron spin resonance spectra)の知見がある。詳細は省略するが,これによると,ジェヌインアントシアニンの化学構造には遊離基の存在が示唆されている。いずれにしても,ジェヌイアントシアニンの化学構造は物理化学的研究成果に期待するところ大きく,今後の問題ということができよう。

2·4 アントキサンチン——フラボンとフラボノール——の化学構造

フラボン flavone とフラボノール flavonol はフラボノイド中アントシアニンよりもさらに種類が多く,花色にとっても重要な色素の一群である。フラボ

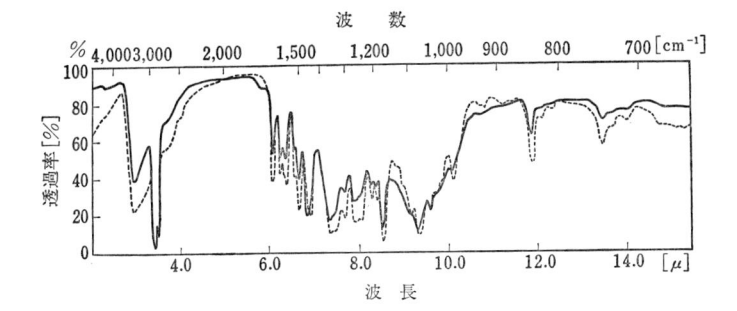

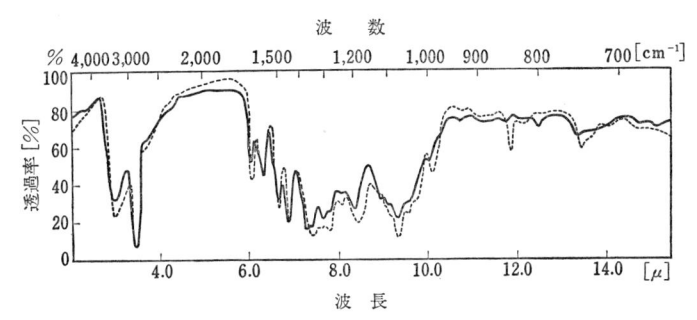

上：——ジェヌインペラルゴニン
　　------脱塩素ペラルゴニン
下：——ジェヌインシアニン
　　------脱塩素シアニン

図 2·12　ジェヌインアントシアニンと脱塩素アントシアニンの赤外部吸収スペクトル(Takeda ら, 1968)

R=H…ペラルゴニンのもの
R=OH…シアニンのもの
Gl-…グルコース

図 2·13　アントシアニン無水塩の化学構造(Takeda, 1968)

ンとフラボノールを合わせてアントキサンチン anthoxanthin ともよばれている。前にも述べたが、フラボンの化学構造はフラボノイド骨格の基本的なもので、フラボノールはフラボンの3-位の水素原子が水酸基で置換したものである（図2・4）。アントキサンチンもアントシアニンと同様、天然では主として配糖体として存在し、また糖にさらに有機酸が結合しているものもある。これらの化学構造の大略を以下に述べる。

フラボン

　フラボン配糖体は数多く知られているが、代表的なアグリコンはアピゲニン apigenin とルテオリン luteolin の2種である。構造式上両者はフラボノイド骨格のA環では水酸基の位置および数は同じであるが、B環では異なっている（図2・14）。すなわち、アピゲニンは4′-位に1個、ルテオリンは3′-位と4′-位とに2個存在する。

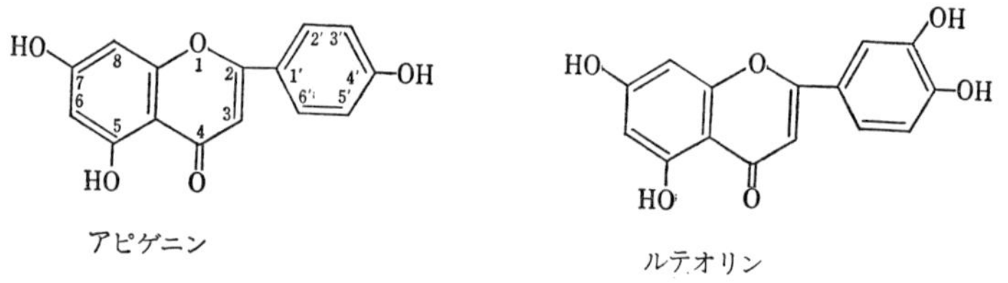

図 2・14　代表的なフラボンの構造式

　フラボン配糖体は、糖の結合する様式により二つの型に大別される。一つはフラボンの水酸基と糖とが脱水的に結合したもので、O-配糖体といわれているものである。これは通常のグリコシド結合そのものであるが、そのほかにフラボンの6-位または8-位の炭素に糖の炭素が直接結合した C-グリコシル誘導体がある。この結合はグリコシド結合とはいえないが、便宜的に配糖体の仲間として取り扱っている。

　(a)　O-配糖体　　糖の結合する位置は、7-位が多い。結合する糖の種類は、グルコース(7-O-グルコシド)とルチノース(7-O-ルチノシド)とが一般的である。また、グルクロン酸が結合したものも発見されている。糖の結合する位置は 7-位のほか、5-位や 4′-位の場合もある。7-位と 4′-位とに二つの糖が結合し

たものもある(例：アピゲニン-7,4′-ジグルコシド)。最近では，3′-位にグルコースの結合したものも見出されている。代表的なフラボン配糖体を表 2・22 に示す。

(b) C-グリコシル誘導体　これは別名グリコフラボン glycoflavone ともよばれており，前にも述べたとおりフラボン核の 6-位あるいは 8-位に糖が C―C 結合をしているものである。

C-グリコシル誘導体は O-配糖体と異なり，酸により加水分解を受けにくい。たとえば，Harborne(1965)の実験によれば，O-配糖体は 2N-塩酸-メタノール(1：1)の混合液と 4 時間加熱すると加水分解されるが，同一条件では C-グリコシル誘導体はほとんど影響されない。

最も代表的な C-グリコシル誘導体は，ビテキシン vitexin(アピゲニンの 8-位にグルコースが結合したもの)とイソビテキシン isovitexin(アピゲニンの 6-位にグルコースが結合したもの)である。ビテキシン，イソビテキシンは多くの植物に共存しているといわれている。試験管内では，両者は相互に変化するという実験例がある(図 2・15)。

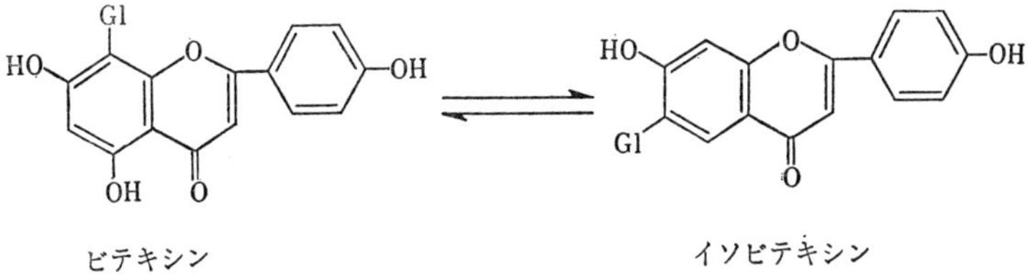

Gl：グルコース
図 2・15　ビテキシンとイソビテキシン(Harborne, 1967)

おもな C-グリコシルフラボンを表 2・17 に示す。

フラボノール

フラボノールは，フラボンの 3-位の水素原子が水酸基で置換されたもので，代表的なものはケンフェロール kaempferol, クェルセチン quercetin, ミリセチン myricetin の 3 種である。これらの相違は，図 2・16 からわかるようにフラボノイド核の B 環の水酸基の数による。また，1～2 個の水酸基がメチル化されているものもある(例：アザレアチン＝5-O-メチルクェルセチン；イソラムネ

表 2·17 おもな C-グリコシルフラボン (Harborne, 1967)

アグリコン	8-位に糖が結合したもの	6-位に糖が結合したもの
アピゲニン	ビテキシン	イソビテキシン
アカセチン	シチソシド	―
ゲンカニン	―	スウェルチジン
5-デオキシアピゲニン	バイイン	―
ルテオリン	オリエンチン	イソオリエンチン
クリソエリオール	スコパリン	イソスコパリン
5-O-メチルルテオリン	パーキンソニン A	―
5,7-ジ-O-メチルルテオリン	パーキンソニン B	―
7-O-メチルルテオリン	―	スウェルチアヤポニン

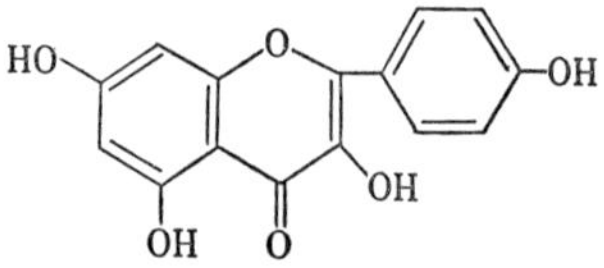

ケンフェロール 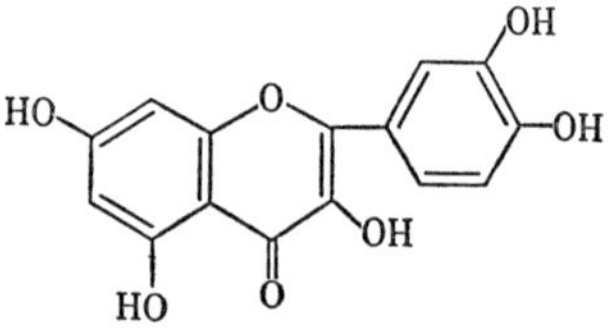   クェルセチン

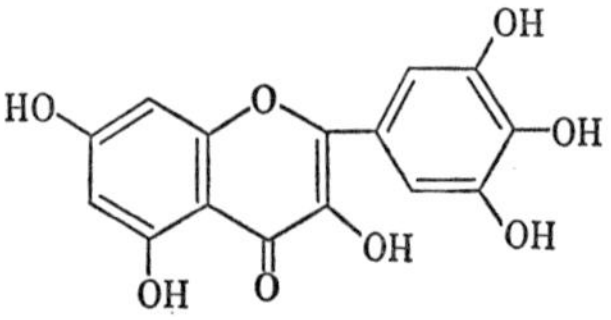

ミリセチン

図 2·16 おもなフラボノールの構造式

チン＝3′-O-メチルクェルセチン；シリンゲチン＝3′,5′-O-メチルミリセチン）。

このように，フラボノールはA環の5-位と7-位に水酸基（またはメトキシル基）をもつのが普通であるが，中にはさらに6-位にも水酸基をもつもの（例：クェルセタゲチン），8-位にももつもの（例：ゴシペチン）なども発見されている。また，5-位に水酸基のないものもある（例：フィセチン）。

B環の水酸基の位置にも普通（3′-，4′-，5′-位）と異なったものがある。たとえば，2′-位に水酸基があるもの（モリン），B環には全然水酸基のないもの（ガランギン）などが発見されている。

これらの水酸基に糖がグリコシド結合するわけであるが，その結合位置はだ

いたい糖が1個結合する場合は 3-, 7-, 3′-, 4′-位の水酸基に結合するのが普通で，そのうち 3-位の場合が最も多い。糖が 2 個の場合は 3,7-位, 3,3′-位, 3,4′-位, 7,4′-位に結合するのが普通で，そのうち 3,7-位型が最も多い。おもなフラボノール配糖体を表 2・18 に示す。アントシアニンの場合はと異なり，5-

表 2・18　フラボノール配糖体の例 (Swain, 1965)

配　糖　体	アグリコン	糖の種類とその位置
アストラガリン	ケンフェロール	3-グルコシド
ポプリン	〃	7-グルコシド
アフゼリン	〃	3-ラムノシド
ケンフェリトリン	〃	3,7-ジラムノシド
ロビニン	〃	7-ラムノシド-3-ガラクトシルラムノシド
イソクェルシトリン	クェルセチン	3-グルコシド
クェルシトリン	〃	3-ラムノシド
クェルシメリトリン	〃	7-グルコシド
ルチン	〃	3-ルチノシド
ミリシトリン	ミリセチン	3-ラムノシド
カンナビスシトリン	〃	3′-グルコシド

位の水酸基に糖がグリコシド結合している例はない。これはケンフェロールやクェルセチンなどの 5-位の水酸基の水素原子が，4-位のカルボニル基の酸素原子と水素結合することにより保護されているためと説明されている。したがって，3-位の次にグリコシド結合するのは，7-位である。結合する糖はグルコース，ガラクトース，ルチノースがおもである。

　フラボノール配糖体にもアントシアニンと同様，アシル化されたものが発見されている。しかし，その種類はアントシアニンに比べればはるかに少ない。アシル化する有機酸としてはアントシアニンの場合と同様 p-クマル酸(例：ケンフェロール-3-p-クマロイルグルコシド)，カフェー酸(例：クェルセチン-3-カフェオイルソホロシド-7-グルコシド)，フェルラ酸(例：ペツノシド)である。これらの有機酸が糖のどの位置に結合しているかはまだよくわかっていないが，ペツノシド petunoside は図 2・17 に示す構造式が与えられている。

2・5　カルコンおよびアウロンの化学構造

　前にも述べたようにカルコンとアウロンとは，化学構造上正確にはフラボノ

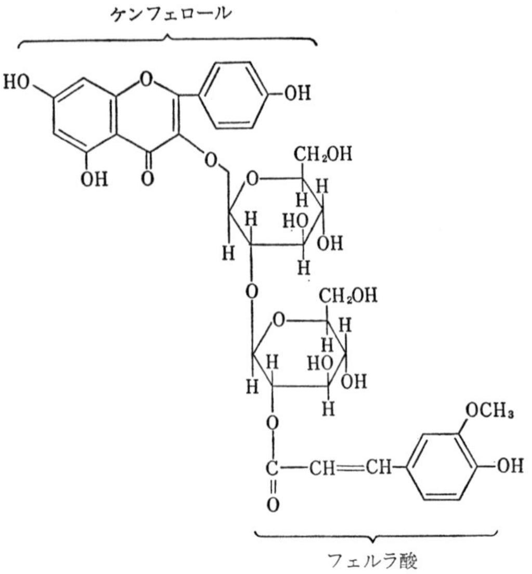

図 2・17 ペツノシドの構造式(Harborne, 1967)

イドとはいえないが，後で述べるようにカルコンはフラボノイド生合成の主経路上の重要な中間産物と考えられているし，アウロンはその主経路から枝分かれして生じた一つの最終産物と考えられている。そのうえ，カルコンもアウロンも水溶性で黄色を示すなど，ほかのフラボノイドと同様の性質をもっている。このため両色素はフラボノイドに組み入れられて取り扱われるのが普通である。

カルコンとアウロンとは「アントクロル色素 "anthochlor" pigment」とよばれることがある。これは，この両色素を含む組織片をアンモニアガスにあてると——アントクロル試験——橙色または赤色になるからである。

カルコン

カルコンの化学構造の基本骨格は(図 2・18)のとおりで，2 個のフェニル核 A, B を連結する 3-C 構造が一般のフラボノイドのように γ-ピロン環を形成していない。したがって，炭素原子の位置を示す番号は，フラボン核の場合と異なっている。また，A 環は $1'$-位を中心として回転することができるから，$2'$-

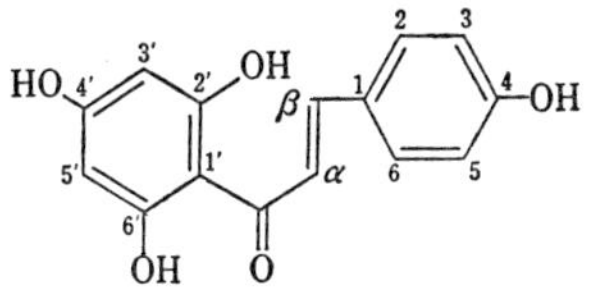

図 2·18 カルコンとアウロンの基本構造および炭素原子の位置番号

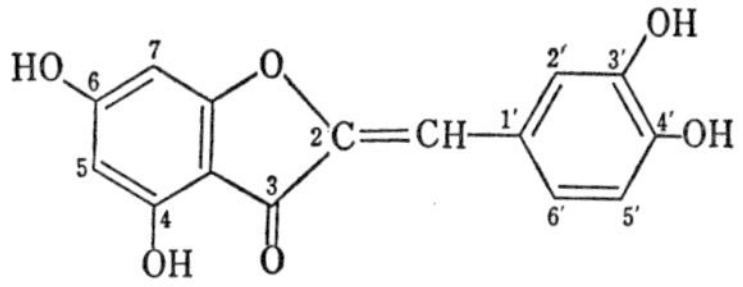

位と 6′-位, 3′-位と 5′-位はそれぞれ同じ位置といえる。

水酸基は 4-位に 1 個あるほか, 3-位と 4-位とに 2 個, あるいは 3-位, 4-位, 5-位に 3 個存在するものもある。また B 環に全然水酸基のないもの, A 環の 6′-位の水酸基がはずれているもの, 5′-位についているものなどがある。

天然にはカルコンは, 一般のフラボノイドと同様配糖体として含まれている。糖が 1 個結合する場合は 4′-位の水酸基につくのが普通であるが, 2′-位につくこともある。糖が 2 個の場合には, 4-位と 4′-位の水酸基に結合する。

アウロン

アウロンは, フラボノイド骨格をもつ化合物中最も最近に発見されたもので, 図 2·18 に示したような基本骨格をもっている。発見以来日が浅いので, 現在はまだほんの少数の種類しか知られていない。炭素原子の位置を示す番号は, フラボンの場合とやや異なっている。

現在までにわかっているところでは, 4-位か 6-位の水酸基にグルコースが結合している。

アウロンを含む植物はごくかぎられており, キク科, マメ科, ゴマノハグサ科などに所属する植物である。

2·6　フラボノイドの分離定性法

フラボノイドのうち, アントシアニンの分離定性方法はすでに説明したので, ここではアントシアニン以外のフラボノイドの分離定性方法を述べる。

植物組織中には多種類のフラボノイドが混在しているから, まずこれらを分離し, ついで個々のフラボノイドの種類を決定するという手順をとる。Mabry

ら(1970)はこれらの手順を有効に行なうため，フラボノイドの系統分析法を考えだしている．以下，同氏らの方法を中心にしてその概略を紹介する．

分 離 法

(a) 二次元ペーパークロマトグラフィー　　植物材料を風乾し(生のままでもよい)，メタノールあるいは 25% 水性メタノールで抽出し(室温，3日間位)，得られた抽出液を減圧濃縮し，シロップ状の残査を少量のメタノール(水をごくわずか加えるとよく溶ける)に溶かして展開用試料とする．

展開用沪紙としては Mabry らはワットマン 3MM(46×57 cm)を推奨している．第1回目の展開は第三級ブタノール：氷酢酸：水＝3：1：1の混合液を用いて行ない，第2回目の展開は氷酢酸：水＝15：85の混合液で行なう．

スポットは，展開後沪紙に紫外線を照射して検出する．この場合沪紙をアンモニアガスにあてる前と後とで観察するのがよい．

このようにして得られたクロマトグラムでは，個々のフラボノイドのスポットは，その基本骨格や配糖体型によってだいたい一定の区域に分布する傾向がある．図 2・19 は，その関係を模式的に描いたものである．

おのおののスポットを切り抜いてメタノールあるいは 20% 水性メタノールで抽出し，個々のフラボノイドの定性試料とする．定性方法は後述するが，このための試料調製には 20～50 枚のクロマトグラムが必要である．

(b) カラムクロマトグラフィー　　フラボノイドのカラムクロマトグラフィーに用いられる吸着剤には多数あるが，Mabry らはポリアミドを推奨している．同氏らの抽出，分離の一例をあげれば次のとおりである．

吸着剤ポリアミド(ポリビニルピロリドン)を 5×50 cm のカラムにつめ――ポリアミドを水で泥状にしカラムに流し込み，後過剰の水を除く――，これに試料((a)と同様に調製)を流す．

展開は最初は水で始まり，ついで種々の濃度の水性メタノール(20～100%，順次，メタノールの濃度を高めていく)，最後は種々の濃度の塩酸を使用する．流出液を 150 ml ずつのフラクションにすると，各フラクションと展開溶媒との関係は表 2・19 のようになる．

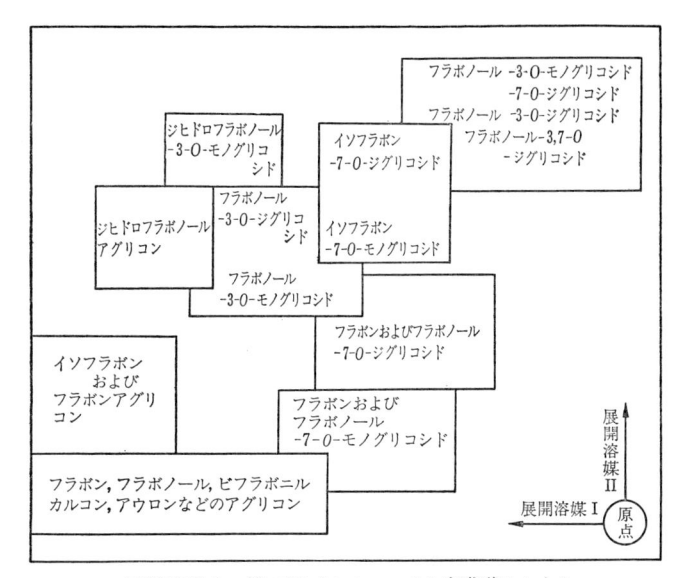

展開溶媒Ⅰ：第三級ブタノール3＋氷酢酸1＋水1
　〃　　Ⅱ：氷酢酸15＋水85

図 2・19　フラボノイドの基本骨格および配糖体型の相違による二次元ペーパークロマトグラム上でのスポットの分布区域(Mabry ら, 1970)

(c) 薄層クロマトグラフィー　　フラボノイドの薄層クロマト用吸着剤はポリアミドが最もよいが，シリカゲルでもよい。スポットの検出はペーパークロマトグラフィーと同様，薄層を紫外線に当てて行なう。

展開溶媒は種々あるが，Mabry らが推奨しているものを次に示す。

(1)ポリアミド用

　メタノール：酢酸：水(90 : 5 : 5)

　クロロホルム：メタノール：ブタン-2-オン(12 : 2 : 1)

　メタノール：水(4 : 1)

　アセトン：水(1 : 1)

　イソプロパノール：水(3 : 2)

　ニトロメタン：メタノール(5 : 2)

　ベンゼン：酢酸エチル：ギ酸：水(9 : 21 : 6 : 5)

表 2・19 ポリアミド・カラムクロマトグラフィーによるフラボノイ

展開溶媒	フラクション番号	フ	ラ				ボ			ノ	
		XIV_a	XI_a	VIII_b	XII_b	XIV	IX_a	IV_b	XIII_a	XII_a	III_b	X_a
水	1	+										
20%メタノール	2	+	+									
20%メタノール	3	+	+	+	+	+						
20%メタノール	4	+	+			+						
20%メタノール	5					+	+	+	+			
20%メタノール	6						+	+	+	+	+	+
30%メタノール	7						+	+	+	+	+	+
30%メタノール	8							+		+	+	
40%メタノール	9									+	+	
50%メタノール	10											+
50%メタノール	11											
75%メタノール	12											
100%メタノール	13											
0.3N-塩酸	14											
1.1N-塩酸	15											
4.5N-塩酸	16											

* XIV_a: スコポレチン-7-O-グルコシド; XI_a: ブソイドバプチシン; VIII_b: カリコシン-7-O-ラオシド; IV_b: 4',7-ジヒドロキシフラボン-7-O-ラムノグルコシド; XIII_a: カリコシン-7-O-グルコシド; X_a: オロボール-7-O-ルチノシド; VII_a: レコンチン; II_b: アピゲニン-7-O-ラムジヒドロキシフラボン-7-O-グルコシド; I_b: ルテオリン-7-O-ルチノシド; I_a: ルテオリンフィセチン-7-O-ラムノグルコシド; V_a: 3',4',7-トリヒドロキシフラボノール-3-O-グルコシシフラボン-7-O-グルコシド; VIII: (+)フスチン; VI: 4',7-ジヒドロキシフラボノール; V:

n-ブタノール:酢酸:水(6:1:2)

(2) シリカゲル用

(アグリコンによいもの)

クロロホルム:メタノール(15:1)

酢酸エチル:石油エーテル(3:1あるいは1:1)

エタノール:クロロホルム(1:3あるいは1:1)

(配糖体によいもの)

酢酸エチル:メチルエチルケトン:ギ酸:水(5:3:1:1)

ベンゼン:ピリミジン:ギ酸(36:9:5)

個々のフラボノイドの定性

以上のように分離した個々のフラボノイド配糖体は,アントシアニンの定性と同様な手順,すなわちアグリコンの決定,糖の決定,糖がアグリコンに結合

ドの分離例——材料: *Baptisia lecontei* (Mabryら, 1970)

イ	ド	の			種	類*										
VIIa	IIb	III/IV	IVa	Ib	Ia	XIIIa	VII	Vb	Va	XI	XII	XIII	IIIa	VIII	VI	V
+																
+	+															
+	+															
+	+		+	+												
+	+	+	+	+	+											
+	+	+	+	+	+	+	+	+	+							
+	+		+	+					+	+	+	+				
			+							+	+		+	+		
			+										+	+		
			+											+	+	
															+	+
															+	+

ムノグルコシド; XIIb: ダイゼイン-7-O-ラムノグルコシド; XIV: スコポレチン; IXa: スフェロビコシド; XIIa: ダイゼイン-7-O-グルコシド; IIIb: 3′,4′,7-トリヒドロキシフラボン-7-O-ラムノグルコシド; III: 3′,4′,7-トリヒドロキシフラボン; IV: 4′,7-ジヒドロキシフラボン; IVa: 4′,7--7-O-グルコシド; VIII: (+)フスチン; VII: (+)4′,7-ジヒドロキシ-ジヒドロフラボノール; Vb: ド; XI: プシュドバプチゲニン; XII: ダイゼイン; XIII: カリコシン; IIIa: 3′,4′,7-トリヒドロキシフィセチン

する位置の決定をそれぞれ行なって定性する。

　アグリコンと糖の定性に先立ち, 配糖体を加水分解しなければならない。$O-$グリコシド型は6%塩酸で45分間水浴上で加熱すると簡単に加水分解されるから, 冷却後反応液にエーテルを加えて振とうし, 上層のエーテル層にアグリコン, 下層の水層に糖をそれぞれ移行させて分離する。

　$C-$グリコシル型は, この方法では加水分解されない。Mabryら(1970)は, この型の加水分解には塩化鉄(III)による酸化法[†]が有効であるといっている。

　アグリコンおよび配糖体は, ペーパークロマトグラフィーによる Rf 値, 紫外線照射によるスポットの色調, スポットの抽出液のスペクトル特性などから

[†] オリエンチン orientin の例——Mabryら(1970)。試料25 mg と塩化鉄(III) 200 mg を 0.8 ml の水に加え, 6時間還流冷却器をつけて加熱する。冷却後 pH を 8 にし生ずる沈殿を除き, ついで pH を 7 に下げ濃縮してペーパークロマトグラフィーなどの試料とする。

定性される。次に，おもなフラボノイドについて，これらのデータを紹介しよう。

なおこれらの方法のほか，最近 NMR(核磁気共鳴スペクトル nuclear magnetic resonance)による方法がある。これによれば，化学構造の決定がより確実にしかも迅速に行なえるが，本書ではその説明は省略した。詳細は Mabry ら(1970)のデータを参照されたい。

(a) フラボン　おもなフラボンの Rf 値を表 2·20 に，またそれらのスペクトル特性を表 2·21 に示す。

表 2·20　おもなフラボンの Rf 値(Harborne, 1967)

フラボン	展開溶媒* Ⅰ	Ⅱ	Ⅲ
アピゲニン	0.89	0.83	0.88
4′-メチルエーテル(アカセチン)	0.91	0.91	0.88
ルテオリン	0.78	0.66	0.66
3′-メチルエーテル(クリソエリオール)	0.82	0.77	0.90
4′-メチルエーテル(ジオスメチン)	0.85	0.80	0.86
6-OH 誘導体	0.54	0.53	0.42
トリセチン	0.56	0.37	0.28
3′,5′-ジメチルエーテル(トリシン)	0.73	0.72	0.87

* 展開溶媒Ⅰ：n-ブタノール-酢酸-水(4：1：5)
　〃　Ⅱ：濃塩酸-酢酸-水(3：30：10)
　〃　Ⅲ：水を飽和したフェノール

図 2·20 からもわかるとおり，フラボンは紫外部に 2 個の吸収帯をもっている。一つは $250 \sim 280 \,\mathrm{m}\mu$ に現われるもの(吸収帯 1)，他は $330 \sim 360 \,\mathrm{m}\mu$ に現われるもの(吸収帯 2)である。吸収帯 1 は，フラボンの種類によっては肩 shoulder をもつことがある。これらの吸収帯の最大吸収波長は，塩化アルミニウムやホウ酸によって移動する。

フラボン配糖体(C-グリコシルフラボンを含む)の Rf 値を表 2·22 に示す。

(b) フラボノール　おもなフラボノールの Rf 値とスペクトル特性を表 2·23 に示した。最大吸収波長はフラボンの場合と同様，紫外部に 2 個みられる。

天然に普通にみられるフラボノール配糖体はかなりの種類にのぼるが，その中から数種を選んで Rf 値を表 2·24 に紹介する。これ以外のものについては

表 2・21　おもなフラボンのスペクトル特性(Harborne, 1967)

フ　ラ　ボ　ン	エタノール溶液における最大吸収波長 λ_{max}[mμ]		スペクトル移動 $\Delta\lambda$+[mμ]			
	吸収帯1	吸収帯2	酢酸ナトリウムによる吸収帯1	塩化アルミニウムによる吸収帯2	ナトリウムエトキシドによる吸収帯2	ホウ酸による吸収帯2
アピゲニン	269	336	9	45	61	0
ゲンカニン	269	335	−1	50	60	0
アカセチン	276	332	2	13	41	0
スクテラレイン	286	339	—	—	48	0
ルテオリン	255, 268*	350	14	40	54	25
クリソエリオール	252, 269	350	20	35	58	0
ジオスメチン	253, 268	345	10	40	39	0
6-ヒドロキシ誘導体	285	349	+	26	分　解	21
トリセチン	250, 269	356	20	42	分　解	26

＊ 肩として現われる。

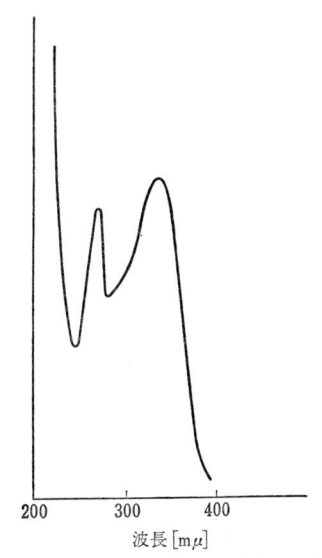

図 2・20　フラボンの吸収曲線の一例
——アピゲニン(メタノール溶液)
(Mabry, 1970)

Harborne(1967), Mabry ら(1970)の原著を参照されたい。

(c) カルコン　　カルコン類の定性も，Rf 値とスペクトル特性に基づいて

表 2·22 おもなフラボン配糖体(C-グリコシル誘導体を含む)の Rf 値 (Harborne, 1967)

フラボン配糖体 \ 展開溶媒*	I	II	III	IV
O-グリコシド				
アピゲニン				
7-グルコシド	0.65	0.04	0.25	0.78
7-ルチノシド	0.58	0.09	0.46	0.74
7-アピオシルグルコシド	0.57	0.06	0.42	0.75
7-グルクロニド	0.57	0.13	0.29	0.46
7,4′-ジグルクロニド	0.12	0.53	—	0.10
7,4′-ジグルコシド	0.14	0.31	0.62	0.56
ルテオリン				
7-グルコシド	0.44	0.01	0.15	0.56
7-アピオシルグルコシド	0.42	0.03	0.23	0.50
7-ジグルコシド	0.40	0.05	0.29	0.54
5-グルコシド	0.82	0.00	0.07	0.65
7-グルクロニド	0.24	0.12	0.25	0.17
7-グルコシルグルクロニド	0.22	0.33	0.28	0.00
アカセチン				
7-ルチノシド	0.61	0.14	0.60	0.55
クリソエリオール				
7-グルクロニド	0.36	0.33	0.14	0.65
トリシン				
5-グルコシド	0.23	0.00	0.14	0.89
5-ジグルコシド	0.08	0.05	0.36	0.78
7-グルクロニド	0.29	0.01	0.11	0.71
7-ジグルクロニド	0.22	0.30	0.61	0.15
C-グリコシル誘導体				
アピゲニン				
8-グルコシル(ビテキシン)	0.41	0.06	0.24	0.63
6-グルコシル(イソビテキシン)	0.56	0.16	0.44	0.79
イソビテキシン-7-グルコシド	0.38	0.33	0.72	0.60
8-ラムノシルグルコシル	0.45	0.54	0.80	0.82
6-アラビノシルグルコシル	0.47	0.57	0.80	0.80
6,8-ジグリコシル	0.15	0.14	0.33	0.38
ルテオリン				
8-グルコシル(オリエンチン)	0.31	0.02	0.13	0.43
6-グルコシル(イソオリエンチン)	0.41	0.09	0.35	0.51

* 展開溶媒 I：n-ブタノール-酢酸-水(4：1：5)
　〃　　II：水
　〃　　III：15%酢酸
　〃　　IV：水を飽和したフェノール

表 2·23 おもなフラボノールのRf値およびスペクトル特性(Harborne, 1967)

フラボノール	種々の展開溶媒*におけるRf値			エタノール溶液の最大吸収波長 $\lambda_{max}[m\mu]$
	I	II	III	
ケンフェロール	0.83	0.55	0.58	268, 368
クェルセチン	0.64	0.41	0.29	255, 374
アザレアチン (5-メチルクェルセチン)	0.48	0.49	0.50	254, 369
イソラムネチン (3′-メチルクェルセチン)	0.74	0.53	0.66	254, 369
ミリセチン	0.43	0.28	0.13	256, 378

* 展開溶媒 I : n-ブタノール-酢酸-水(4:1:5)
〃　　　II : 濃塩酸-酢酸-水(3:30:10)
〃　　　III : 水を飽和したフェノール

行なわれるが，他のフラボノイドと異なるところは，抽出や定性の過程で異性化や酸化を受けやすく，そのために定性困難の場合がある点である。たとえば，酸で処理するとただちにフラバノンに変化するもの，ペーパークロマトグラフィーの沪紙上で酸化されて対応するアウロンになるものなどがある。また，シ

表 2·24 フラボノール配糖体のRf値——(Harborne, 1967)

配糖体 ＼ 展開溶媒*	I	II	III	IV
ケンフェロール				
3-ラムノシド(アフゼリン)	0.78	0.28	0.49	0.78
3-グルコシド(アストラガリン)	0.70	0.13	0.43	0.74
7-グルコシド(ポプリン)	0.54	0.02	0.17	0.62
3,7-ジラムノシド(ケンフェリチン)	0.56	0.41	0.50	0.68
3-(p-クマロイルグルコシド)	0.83	0.06	0.31	0.83
3-(フェルロイルソホロトリオシド)	0.38	0.26	0.63	0.71
クェルセチン				
3-グルコシド(イソクェルシトリン)	0.58	0.08	0.37	0.54
3-ラムノシド(クェルシトリン)	0.72	0.19	0.49	0.58
3-ルチノシド(ルチン)	0.45	0.23	0.51	0.46
7-グルコシド(クェルシメリトリン)	0.32	0.00	0.10	0.40
3-(カフェオイルソホロシド-7-グルコシド)	0.21	0.64	0.75	0.39
ミリセチン				
3-ラムノシド	0.60	0.15	0.44	0.39

* 展開溶媒 I : n-ブタノール-酢酸-水(4:1:5)
〃　　　II : 水
〃　　　III : 15%酢酸
〃　　　IV : 水を飽和したフェノール

スートランスの異性化も起こる可能性がある (Harborne, 1967)。

カルコンおよびその配糖体の Rf 値, スペクトル特性を表 2・25 にあげた。

(d) アウロン　アウロンおよびその配糖体の Rf 値, スペクトル特性を表 2・26 に示す。それによれば、エタノール溶液のスペクトルでは紫外部に 2～3 個, 可視部に 1 個の吸収帯があるが, 実際の定性には Rf 値と合わせて可視部の最大吸収波長, アルカリによるスペクトル移動と安定性を観察すれば十分である。

表 2・25　カルコンおよびその配糖体の Rf 値およびスペクトル特性 (Harborne, 1967)

カルコンおよびその配糖体	種々の展開溶媒*における Rf 値			スペクトル特性	
	I	II	IV	95%エタノール溶液の最大吸収波長 $\lambda_{max}[m\mu]$	アルカリによるスペクトル移動 $\Delta\lambda[m\mu]$
アグリコン					
2′,4′,4-トリヒドロキシ (イソリキリチゲニン)	0.89	0.73	0.90	235, 372	+70
2′,4′,3,4-テトラヒドロキシ (ブテイン)	0.78	0.51	0.66	263, 382	不安定
2′,4′,5′,3,4-ペンタヒドロキシ (ネオプラチメニン)	—	—	—	268, 320**, 393	不安定
2,′3′,4′,3,4-ペンタヒドロキシ (オカニン)	0.56	0.38	—	260, 330**, 384	+50 (不安定)
配糖体	I	III	IV		
イソリキリチゲニン					
4′-グルコシド	0.61	0.06	0.80	}240, 372	+53
4′-ジグルコシド	0.53	0.24	0.56		
4,4′-ジグルコシド	0.34	0.19	0.70	}237, 361	+49
4-グルコシド-4′-ジグルコシド	0.36	0.80	0.40		
ブテイン					
4′-グルコシド (コレオプシン)	0.56	—	—	245, 265, 385	+65
オカニン					
4′-グルコシド (マイレン)	0.45	—	—	266, 320**, 383	+66
カルコノナリンゲニン					
2′-グルコシド (インサリブルポシド)	0.67	0.04	0.36	240, 369	+72

* 展開溶媒 I : n-ブタノール-酢酸-水 (4:1:5); II : 濃塩酸-酢酸-水 (3:30:10); III : 水 IV : 水を飽和したフェノール
** 肩として現われる。

表 2・26 アウロンおよびその配糖体の Rf 値とスペクトル特性(Harborne, 1967)

アウロンおよびその配糖体	種々の展開溶媒*における Rf 値			スペクトル特性	
	I	II	IV	95%エタノール溶液の最大吸収波長 $\lambda_{max}[m\mu]$	アルカリによるスペクトル移動 $\Delta\lambda[m\mu]$
アグリコン					
6,4′-ジヒドロキシ(ヒスピドール)	—	—	—	234, 254, 388	66
6,3′,4′-トリヒドロキシ(スルフレチン)	0.80	0.19	0.70	257, 270, 399	65
4,6,3′,4′-テトラヒドロキシ(アウロイシジン)	0.57	0.10	0.29	254, 269, 399	不安定
7-O-メチル,6,3′,4′-トリヒドロキシ(レプトシジン)	0.76	0.19	0.80	257, 340, 406	53
6,7,3′,4′-テトラヒドロキシ(マリチメチン)	0.53	0.10	—	270, 355**, 413	不安定
4,6,3′,4′,5′-ペンタヒドロキシ(ブラクテアチン)	0.32	0.05	0.13	260, 327, 403	不安定
配糖体					
アウロイシジン					
4-グルコシド(セルヌオシド)	0.49	0.25	0.45	255, 267**, 405	45
6-グルコシド(アウロイシン)	0.28	0.16	0.35	272, 322, 405	85
ブラクテアチン					
4-グルコシド(ブラクテイン)	0.27	0.15	0.07	259, 330, 409	不安定
6-グルコシド	0.06	0.09	0.04	263, 322, 408	62

* 展開溶媒 I: n-ブタノール-酢酸-水(4:1:5)
  〃   II: 30%酢酸
  〃   IV: 水を飽和したフェノール
** 肩として現われる。

ベタシアニンとベタキサンチン

植物色素のうち,水溶性で赤色や黄色を示すといえばフラボノイドと考えられるが,ある種の植物の花や根から,フラボノイドと化学構造がまったく異なり,窒素を含み,水溶性で赤色または黄色を示す色素が発見されている。これがベタシアニンとベタキサンチンである。

ベタシアニンは,その性質がアントシアニンに似ているところから,当初は含窒素アントシアニン nitrogenous anthocyanin とよばれた。代表的なベタシアニンは,さとう大根の根や,サボテン類の花に含まれているベタニン betanin である。ベタニンは 530～545 mμ に最大吸収波長をもつ点では，アントシアニンとよく似ているが，アルカリで処理すると，アントシアニンでは青色

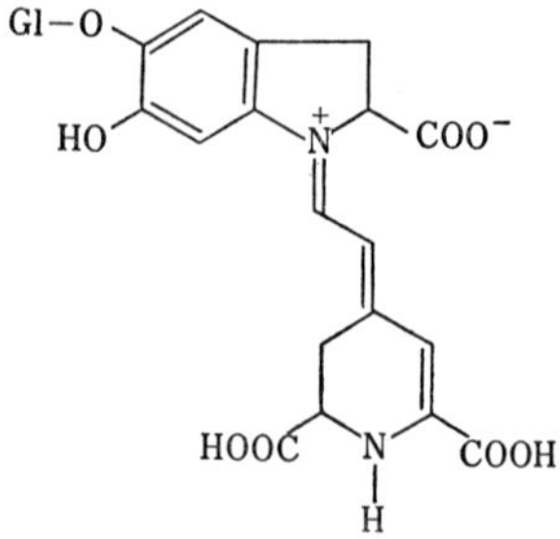

図 2・21 ベタニンの化学構造(Gl＝グルコース)
(Ootani ら，1969)

になるがベタニンでは黄色になる。

　ベタシアニンもフラボノイドと同様に配糖体として存在するのが普通であるが，糖のはずれたアグリコン(ベタニジン betanidin)として含まれている場合もある。

　ベタニンを最初に抽出したのは Schudel(1918)といわれている。その後この種の色素は多くの人により研究されたが，化学構造は長い間不明のままであった。ベタニジンの化学構造が明らかになったのはごく最近のことで，Mabry ら(1962)の業績による。

　ベタシアニンにはいろいろの種類があるが，アグリコンの構造はだいたい一定である。異なるのは水酸基に結合する糖の種類である。

　ベタキサンチンはベタシアニンと構造類似の色素で黄色を呈する。ベタシアニンとベタキサンチンは含まれている植物の種類がかぎられている ので(Mabry の調査によれば，中心子目中 10 科)，化学分類学上重要な色素群と考えられる。

参 考 文 献

Abe, Y., Hayashi, K., *Bot. Mag. Tokyo*, **69**, 577(1956)
Banba, H., *J. Japan. Soc. Hort. Sci.*, **37**, 368(1968)

Bayer, E., *Chem. Ber.*, **91**, 1115(1958)
Bonner, J. "Plant Biochemistry" Academic Press, New York(1952)
Davies, B. H.(Goodwin, T. W. ed.), "Chemistry and Biochemistry of Plant Pigments", p. 489, Academic Press, New York(1965)
Harborne, J. B., *Biochem. J.*, **70**, 22(1958)
Harborne, J. B., *Phytochemistry*, **2**, 85(1963); *ibid.*, **3**, 151(1964); *ibid.*, **4**, 107 (1965)
Harborne, J. B., "Comparative Biochemistry of the Flavonoids" Academic Press, New York(1967)
Ishikura, N., Hayashi, K., *Bot. Mag. Tokyo*, **75**, 28(1962)
Ishikura, N., Hoshi, T., Hayashi, K., *Bot. Mag. Tokyo*, **78**, 8(1965)
Ishikura, N., Hayashi, K., *Bot. Mag. Tokyo*, **78**, 91(1965)
Ishikura, N., Shibata, M., *Bot. Mag. Tokyo*, **83**, 179(1970)
Inhoffen, H. H., Pommer, H., Westphal, F., *Liebigs Ann.*, **570**, 69(1950)
Inhoffen, H. H., Pommer, H., Bohlmann, F., *Liebigs Ann.*, **569**, 237(1950)
Karrer, P., Helfenestein, A., Wehrli, H., Wettstein, A., *Helv. Chim. Acta*, **13**, 1084(1930)
Karrer, P., Eugster, C. H., *Helv. Chim. Acta*, **33**, 1172(1950)
Kleinig, H., Nietsch, H., *Phytochemistry*, **7**, 1171(1968)
Mabry, T. J., Wyler, H., Sassu, G., Mercier, M., Paritch, J., Dreiding, A. S., *Helv. Chim. Acta*, **45**, 640(1962)
Mabry, T. J., Taylor, A., Turner, B. L., *Phytochemistry*, **2**, 61(1963)
Mabry, T. J., Markham, K. R., Thomas, M. B., "The Systematic Identification of Flavonoids," Springer-Verlag, New York(1970)
Ootani, S., Japan. J. Genetics **44**, 65(1969)
Osawa, Y., Saito, N., Yamamoto, K., *J. Japan Biochem. Soc.*, **38**, 520(1966)
Robinson, G. M., Robinson, R., *Biochem. J.*, **25**, 1687(1931)
Saito, N., Hirata, K., Hotta, R., Hayashi, K., *Proc. Japan Acad.*, **40**, 516 (1964)
Shibata, M., Ishikura, N., *Japan J. Bot.*, **17**, 230(1960)
Shibata, M., Morita, A., Hirai, S., Ishikura, N., *Kumamoto J. Sci.*, Sec. 2, **8**, 21(1967)
Swain, T.(Goodwin, T. W. ed.), "Chemistry and Biochemistry of Plant Pigments", p. 211, Academic Press, New York(1965)
Takeda, K., Hayashi, K., *Proc. Japan Acad.*, **41**, 449(1965)
Takeda, K., Saito, N., Hayashi, K., *Proc. Japan Acad.*, **44**, 352(1968)
Weinstein, L. H., *Contribs. Boyce Thompson Inst.*, **19**, 33(1957)
Yasuda, H,. *Bot. Mag. Tokyo*, **82**, 308(1969)

3章　色素の生合成

　花色の母体である色素が花弁内でどのようにして生成されるかを知ることは，花色の遺伝生化学を研究するうえに重要であるばかりでなく，花色と外囲条件との関係を考察するうえにも重要な資料を提供する。

　色素の生合成の研究は，一般の生体成分の場合と同様，近年目覚しい進歩をとげ，おびただしいデータが報告されている。これはひとえに，放射性同位元素の利用法やクロマトグラフィーなどの微量分析法の発達によるといわなければならない。

　しかし，これらのデータのうち，花弁を研究材料にして得られたものはほんのわずかで，大部分は植物の他の部分(主として根や果実)，発芽種子あるいは微生物などによるものである。したがって，花弁内での生合成は，花弁以外の材料で得た知見に基づいて推定するにとどまらざるをえない現状である。

　生合成の研究は，合成経路に関する分野と，生合成におよぼす生理的条件(光，温度，物質など)に関する分野とに大別される。この章では，花色の母体として重要な二つの色素群，カロチノイドとフラボノイドについて，概略を説明する。

カロチノイド

3・1　生合成の経路

　カロチノイド生合成に関する以前の考え方は，その化学構造の基本単位であ

るイソプレン(p. 11)の重合によるものであるといわれていた。しかし，最近の放射性同位元素を利用する研究から，この考えはまったく否定され，炭素原子6個からなるメバロン酸 mevalonic acid がカロチノイド生合成の中間産物であることが明らかにされた。

メバロン酸がカロチノイドの前駆物質になることは，Braithwaite ら(1957)

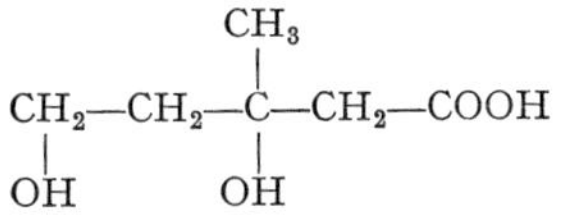

$$CH_2-CH_2-\underset{\underset{OH}{|}}{\overset{\overset{CH_3}{|}}{C}}-CH_2-COOH$$

メバロン酸の構造式

が β-カロチンで，Shneour ら(1959)がリコピンでそれぞれ実験しているが，さらに詳細は Purcell(1959)と Braithwaite ら(1960)により研究された。同氏らは [2-^{14}C]-メバロン酸をニンジンの根，トマトの果実または微生物に与え，カロチノイド骨格への放射性炭素原子の取り込みを調べた。β-カロチン骨格に取り込まれた [2-^{14}C]-メバロン酸の放射性炭素原子の位置を図 3・1 に示す。Yokoyama ら(1962)は微生物から得た酵素液を用いて，上と同様の結果を得ている。

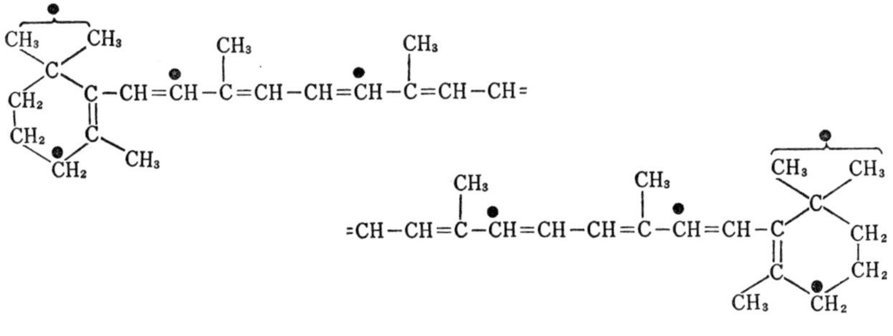

図 3・1　β-カロチン骨格に取り込まれた [2-^{14}C]-メバロン酸の放射性炭素原子の位置(● 印)(Goodwin, 1965)

このメバロン酸を経由する生成経路は，けっしてカロチノイド固有のものではなく，イソプレノイド全般の生成経路の主幹となっている。カロチノイド生成の経路は，この主幹からでた枝の一つである(図 3・2)。

```
                    アセテート(C=2)
                          │
                          ▼
                    メバロン酸(C=6)
                          │
                          ▼
                    イソペンテニル
                    ピロリン酸エステル(C=5)
                          │
                          ▼
                        ゲラニル
  モノテルペン(C=10) ◄── ピロリン酸エステル(C=10)
                          │
                          ▼
                       ファルネシル
  トリテルペン(C=30) ◄── ピロリン酸エステル(C=15) ──► セスキテルペン(C=15)
                          │
                          ▼
                    ゲラニルゲラニル
  フィトエン(C=40) ◄── ピロリン酸エステル(C=20) ──► ジテルペン(C=20)
        │
        ▼
  カロチノイド(C=40)    ソラネシル
                    ピロリン酸エステル(C=45)
                          │
                          ▼
                    ソラネシル(50)
                    ピロリン酸エステル(C=50)
```

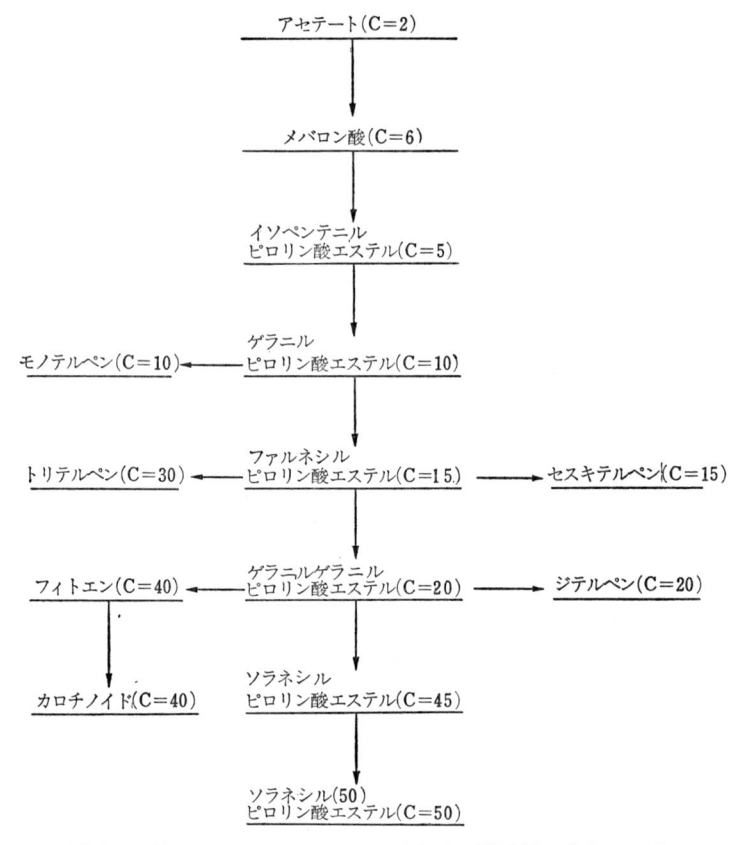

図 3・2 種々のイソプレノイドと生成経路の関係(Goodwin, 1965)

　カロチノイド生成とメバロン酸との関係を，花弁で調べた報告に筆者はまだ接していないが，Francis(1969)は栽培バラの一種 Lady Seton を用いて[2-^{14}C]-メバロン酸の放射性炭素がモノテルペン，セスキテルペンあるいはそれよりも炭素の数の大きいテルペノイドに取り込まれることをみている。

メバロン酸の生成

　図 3・2 からわかるように，カロチノイド生合成を理解するには，まずメバロン酸の生成について知らなければならない。メバロン酸の生成には，2通りの経路が考えられている。一つは酢酸の縮合によるもの，他はアミノ酸の一種ロ

イシンの分解によるものである。これらの経路は次のとおりである。

(a) 酢酸の縮合による経路　最終的には3分子の酢酸が縮合するのであるが，まず最初に2分子が縮合してアセト酢酸が生じ，ついでさらに1分子の酢酸が縮合し，β-ヒドロキシ-β-メチルグルタル酸が生じる。これが還元されてメバロン酸となる。この還元には NADPH が関係する。また，酢酸の縮合には補酵素A(CoA) と ATP が関係する。

[^{14}C]-酢酸の放射性がメバロン酸を経てカロチノイドに取り込まれることが，トマトの果実やニンジンの根でみられている (Braithwaite, 1960)。

酢酸からメバロン酸までの経路を図3・3に示す。

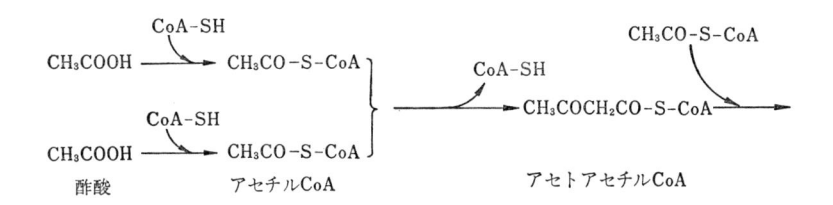

$$CH_3COOH \xrightarrow{CoA-SH} CH_3CO-S-CoA$$
$$CH_3COOH \xrightarrow{CoA-SH} CH_3CO-S-CoA$$
$$\xrightarrow{CH_3CO-S-CoA,\ CoA-SH} CH_3COCH_2CO-S-CoA \longrightarrow$$

酢酸　　アセチルCoA　　　　　　　アセトアセチルCoA

$$\longrightarrow CH_3-\underset{CH_2-COOH}{\overset{OH}{\underset{|}{C}}}-CH_2-\overset{O}{\underset{\|}{C}}-S-CoA \xrightarrow[CoA-SH]{NADPH_2\ NADP} CH_3-\underset{CH_2-COOH}{\overset{OH}{\underset{|}{C}}}-CH_2-CH_2-OH$$

β-ヒドロキシ-β-メチル　　　　　　　メバロン酸
グルタリルCoA

図 3・3　酢酸の縮合によるメバロン酸の生成 (Goodwin, 1965)
(CoA または CoA-SH: 補酵素 A)

(b) ロイシンの分解による経路　これは図3・4に示すように，炭素原子6個からなるアミノ酸の一種，ロイシンが，脱アミノと脱炭酸を起こして C_5 化合物であるイソ吉草酸となり，酸化後炭酸が結合して再び C_6-化合物である β-メチルグルカコン酸となる。これに水が付加して β-ヒドロキシ-β-メチルグルタル酸となり，還元されてメバロン酸となる。

イソペンテニルピロリン酸エステルの生成

イソペンテニルピロリン酸エステル isopentenyl pyrophosphate (IPP) がカ

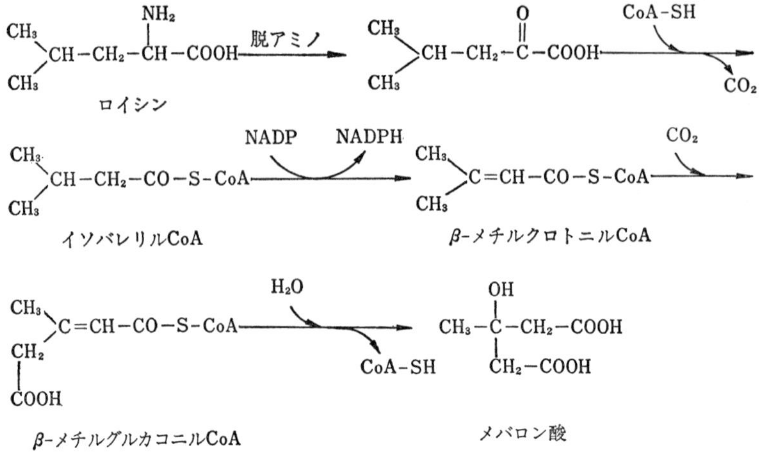

$$\begin{array}{c}CH_3\\ \diagdown\\ CH_3\end{array}CH-CH_2-\underset{\underset{NH_2}{|}}{CH}-COOH \xrightarrow{\text{脱アミノ}} \begin{array}{c}CH_3\\ \diagdown\\ CH_3\end{array}CH-CH_2-\underset{\underset{O}{\|}}{C}-COOH \xrightarrow{\text{CoA-SH}}_{CO_2}$$

ロイシン

$$\begin{array}{c}CH_3\\ \diagdown\\ CH_3\end{array}CH-CH_2-CO-S-CoA \xrightarrow[\text{NADP}]{\text{NADPH}} \begin{array}{c}CH_3\\ \diagdown\\ CH_3\end{array}C=CH-CO-S-CoA \xrightarrow{CO_2}$$

イソバレリルCoA　　　　　　　　　　β-メチルクロトニルCoA

$$\begin{array}{c}CH_3\\ \diagdown\\ CH_2\\ |\\ COOH\end{array}C=CH-CO-S-CoA \xrightarrow[\text{CoA-SH}]{H_2O} CH_3-\underset{\underset{CH_2-COOH}{|}}{\overset{\overset{OH}{|}}{C}}-CH_2-COOH$$

β-メチルグルカコニルCoA　　　　　　　メバロン酸

図 3・4　ロイシンの分解によるメバロン酸の生成(Goodwin, 1965)

ロチノイドの前駆物質になりうることは種々の生物材料で実験されているが，植物では Varma ら(1962)がトマトの果実でみている。IPP はその後何回かの縮合を繰り返して，種々の炭素数のイソプレノイドの基本骨格をつくる。

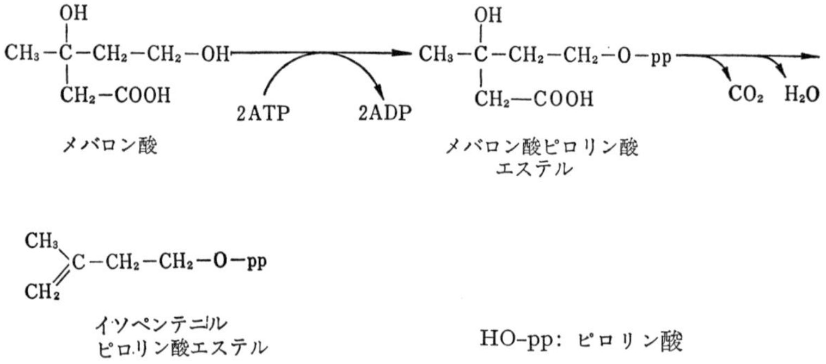

$$CH_3-\underset{\underset{CH_2-COOH}{|}}{\overset{\overset{OH}{|}}{C}}-CH_2-CH_2-OH \xrightarrow[\text{2ATP}]{\text{2ADP}} CH_3-\underset{\underset{CH_2-COOH}{|}}{\overset{\overset{OH}{|}}{C}}-CH_2-CH_2-O-pp \xrightarrow{CO_2\ H_2O}$$

メバロン酸　　　　　　　　　　　　メバロン酸ピロリン酸エステル

$$\begin{array}{c}CH_3\\ \diagdown\\ CH_2\end{array}C-CH_2-CH_2-O-pp$$

イソペンテニル
ピロリン酸エステル

HO-pp：ピロリン酸

図 3・5　メバロン酸からイソペンテニルピロリン酸エステルの生成(Goodwin, 1965)

　IPP は，メバロン酸から図 3・5 に示す経路で生成される。まずメバロン酸は，メバロン酸キナーゼにより ATP を消費して 5-ホスホメバロン酸になり，さらにホスホメバロン酸キナーゼの作用を受けてリン酸が ATP より転移し 5-

ピロホスホメバロン酸(メバロン酸ピロリン酸エステル)となる(Tchen, 1958; Chaykin, 1958; Henning, 1959)。

次の段階では，メバロン酸ピロリン酸エステルが脱炭酸と脱水とを同時にうけて C_5-化合物であるイソペンテニルピロリン酸エステル(IPP)となる。IPPは酵素の作用により，互変異性体ジメチルアリルピロリン酸エステルとなる(図 3・6)。

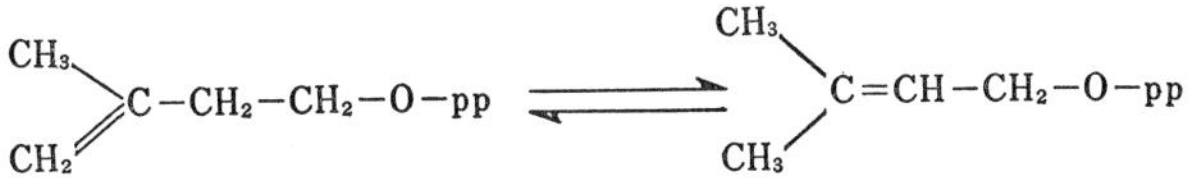

$$\underset{CH_2}{\overset{CH_3}{}}C-CH_2-CH_2-O-pp \rightleftarrows \underset{CH_3}{\overset{CH_3}{}}C=CH-CH_2-O-pp$$

図 3・6 イソペンテニルピロリン酸エステル(左)とジメチルアリルピロリン酸エステル(右)の互変異性

イソペンテニルピロリン酸エステルの連続縮合

ここに生じた C_5-化合物 IPP はその後連続的に縮合を繰り返し，C_{20}-化合物ゲラニルゲラニル(C_{20}-テルペノール)ピロリン酸エステルとなる。1回の縮合ごとに炭素原子が5個ずつ増加し，合計4個の IPP が縮合することになる(図3・7)。この連続反応の第1段階である IPP とその異性体ジメチルアリルピロリン酸エステルとの縮合は図3・8のように説明されている(Bonner, 1965)。

ジメチルアリル
ピロリン酸エステル　　ゲラニルピロ　　　ファルネシルピロ
　　　　　　　　　　　リン酸エステル　　リン酸エステル
　　　　　　　　　　　　　　　　　　　　　　　　　　ゲラニルゲラニルピロリン
　　　　　　　　　　　　　　　　　　　　　　　　　　酸エステル(C_{20}-テルペノール
　　　　　　　　　　　　　　　　　　　　　　　　　　ピロリン酸エステル)

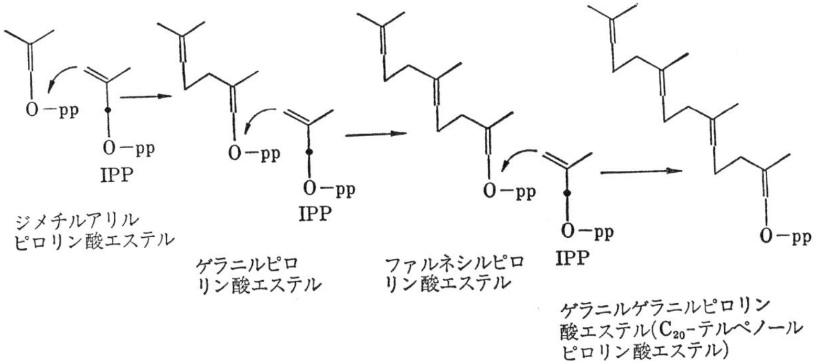

図 3・7 イソペンテニルピロリン酸エステルの連続縮合による C_{20}-化合物の生成 (Bonner, 1965)

[2-^{14}C]-メバロン酸の放射性がイソペンテニル，ジメチルアリルアルコール，ゲラニオールなどのピロリン酸エステルに取り込まれることは，Beytia ら

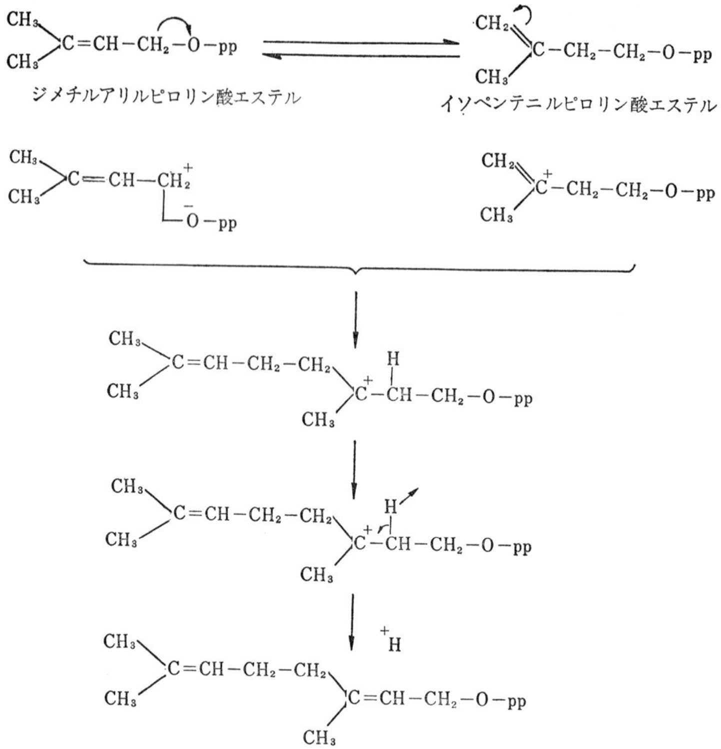

図 3·8 ジメチルアリルピロリン酸エステルとイソペンテニル
ピロリン酸エステルの縮合(Bonner, 1965)

(1969), Valenzuela ら(1966)によりみられている。一方, ゲラニルピロリン酸エステルがカロチノイド生合成の中間産物かどうかはまだ実証されていないが, [$^{14}C-$]-ファルネシルピロリン酸エステルが β-カロチンに取り込まれることは Anderson ら(1962)によりニンジンの色素体を用いて確かめられている。

フィトエンの生成

フィトエン phytoene は無色, けい光を発しない油状の物質で, カロチノイド生成の最初に生ずる C_{40}-化合物と考えられている。これは次の幾つかの理由による。

(a) トマトの果実やニンジンの根から取りだした色素体で, ゲラニルゲラニ

ルピロリン酸エステルからフィトエンが生成される。

(b) ジフェニルアミンでカロチノイド生成を阻害すると，ある種の微生物ではフィトエンの蓄積が起こる。

(c) 一種の細菌では，嫌気的条件下で電子受容体が存在しないときは，カロチノイドが生成されず，そのかわりにフィトエンの蓄積が起こる。

(d) 微生物の突然変異株——より酸化程度の高いカロチノイドを生成しない株——では，フィトエンの蓄積がみられる。

フィトエンはその化学構造が左右対称であることから，2分子の C_{20}-化合物が同じ末端同士で縮合して生成すると考えられる。この C_{20}-化合物として最も有力なのがゲラニルゲラニルピロリン酸エステルである。この縮合には NADP が必要といわれている。フィトエンの生成は図 3・9 のように説明されている。

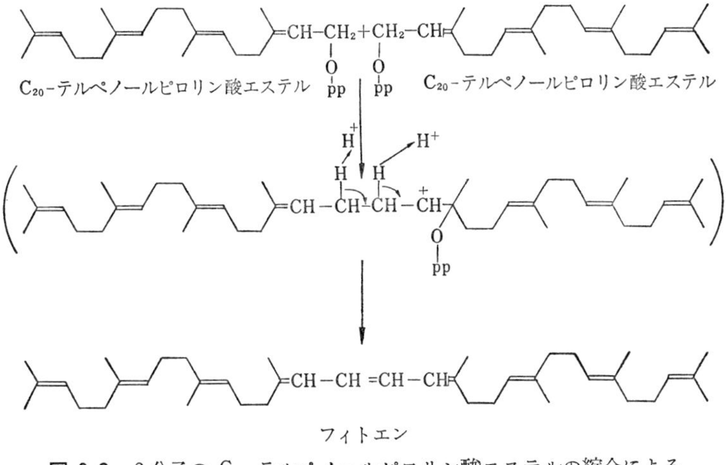

図 3・9　2分子の C_{20}-テルペノールピロリン酸エステルの縮合によるフィトエンの生成(Bonner, 1965; Goodwin, 1965)

前にも述べたように，フィトエンはトマトの果実とニンジンの根の色素体から発見されているが，花弁では Jungalwala ら(1962)が Gul Mohr(*Delonix regina*)の花で検出している。

フィトエンがカロチノイド生合成の経路上重要な位置を占めると考えられる一方，それが必ずしもカロチノイドの前駆物質ではないとする考え方もある

(例：Purcell, 1964)。これらの考え方によれば，別の経路もあることになるが，詳細はよくわかっていない。

フィトエンの脱飽和

フィトエンが段階的に脱飽和——脱水素——されて種々の有色カロチノイドが生ずるという考え方は，すでに Zechmeister ら(1946, 1954)により提出されている。この考え方は Bonner ら(1949)，Porter ら(1950, 1962)によって支持されている。これらの関係をフィトエンからリコピンまでのいわゆる開環型のカロチノイドについて，その生成を説明する。

開環型カロチノイドのうち，フィトエン，フィトフルエン，ζ-カロチン，ノイロスポレン，リコピンは，いずれもイソプロピリデン構造をなし，共役二重結合の数が異なるだけである。このことから，これらの物質が連続的な脱飽和によって生成されると考えるのは当然である。

C_{20}-テルペノールピロリン酸エステルの放射性炭素は，これらの一連の物質に取り込まれるが，そのときの放射性の強弱などから，この連続脱飽和の関係は図3・10の生成順序と考えられている。

Anderson ら(1960)の実験によれば，$[2-^{14}C]$-メバロン酸の放射性が，これら一連の物質に取り込まれることが，トマトの果実やニンジンの根でみられている。

フィトエンからリコピンまでの変化では，合計4個の二重結合ができることになる。したがって8個の水素原子が失われるわけであるが，この場合の直接の水素受容体が何であるかは目下のところ明らかでない。また，この変化の酵素学的な検討も十分になされていない現状である。

閉環型カロチノイドの生成

α-, β-, δ-, γ-カロチンなどは，鎖状構造の両端に2個，あるいはその片端に1個のイオノン環をもっている。これらの閉環型カロチノイドは，前に述べた開環型カロチノイドから生成されるものと考えられる。どの種類の開環型カロチノイドが閉環型の前駆物質となるかは，まだ疑問の点が多いが，ノイロスポレンとリコピンが最も可能性が高い。

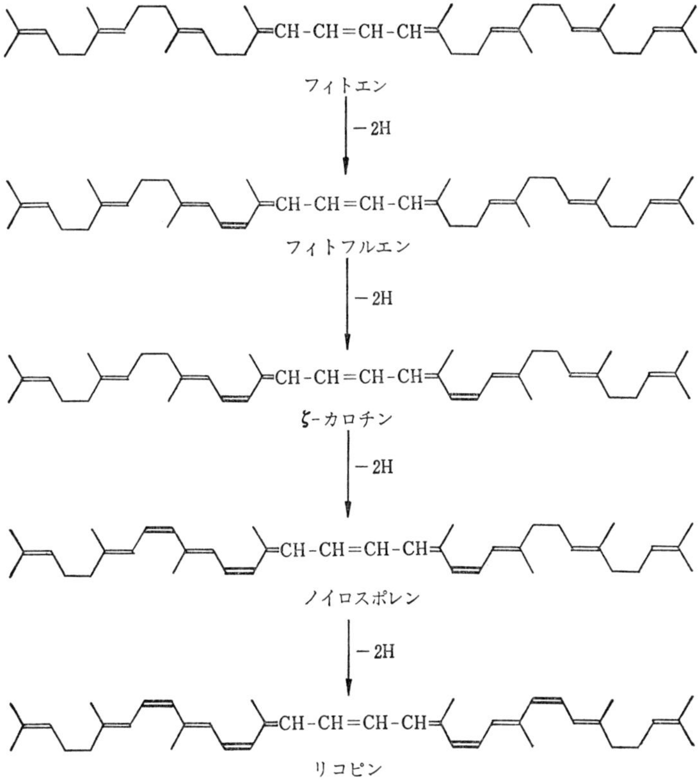

フィテン

↓ －2H

フィトフルエン

↓ －2H

ζ-カロチン

↓ －2H

ノイロスポレン

↓ －2H

リコピン

図 3・10　フィテンの連続脱飽和によるリコピンの生成(Bonner, 1965; Goodwin, 1965)(═ 新たに生じた二重結合)

このほか，さらに詳しい開環型と閉環型の関係や，閉環型同士の相互関係については，現在十分な検討がなされていない。ここでは，上記2種の開環型カロチノイドの閉環について説明するにとどめたい。

(a) ノイロスポレンの閉環　　ノイロスポレン neurosporene の閉環には，二つの経路が考えられる(図3・11)。一つは β-ゼアカロチン β-zeacarotene を経て γ-カロチン，β-カロチンへと進む経路，他は α-ゼアカロチン α-zeacarotene を経て δ-カロチン，α-カロチンへと進む経路である。Rabourn ら(1959) はトウモロコシのカロチノイド生成における中間産物として α-および β-ゼア

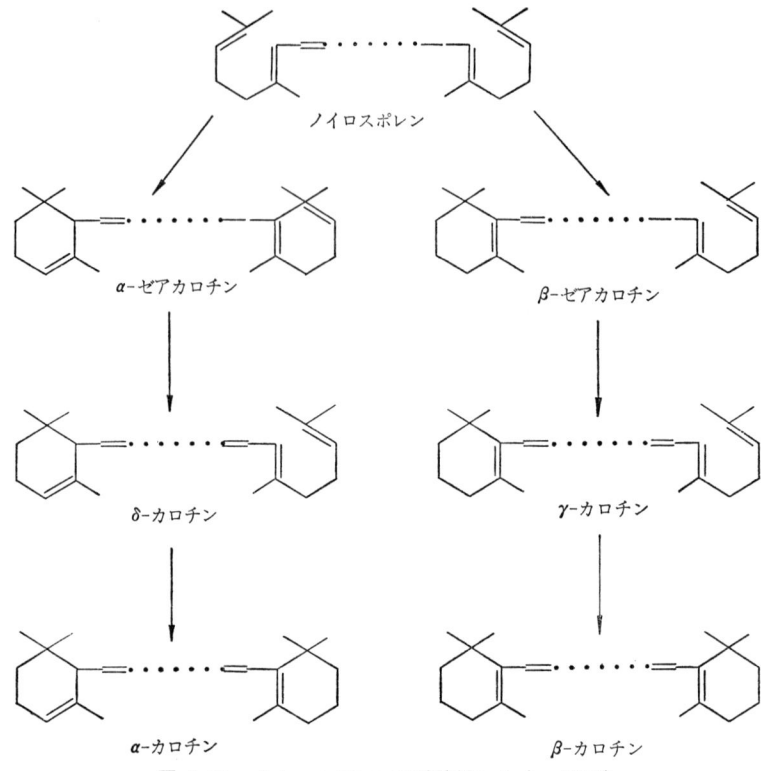

図 3・11 ノイロスポレンの閉環(Goodwin, 1965)

カロチンを発見しているが，これは上記の経路を支持するデータの一つといえよう。

(b) リコピンの閉環　^{14}C で標識したリコピンの放射性が β-カロチンに取り込まれることから，リコピンが閉環して β-カロチンを生ずる経路も考えられている。この経路は，遺伝生化学的研究からも支持されている。たとえば，トマトのカロチノイド生成で，遺伝子型が b 型(劣性)のときはリコピンが生じ，B 型(優性)のときは β-カロチンを生ずる。遺伝子 B は，リコピンを β-カロチンに変える酵素をつくる働きがある(Lincoln ら，1950; Tomes ら，1953, 1954)。γ-カロチンはその中間で生ずる。

リコピン ⟶ γ-カロチン ⟶ β-カロチン

キサントフィルの生成

前に述べたように,キサントフィルはカロチンが酸化されたものである。カロチン骨格への酸素原子のはいり方には2通りある。一つは水酸基としてはいり,他はエポキシ型としてはいる場合である。

キサントフィルの水酸基の酸素原子は空気中の酸素が用いられる。たとえば,Yamamotoら(1962)がクロレラで調べたところによれば,^{18}Oを含む酸素の存在下ではルテイン(3,3'-ヒドロキシ-α-カロチン)には^{18}Oが取り込まれるが,^{18}Oで標識した水中では^{18}Oは取り込まれない。

これに対して,エポキシ型の酸素原子は水分子に由来すると考えられている。

3.2 生合成におよぼす生理的条件の影響

カロチノイド生合成に影響をおよぼす生理的条件としては,温度と光が比較的よく研究されている。そのほかの条件,たとえば物質との関係などについてはあまり調べられていない。材料として植物を用いた実験は数少なく,特に花を対象にした研究は皆無といってよい。

温　度

トマトの果実のリコピン生成に対する温度の影響はVogele(1937),Wentら(1942),Sayerら(1953),Tomesら(1956)により研究された。VogeleやWentらの研究結果では,リコピン生成の最適温度は,トマト果実の場合は19～24°で,30°以上では生成されない(表3·1)。30°以上(たとえば32～38°)で貯蔵したもの——黄色を呈する——を30°以下(たとえば20～24°)の条件におくとリ

表 3·1　トマト果実のカロチノイド生成におよぼす温度の影響(Wentら,1942)

貯蔵温度	カロチノイド含量 mμ/100g(乾燥重量)				
	キサントフィル	リコキサンチン	リコピン	γ-カロチン	β-カロチン
26.5°	5.1	92.0	270.0	3.4	9.6
33.0°	0.0	0.0	17.1	0.6	6.2
最初33.0°,後26.5°	1.2	2.2	55.0	1.0	5.0

コピンの生成が開始され，赤色を示すようになる。しかし，この傾向は一般的ではなく，植物の種類が異なるとまったく逆の傾向を示す場合がある。たとえば，Vogele(1937)が行なったスイカの果実の実験では，20°から37°に温度を上げてもリコピン生成は停止しない。こうした一致しない結果から，植物の種類によってその最適温度が異なるものと考えることができよう。

カロチノイド生成と温度との関係は，微生物でも調べられている。たとえば，Friend ら(1954)の *Phycomyces* による実験では，温度が低いほどカロチノイド生成量は少ない。すなわち，この菌を3～5°，20°，25°，30°でそれぞれ培養すると，25°の条件が最も主カロチン(β-カロチン)の生成が高い。

また，ある種の微生物では温度により生成するカロチノイドの種類が異なるという実験結果もある。たとえば，ある種の赤色酵母は低温(5°)では β-カロチンのみを生成するが高温(25°)ではトルレン torulene (3'4'-デヒドロ-γ-カロチン)と β-カロチンとがほとんど等量ずつ生成される。このとき，γ-カロチンの量は低温と高温とでほとんど変化がみられない。このことは，次のように説明されている。すなわち，γ-カロチンは β-カロチンとトルレンの共通の前駆物質で，低温では β-カロチンへの経路が主として進行し，高温では β-カロチンへの経路とともにトルレンへの経路も進行する(Goodwin, 1965)。

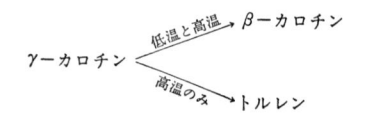

$$\gamma\text{-カロチン} \begin{array}{c} \xrightarrow{\text{低温と高温}} \beta\text{-カロチン} \\ \xrightarrow{\text{高温のみ}} \text{トルレン} \end{array}$$

光

光がカロチノイド生成に促進作用を示すことは，すでに今世紀の始め頃には認められていた。最近 Garton ら(1954)，Chichester ら(1954)が *Phycomyces* で，Mase ら(1957)が *Penicillium* で，また Zalokar(1955)は *Neurospora* でそれぞれこのことを確かめている。

Xaxo(1949)はカロチノイド生成に有効な光は青色部であるといっているが，作用スペクトル action spectrum の詳細な検討はなされていない。図3・12 は Zalokar(1955)が測定した *Neurospora* のカロチノイド生成における作用スペ

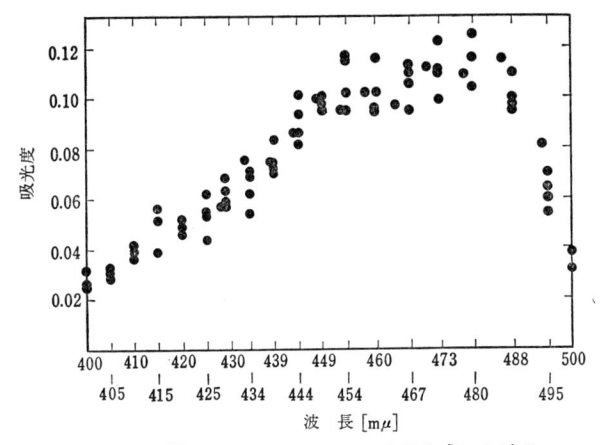

図 3·12 *Neurospora* のカロチノイド生成における作用スペクトル(Zalokar, 1955)

クトルである。これをみると,明確なピークは判然としないが,449~488 mμ の波長範囲で最高のカロチノイド生成が行なわれている。このことから同氏は,*Neurospora* のカロチノイド生成の光受容体としてリボフラビン系色素が関与しているのではないかといっている。しかし,別の光受容体が関係していると考えられる実験例もある。

Cohen ら(1963)の実験によると,トウモロコシの発芽種子におけるカロチノイド生成は,赤色光(660 mμ)によって促進されるが,この促進は近赤外光(760 mμ)により打ち消される。この実験結果は,光受容体としてファイトクロム phytochrome が関係する可能性を示唆する。

その他

ここでは,カロチノイド生成に影響をおよぼす物質について,二三の報告を紹介しよう。

Shneour ら(1959)は,トマト果実のホモゲネートで [2-^{14}C]-メバロン酸がリコピンに取り込まれるとき,ATP,ピリジンヌクレオチド,グルタチオン,マンガンイオンが必要で,また空気中での培養も必要であるといっている(表 3·2)。

表 3・2 トマト果実のホモゲネートにおける [$2-^{14}C$]
－メバロン酸のリコピンへの取り込み
(Shneour, 1959)

培養条件	リコピンの放射性 [c.p.m.]
完全培養液*	270
煮沸したもの	0
対照(0時間培養)	0
－ATP	90
－NAD, －NADP	140
－グルタチオン	100
－Mn^{2+}	220
窒素ガス中	60

* [$2-^{14}C$]-メバロン酸ナトリウム：5 μmol；ATP：20 μmol；NAD：1 μmol；NADP：1 μmol；グルタチオン：20 μmol；硫酸マンガン：50 μmol；トマト果実のホモゲネート：9 μmol；全量を10 molとする(培養は25°, 12時間)

 Phycomyces に含まれているエルゴステロール(ステロール類)と β-カロチンとはいずれもメバロン酸に由来するわけであるが，両成分の生成経路は C_{15}-化合物(ファルネシルピロリン酸エステル)の段階で分岐点となっている(図3・2参照)。Yokoyama ら(1962)は，NAD がエルゴステリンの生成には必要であるがカロチノイドの生成には不必要なことから，C_{15}-化合物からステリンの経路が進行するかカロチノイドへの経路が進行するかは NAD の利用状態で支配されるのではないかといっている。

フラボノイド

3・3　生合成の経路

　フラボノイドが C_6-C_3-化合物と C_6-化合物とから生成されるだろうとの考えは，すでに 1921 年 R. Robinson がとなえたが，この考えは 1935 年頃の Lawrence や Scott-Moncrieff らの遺伝生化学的研究から一応支持された。1952 年にいたり，Birch らはフラボノイドが C_6-C_3-化合物であるケイ皮酸あるいはそれと構造の似た物質と，3分子の酢酸(C_2-化合物)とから生ずるだろうと予想し，フラボノイド生合成解明への具体的な道を開いた。

　この Birch の仮説は，その後の放射性同位元素を用いた実験でほぼ正しい

ことが認められた。フラボノイドの前駆物質についてのこの研究のほかに，フラボノイドの細かな化学構造上の相違が生体内でどのようにして起こるかについての研究も進み，この報告はおびただしい数にのぼっている。この方面の研究内容は Bogorad(1958)，Neish(1960)，Grisebach ら(1961)により抄録されている。ここでは，これらの抄録のほかに，最近の報告も取り入れて，フラボノイド生合成経路の大要を説明する。フラボノイドもカロチノイドと同様，花弁そのものを材料にした研究がきわめて少ないのは残念である。

フラボノイドの種類はかなり多いが，それらは相互に関係し合っている。また，リグニンその他の植物性多価フェノール類とも関連している(図3・13)。

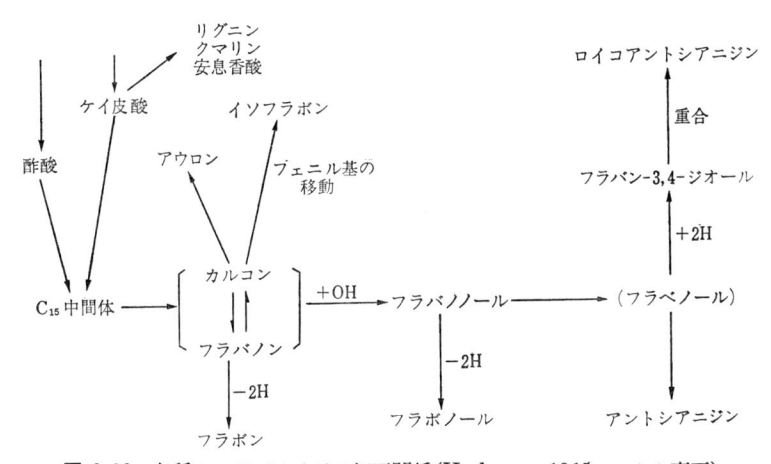

図 3・13 各種のフラボノイドの相互関係(Harborne, 1965――やや変更)

フラボノイドの前駆物質

フラボノイド骨格のA環の部分は3分子のアセチル構造(マロニル構造)に由来し，B環の部分と中間の C_3-の部分はフェニルプロパン構造――フェニル基に炭素原子が3個鎖状に結合した化合物の基本骨格，いわゆる C_6-C_3-化合物――に由来するとの考えは，今日もはや疑う余地がない。

図 3・14は，フラボノイド骨格の炭素原子の由来を示したものである。

フェニルプロパン構造をもつ化合物(図3・15)のうちフラボノイドの前駆物

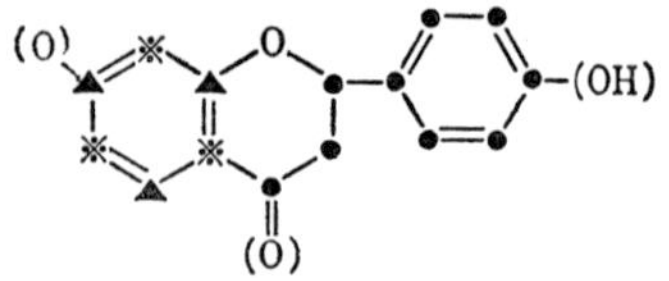

- ● フェニルプロパン構造に由来するもの
- ▲ 酢酸(マロン酸)のカルボキシル基に由来するもの
- ※ 酢酸のメチル基に由来するもの

図 3・14　フラボノイド骨格における炭素原子の由来
(Grisebach, 1965)

質としては，フェニルアラニン，ケイ皮酸，p-クマル酸などが有効である。同じ C_6-C_3-化合物でもチロシン，カフェー酸などはクェルセチン生合成の場合にはあまり有効な前駆物質ではないと考えられている。

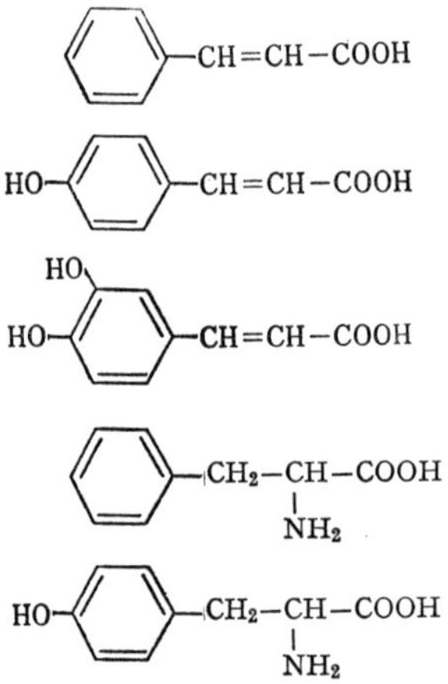

ケイ皮酸

p-ヒドロキシケイ皮酸
（p-クマル酸）

3,4-ジオキシケイ皮酸
（カフェー酸）

フェニルアラニン

チロシン

図 3・15　種々のフェニルプロパン構造をもつ化合物

これらのフェニルプロパン化合物はシキミ酸，プレフェン酸を経て生合成されるため，フラボノイド生合成にはシキミ酸代謝が深い関係にある。フェニルプロパン構造の生成には普通にはシキミ酸経路が考えられている。この詳細な説明は省略するが，Underhill ら(1957)はソバのクェルセチン生合成における種々のフェニルプロパン化合物の相互関係について図 3・16 に示す予測を立てている。

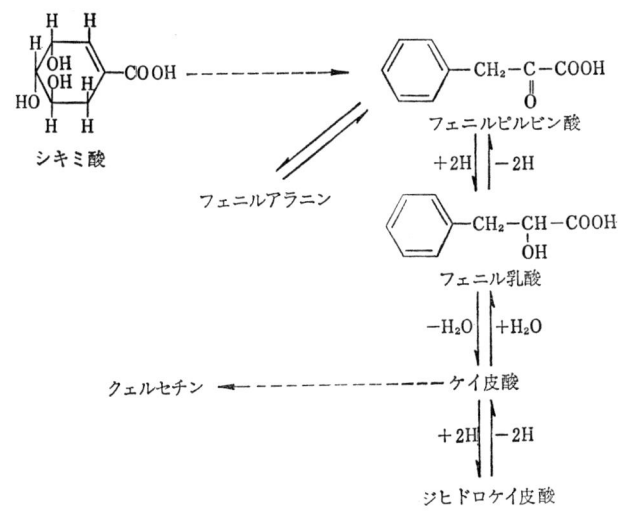

図 3・16 フェニルプロパン化合物の相互関係
(Underhill ら, 1957)

　フラボノイド骨格のA環の形成は前に述べたように3分子の酢酸の縮合によると考えられている。しかし, 多くの酢酸から誘導される生体成分(特に鎖状のポリケト酸)の場合と同様フラボノイドの生成も, 酢酸が直接縮合するのではなくマロン酸が3分子縮合して(このとき CO_2 を放出) A環を形成するものと推定されている(Grisebach, 1965)。これらの縮合には, 補酵素Aが関係する。

　このようにしてまず C_{15}-中間体(図 3・13 参照)がつくられるが, C_{15}-中間体がどのような物質であるかは具体的にわかっていない。図 3・17 は Grisebach (1965)がケイ皮酸とマロン酸とから C_6-C_3-C_6 骨格のでき方を説明したものである。

　フラボノイド骨格A環の5-位と7-位に結合する水酸基が酢酸(マロン酸)のカルボニル基に由来するのではないかということは, [1-^{14}C-^{18}O]-酢酸の放射性の炭素と酸素が, オルセリン酸の骨格に取り込まれることから十分予測することができる(図 3・18)。

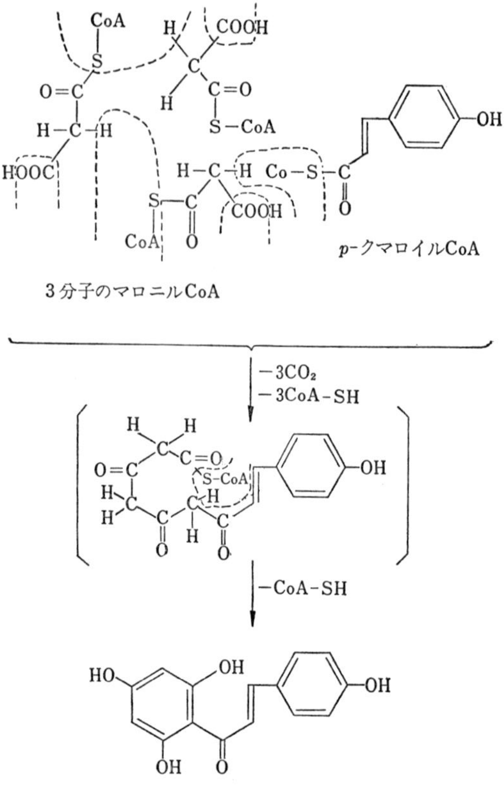

図 3·17 マロン酸と p-クマル酸の縮合とカルコンの生成 (Grisebach, 1965)

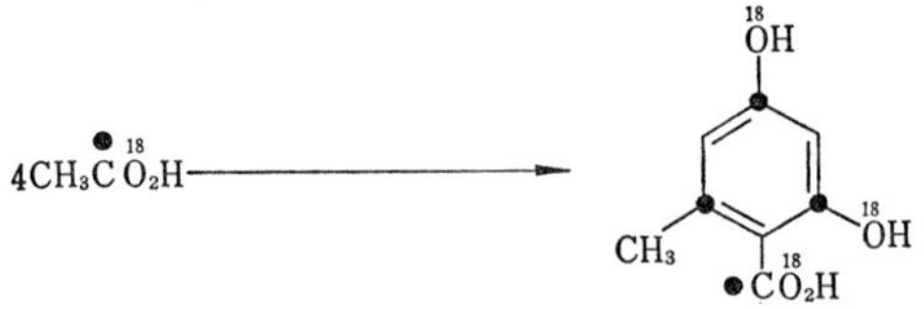

図 3·18 オルセリン酸の酸素原子の由来 (● $=^{14}C$) (Grisebach, 1965)

カルコンの生成

　カルコンの生合成経路は，いまのところ予測の段階に止っている（図3・16）。この予測に従えば，カルコンはフラボノイド生合成の入口に位置する。しかし，C_{15}-中間体にいっそう近いのはカルコンであるか，あるいは次に述べるフラバノンであるかは現在判断する資料に乏しい。

　カルコン生成の経路については，いま述べたようにまだ不明の点があるが，カルコンが変化してフラボノールやアントシアニンが生じることは，多くの実験から間違いない。たとえば，アカキャベツの発芽種子で[3-^{14}C]-ケイ皮酸と，放射性同位元素を含まないカルコンとの間で，競争的にシアニン生成を行なわせると（表3・3），[3-^{14}C]-ケイ皮酸だけの場合のほうが，カルコンとの共存の場合よりも抽出されたシアニジンの比活性が高い。これはケイ皮酸からシアニンまでの生成経路で必ずカルコンを経ることを示唆する。

表 3・3　アカキャベツ発芽種子における[3-^{14}C]-ケイ皮酸のシアニジンへの取り込み(Grisebach, 1965)

与えた化合物の組成	シアニジンの比活性 [c. p. m./mmol]
[3-^{14}C]-ケイ皮酸(7.5 μmol)	487,200
[3-^{14}C]-ケイ皮酸(7.5 μmol) ＋カルコン*(15 μmol)	225,300

＊　2′,4,4′,6′-テトラヒドロキシカルコン-2′-グルコシド

　また，[^{14}C]-カルコン配糖体の放射性が，アカキャベツやソバのシアニジンまたはクェルセチンに取り込まれることもみられている。この場合，放射性炭素原子はそれらの物質の分解産物中の予期した位置に存在する（図3・19）。

フラバノンの生成

　前に述べたようにフラバノンとカルコンとは，水溶液中で平衡関係にある（図3・20）。生体内ではこの平衡関係は酵素によって支配されると考えられている。この酵素は純粋にはまだ取りだされていないが，Shimokoriyama(1962)はレモンの果皮を用いてカルコンがフラバノンに変化することを確かめている。

　フラボノイド生合成で，C_{15}-中間体にいっそう近いのはカルコンかフラバノ

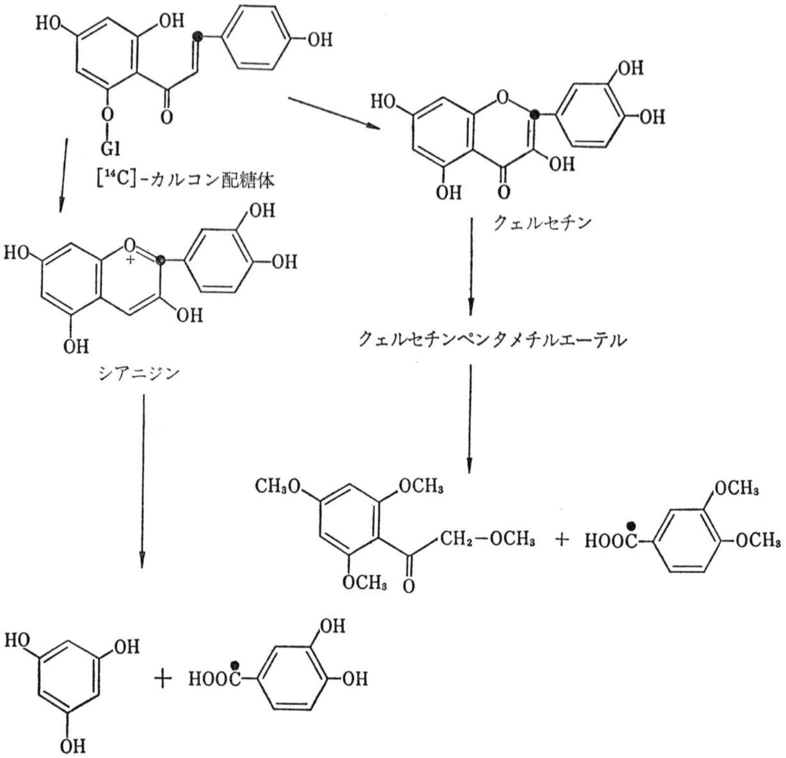

図 3·19 [^{14}C]-カルコン配糖体の放射性炭素原子(●印)がシアニジン,クェルセチンおよびそれらの分解産物の骨格中に占める位置(Grisebach, 1965)

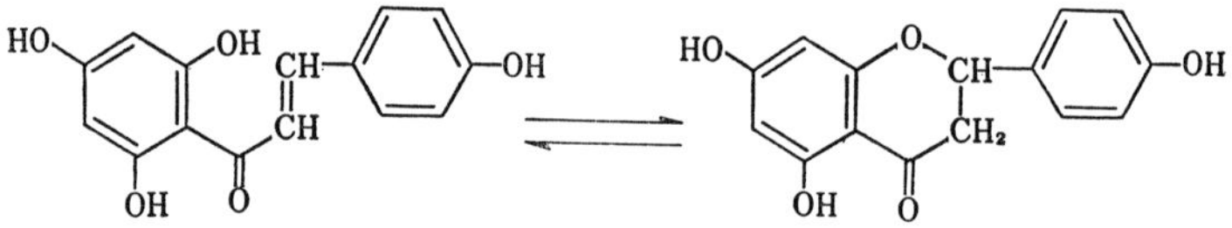

図 3·20 カルコン(左)とフラバノン(右)の平衡関係

ンかは,前述したようによくわかっていないが,Wong ら(1965),Schultz ら(1969)の研究では,フラバノンからフラボノール,またはアントシアニンへ変化することがみられている。したがって,フラバノンはカルコンと同じくフラボ

ノイドの生合成経路の入口で重要な地位を占めるといえよう。

フラボノールとアントシアニンの生成

　フラボノールがアントシアニンの前駆物質ではなかろうかとの考えは，かなり古くからあった。これは，たとえばフラボノールの一種であるクェルセチンを塩酸酸性メタノールとマグネシウムとで還元すると，シアニジンが生成するという試験管内での反応によったものである。生体内でもフラボノールが還元されてアントシアニジンになるとの考えも二三だされているが，他方これに反する実験例もあがっている。たとえば，Grisebach ら(1952)の実験では，ソバの発芽種子に [^{14}C]-フェニルアラニンを与え，時間の経過を追って生成物の放射性を追求すると，クェルセチンとシアニンとは平行的に放射性が増加し，最高の放射性に達する時間も両物質ともほとんど同じである。この結果は，クェルセチンからシアニンになるという考え方では説明しにくく，むしろ両物質は共通の前駆物質から生ずると考えたほうがよいであろう。

　Grisebach(1965)はこの共通の前駆物質としてジヒドロフラボノール(フラバノノール)を予想し，この物質からのフラボノールとアントシアニンの生成を図 3・21 に示す経路で説明している。ジヒドロフラボノールからアントシアニンへの変化は，実際に試験管内で成功している。

アウロンの生成

　アウロンは自然界では，それと置換基などが類似したカルコンとともに発見されることが多い(例：スルフレチンとブテイン)。また，カルコンを生理的条件下で酸化させるとアウロンに変化する。このことから，アウロンはカルコンが酸化されて生じるという可能性が考えられる。

　この可能性は，次に述べる二三の実験からかなり確実なものとなっている。

　たとえば，Shimokoriyama ら(1953)はキバナコスモスとオオキンケイギクから得た酵素抽出液を用いてヒドロキシカルコンをアウロンに変化させた。また，Wong ら(1966)もダイズから得た酵素抽出液にカルコンを加え，アウロンを生成させた。この変化の中間で生じる加水型のアウロンも確認されている(図 3・22)。

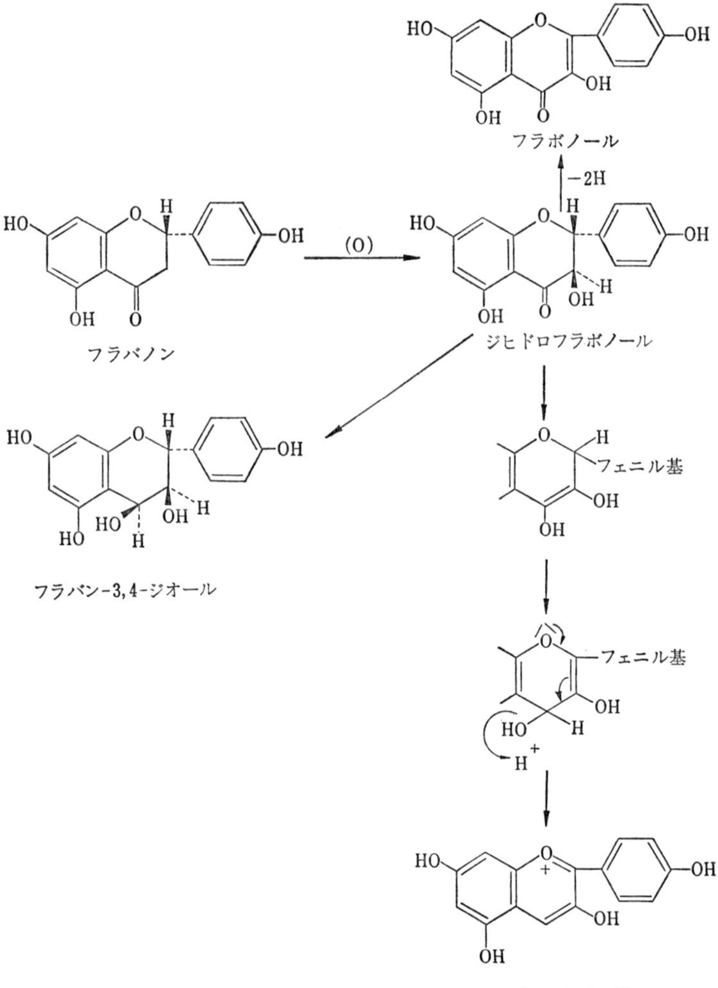

図 3·21 ジヒドロフラボノールからフラボノール，アントシアニジンなどへの推定経路(Grisebach, 1965)

結局，カルコンからアウロンへの変化は酸化であって，Geissman(1963)はこの変化を図 3·23 に示す経路で説明している。

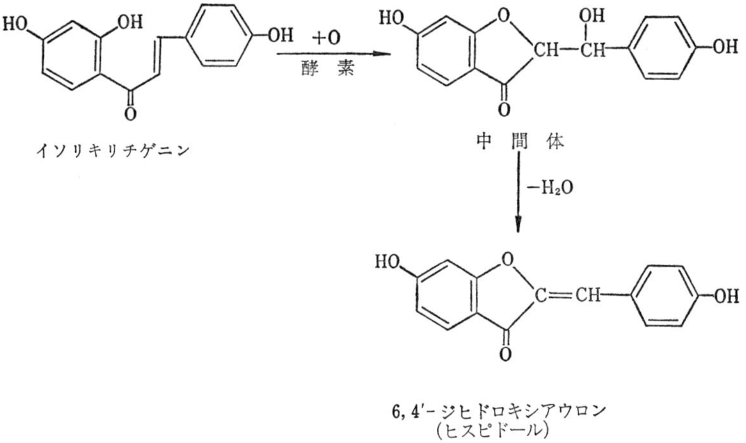

図 3·22 ダイズからの酵素抽出液によるカルコンからアウロンの生成 (Wong, 1966)

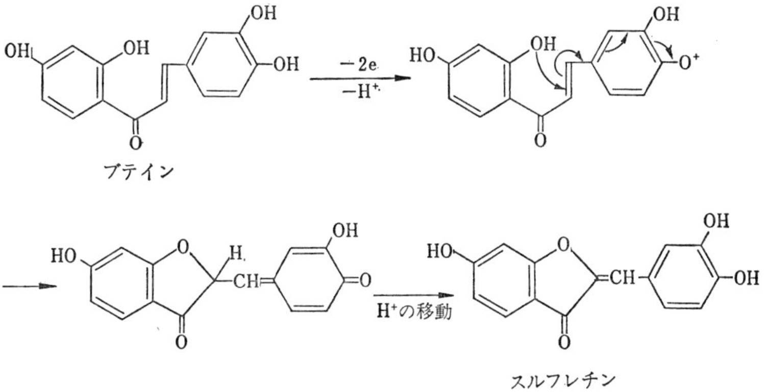

図 3·23 カルコンよりアウロン生成の推定経路 (Geissman, 1963)

イソフラボンの生成

　イソフラボンの基本骨格は前に述べたフラボノイド（2-フェニルベンゾピロン誘導体）と異なり，3-位にフェニル基をもつベンゾピロンである。したがって，B環および，2-，3-，4-位のいわゆる 3-C 構造の由来をフェニルプロパン化合物に求めにくいのは当然である。しかし，多くの事実からイソフラボンもカルコンまでは他のフラボノイドと共通の経路をたどり，その後フェニル基の移

動を起こしてイソフラボンになるとの考え方が有力である。

C_6-C_3 構造をもつフェニルアラニンの側鎖の種々の位置を ^{14}C で標識し，イソフラボン(ホルムオノネチン)を生成させ，その構造中に取り込まれた ^{14}C の位置を調べると，^{14}C はすべてイソフラボンの C_3-構造に取り込まれる(図3・24)。また，[3-^{14}C]-ケイ皮酸の放射性もイソフラボン(ホルムオノネチンやビオカニンA)に取り込まれることも見出されている。イソフラボンが，フェニル酢酸などの C_6-C_2-構造をもつ化合物にフロログルシンやギ酸構造の化合物が縮合して生ずるという説もあるが，ここに示した実験例からはイソフラボンの前駆物質として C_6-C_2-構造の化合物は考えにくい。

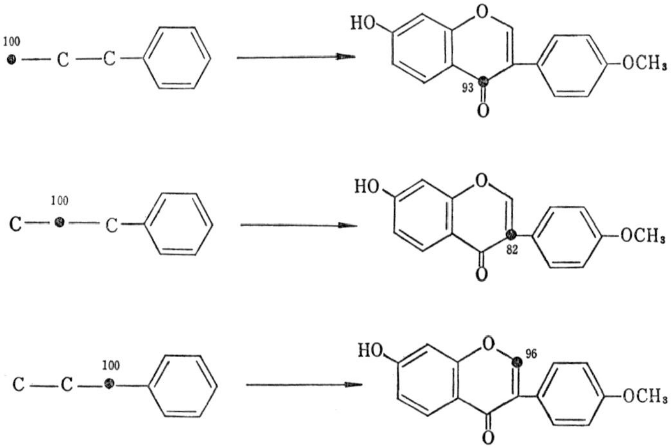

図 3・24 [1-^{14}C]-, [2-^{14}C]- および [3-^{14}C]-フェニルアラニンを前駆物質としたときのホルムオノネチン骨格中の ^{14}C の分布 ● = ^{14}C, 数字は放射性の強さを％で示したもの(Grisebach, 1965)

カルコンがイソフラボンに変化するとの実験例もある。たとえば，[β-^{14}C]-4,4′,6′-トリヒドロキシカルコン-4′-グルコシドをアカツメクサなどに与えると対応するイソフラボンが生じる。このことは，イソフラボン生成においても，他のフラボノイドと同様にカルコンを経ることを意味する。試験管内でも，カルコンからイソフラボンへの変化がみられている(Hause, 1957; Cavill, 1954)。

カルコンからイソフラボンができるためには，フェニル基が 2-位から 3-位に

移動しなければならない。この移動は C_6–C_3–C_6 構造の段階で行なわれるものと考えられているが，どのようにしてこの移動が起こるかはまだ明らかでない。

カルコンからイソフラボンが生成することに疑問をもつ人もある。たとえば Wong ら(1965)は，カルコンと平衡関係にあると考えられるフラバノン(ガルバンゾール)の 4-位を ^{14}C で標識してヒヨコマメの発芽種子に与えても，イソフラボン(ホルムオノネチン)には ^{14}C は取り込まれなかった。

ロイコアントシアニン

フラボノイド生合成におけるロイコアントシアニン leucoanthocyanin の役割は，現在のところ明確でない。しかし，問題の焦点は，おもにロイコアントシアニンがアントシアニンの前駆物質であるかないかにしぼられる。

植物組織片の希塩酸抽出液を，塩酸濃度をかなり高くして加熱するとアントシアニンが生じることから，ロイコアントシアニンがアントシアニンの前駆物質であろうと推定される場合がある。しかし，植物体には酸で処理するとアントシアニジンに変化する種々の物質(プロアントシアニジン pro-anthocyanidin)が含まれているから，上記の事実だけでロイコアントシアニンをアントシアニンの前駆物質とみることはできない。次の実験結果は，ロイコアントシアニンからアントシアニンへの変化を思わせるが，そのための十分な証拠とはならない。

(a) Alston ら(1955)のホウセンカの実験

白色の花弁(シアニジン型とデルフィニジン型のロイコアントシアニンを含む)では，開花が進んでもロイコアントシアニンは消失しないが，赤紫色の花弁では蕾のときに含まれていたロイコアントシアニン(白色花弁のものと同種類)は色素(マルビジン配糖体)が現われるとともに消失する。

(b) Simmonds(1954)のバナナの実験

開花初期に含まれていたロイコアントシアニン(シアニジン型とデルフィニジン型)は，開花が進むに従って消失し，そのかわりにアントシアニン(シアニ

ジン型とデルフィニジン型，末期にはマルビジン型とペオニジン型)が出現する。

(c) Boppら(1962)のホウセンカの実験

カルボニル基の炭素原子を ^{14}C で標識したフェニルアラニンをホウセンカに与え，時間を追って比活性を調べると，まずロイコアントシアニンに放射性が現われ，ついでアントシアニンに放射性が現われる。この頃になると，ロイコアントシアニンの放射性は消失する。

以上の実験例はすべて間接的なもので，これだけでロイコアントシアニンがアントシアニンの前駆物質とはいえない。Harborneは，ロイコアントシアニンをフラバン-3,4-ジオールの重合体と説明している(図3・13)。

ヒドロキシル化

フラボノイドはA環に2個の水酸基(5-位と7-位)をもっているのが普通であるが，このほかにも1個の水酸基がピロン環の形成に使われている。前に述べたように，これら3個の水酸基はマロン酸のカルボニル基に由来すると考えられる。したがって，A環の水酸基は $C_6-C_3-C_6$ 骨格が形成される以前にすでに存在していたと考えてよいであろう。フラボノイドの中には，A環の5-位の水酸基を欠くものがあるが，これはカルコン以前——Birch(1958)によればポリケト酸の段階——に5-位のものだけが消失すると考えられている。

問題はB環のヒドロキシル化である。B環では，水酸基が1個のときは4'-位に，2個のときは3'-位と4'-位に，また3個のときは3'-位，4'-位，5'-位にそれぞれ結合している。

このうち，4'-位のヒドロキシル化は C_{15}-中間体以前に行なわれるという考え方がかなり有力である。それは，p-ヒドロキシケイ皮酸からクェルセチンが容易に生ずることによる。しかし，ケイ皮酸からもクェルセチンができるから，必ずしも4'-位のヒドロキシル化が C_{15}-中間体以前に行なわれていたとはかぎらない。この場合，ケイ皮酸の p-位がヒドロキシル化されて p-ヒドロキシケイ皮酸となってからフラボノイド骨格を形成するとの考えも成り立つが，これ

についての確かな証拠はない。

3′-位と5′-位のヒドロキシル化は，C_{15}-中間体以後に行なわれる可能性が高い。これは，3,4-ジヒドロキシケイ皮酸（カフェー酸）からクェルセチンが形成されにくいことによる。このほか，上記の可能性を裏づける事実として，ペチュニアの花におけるアントシアニンの種類の変化があげられる。ペチュニアでは，花の発達段階でアントシアニンの種類が異なり，アントシアニジン型で示せば次の順序で変化する。

シアニジン────→デルフィニジン────→ペオニジン────→ペツニジン＋マルビジン

フラボノイドの遺伝生化学的研究（5章参照）からも，4′-位のヒドロキシル化はC_{15}-中間体以前に，それ以上のヒドロキシル化はC_{15}-中間体以後に行なわれるという考え方が支持されている。

3′-位と5′-位のヒドロキシル化が，C_{15}-中間体以後のどの段階で行なわれるかはまだ明白でない。Wongら(1968)は，種々のクローバーの突然変異種のフラボノイド構成を分析した結果，ほとんどの3′-位のヒドロシキル化はカルコンの段階で行なわれるが，クェルセチンとシアニンの3′-位のヒドロキシル化はジヒドロフラボノールの段階でも行なわれることがあるとしている（図3・25）。この経路には遺伝子 R が関係していると考えられている。

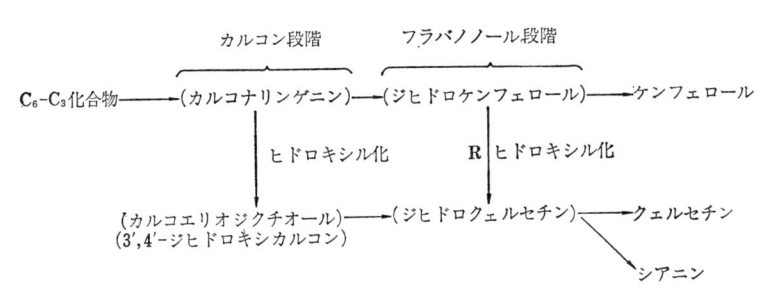

```
                カルコン段階      フラボノノール段階
              ┌─────────┐   ┌─────────┐
$C_6$-$C_3$化合物──→(カルコナリンゲニン)──→(ジヒドロケンフェロール)──→ケンフェロール
                    │ヒドロキシル化        R│ヒドロキシル化
                    ↓                     ↓
         (カルコエリオジクチオール)──→(ジヒドロクェルセチン)──→クェルセチン
         (3′,4′-ジヒドロキシカルコン)                          ↘
                                                              シアニン
```

図 3・25　クローバーにおけるクェルセチンとシアニンの生成推定経路（Wong ら, 1968）

一方，B環のヒドロキシル化が C_6-C_3-化合物の段階で行なわれる可能性を考えている人もある（たとえば Meier ら, 1965）。これは次のような実験結果による。

(a) フウリンソウの花では，ヒドロキシケイ皮酸がデルフィニジンの前駆物質となる。

(b) 3,4,5-トリヒドロキシケイ皮酸もデルフィニジン生成にあずかるが，この物質は p-ヒドロキシケイ皮酸やカフェー酸よりも有効な前駆物質となる。

(c) 3,4,5-トリヒドロキシケイ皮酸はヤチヤナギの発芽種子ではミリセチンの前駆物質となる。しかし，3,4,5-トリヒドロキシケイ皮酸は植物成分としてその実在が確認されていない。

以上述べたように，B環のヒドロキシル化については一応の可能性がたてられているが，現在決定的な判断は下しにくい。

メチル化

メチル化は，フラボノイド生合成の終わりの段階で行なわれると考えられる。メチル化される水酸基はA環では7-位，B環では3′-位と5′-位のものである。4′-位の水酸基がメチル化されたアントシアニジンは，天然にはまだ発見されていない。

フラボノイドのメチル化についての実験は非常に少なく，不明の点が多い。Hess(1964)のペチュニアの実験では，アントシアニジンのメチル化には S-アデノシルメチオニンが関係する。また，[^{14}C]-メチオニンをペチュニアの蕾に与えると，ペツニジン，ペオニジン，マルビジンのすべてのメチル基に ^{14}C が取り込まれる。

グリコシル化

グリコシル化も前に述べたヒドロキシル化やメチル化と同様に，フラボノイド生合成の末期で行なわれるという考えが多くの実験から有力となっている。しかし，C_{15}-中間体またはそれ以前の段階でも行なわれる可能性がないとはかぎらない。

フェノール化合物のグリコシル化についての実験例はかなり多数あり，それらの知見はフラボノイドのグリコシル化の考察に貴重な資料を提供している。フェノール化合物のグリコシル化の研究は，Miller(1941)がグラジオラスの球茎を用いて o-クロロフェノールからその $β$-ゲンチオビオシドの生成を調べた

のに始まる。その後多くの人が植物の組織や，組織からの酵素抽出液などを用いて実験している。たとえば，Pridham(1957)はポプラの形成層を用いて，また Anderson ら(1960)はアーモンドやソラマメを用いて，それぞれアルブチンから p-ヒドロキシフェニル-β-ゲンチオビオシドの生成をみている。

最近の研究によれば，これらのグリコシル化にはウリジン二リン酸(UDP)誘導体やチミジン二リン酸(TDP)誘導体が関係する。たとえば，Yamaha(1960)はコムギの発芽種子の酵素液によるアルブチンの生成を次の反応式で説明している(図3・26(a))。また，Cardini ら(1958)はフェノール性モノグルコシドがさらに UDP-グルコースによりグルコシル化されることをみている(図3・26(b))。

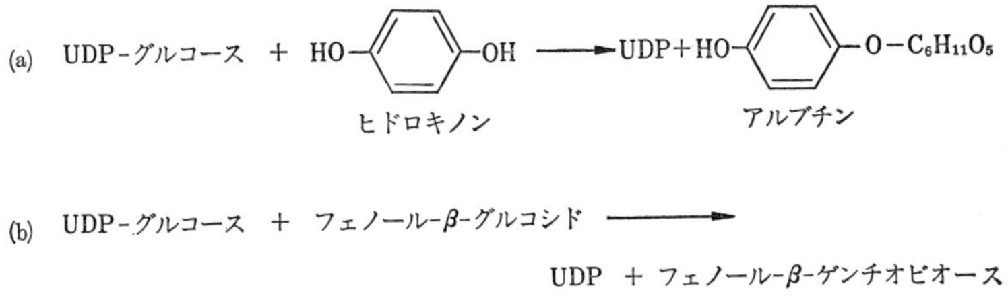

(a)　UDP-グルコース ＋ HO—⟨ ⟩—OH ─→ UDP＋HO—⟨ ⟩—O—$C_6H_{11}O_5$
　　　　　　　　　　　　　ヒドロキノン　　　　　　　　　アルブチン

(b)　UDP-グルコース ＋ フェノール-β-グルコシド ─→
　　　　　　　　　　　　UDP ＋ フェノール-β-ゲンチオビオース

図 3・26　フェノール類のグリコシル化(UDP＝ウリジン二リン酸)

フラボノイドのグリコシル化には，クェルセチンからルチンの生成についての研究がある。これは Barber(1962)が行なったもので，クェルセチンからルチンへの変化には2段階が考えられている。第1段階はクェルセチンの3-位がグリコシル化されてクェルセチン-3-グルコシドが生ずる過程，第2段階はこれにさらにラムノースが結合して最終産物であるルチンが生じる過程である。第1段階では UDP-グルコースと TDP-グルコースとが関係し，第2段階では TDP-ラムノースだけが関係する(図3・27)。

このように，フラボノイドの同じ位置に糖が2個または3個結合する場合，まず単糖類が1個結合し次にさらに1個あるいは2個の単糖類が順次に付加されていくという考えは，Harborne(1963)によってもなされている。また，糖が異なる位置に結合する場合，たとえばペラルゴニジンの3,5-ジグルコシド生成

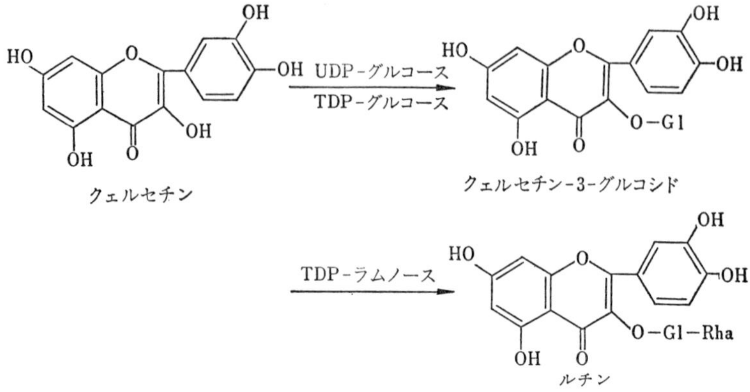

図 3・27 クェルセチンからルチンの生成(Barber, 1962)
Gl: グルコース　Rha: ラムノース

では，まず 3-位がグルコシル化されて 3-グルコシドが生じ，次に 5-位がグルコシル化される(Harborne, 1957; Klein, 1961)。

アシル化

フラボノイド配糖体のアシル化についての研究は数少なく，詳細は明らかでない。ここでは，数少ない研究から Hagen(1966) の研究を選び，その大略を紹介したい。

同氏はホウセンカの赤色種(llHHP^rP^r 型)の花からフラボノイドを抽出し[†]，花の発達段階による色素構成の変化を二次元のペーパークロマトグラフィーで調べ，次の 4 段階に分けた。

［段階1］　アントシアニンは出現しないがフラボノールは現われる(図 3・28(a))。また，ロイコアントシアニンもみられる。

［段階2］　アントシアニンとしては，ペラルゴニジン-3-モノグルコシドが出現する。フラボノールの種類は段階 1 とほとんど変わらない(図 3・28(b))。

［段階3］　種々のペラルゴニジン配糖体が現われる。確認されたものは 3-モノグルコシド，3,5-ジグルコシドとそのアシル化型，3-ビオシド-5-モノシド

[†] 抽出方法　種々の開花段階の花(1〜3個)の花弁をすりつぶし，0.4%塩酸(95%メタノール中)等容量を加えてよく浸出する。後グーチルツボでガラス繊維を通して沪過する。残査は 0.4%塩酸(70%エタノール)で沪液が着色しなくなるまで数回抽出する。

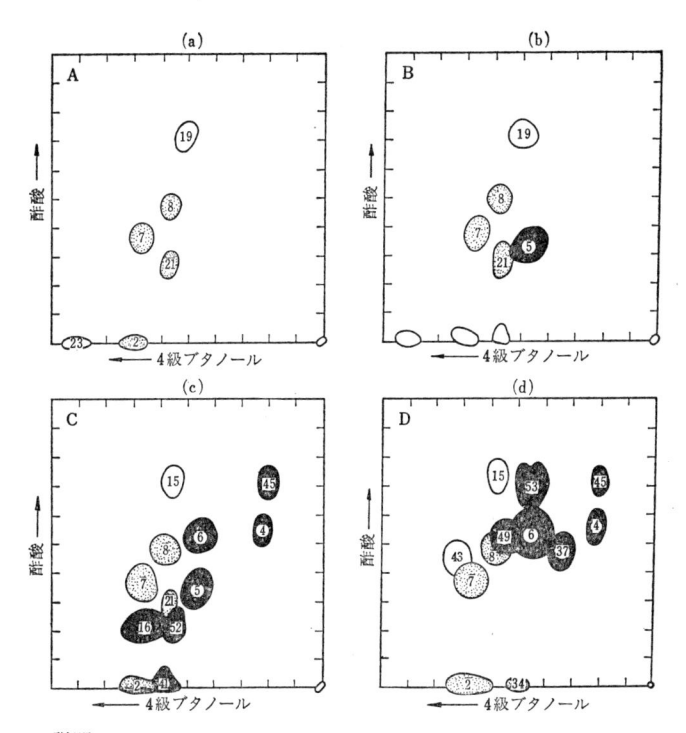

スポットの説明:
　　アントシアニン　　5: ペラルゴニジン-3-モノグルコシド, 41: ペラルゴニジン, 16: アシル化ペラルゴニジンモノシド?, 52: アシル化ペラルゴニジンモノシド?, 4: ペラルゴニジン-3,5-ジグルコシド, 6: アシル化ペラルゴニジン-3,5-ジグルコシド, 49: アシル化ペラルゴニジン誘導体, 37: ペラルゴニジン-3-ビオシド, 45: ペラルゴニジン-3-ビオシド-5-モノシド, 53: アシル化ペラルゴニジン-3-ビオシド-5-モノシド
　　フラボノール　　2: ケンフェロール, 7: ケンフェロール-3-モノグルコシド, 8: ケンフェロール-3-グルコシルグルコシド, 34: クェルセチン?, 21: クェルセチン-3-モノシド?
　　その他　　15: ロイコペラルゴニジン, 19: 不明, 23: クロロフィル, 43: フラボノイド(不明)

図 3·28 (Hagen, 1966)

などである。フラボノールの種類は段階1, 2とほとんど変わらない(図3·28(c))。

　［段階4］　アントシアニンとしては, p-クマル酸またはフェルラ酸でアシル化されたペラルゴニジン-3,5-ジグルコシドがおもで, それにアシル化されないペラルゴニジン-3,5-ジグルコシドが混じっている。フラボノールの種類は

ケンフェロールとその 3-モノグルコシド，3-グルコシルグルコシドがおもである（図 3・28(d)）。

以上のクロマトグラムから Hagen は，ホウセンカの花の主色素であるアシル化されたペラルゴニジン-3,5-ジグルコシドの生成に，幾つかの経路を考えている（図 3・29）。結局，アシル化はグリコシル化の種々の段階で行なわれるものと考えるべきであろう。

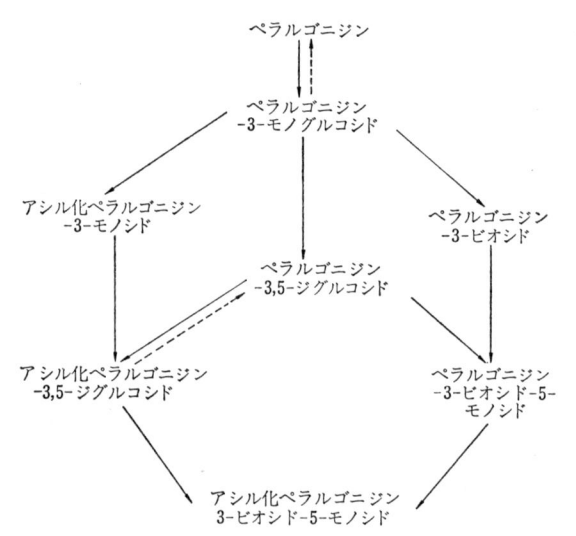

図 3・29 ホウセンカの花におけるアシル化(*p*-クマル酸およびフェルラ酸)ペラルゴニジン配糖体生成の推定経路。点線は試験管内でも起こる反応(Hagen, 1966)

3・4 生合成におよぼす生理的条件の影響

フラボノイド生合成におよぼす各種の生理的条件の影響は，古くから注目され研究されている。特に，アントシアニンの生成と光との関係は最も古くから研究され，数多くの報告がだされている。最近ではアントシアニンだけでなく，ほかのフラボノイド生合成についても生理的条件との関係が研究されるようになってきた。研究の対象となる生理的条件としては，光が最もよく取り扱われているが，糖や各種の阻害剤，前駆物質，生長物質などの影響もかなり調べら

れている。

　この方面の研究で，材料としてよく使われるのは，アカキャベツやカラシナ類の発芽種子，イチゴなどから切り取った葉，ウキクサのような植物全体，無菌培養した内乳，同じく無菌培養した花弁などである。無菌培養した花弁を用いての研究は，Kleinらのホウセンカの花によるものがある。同氏らは種々の培養条件でアントシアニンの生成を調べているが，フラボノイド生合成の実験で直接花弁を使用した例の少ない現状では，同氏らの研究は貴重なものといわなければならない。今後，さらに多くの植物について花の無菌培養によるデータのあがることが期待される。

　ここでは，花弁だけでなくそのほかの種々の植物組織または器管を用いての研究成果についてその大略を説明するが，花弁による研究の発展に資するために花弁培養の方法などについても合わせて説明することにする。

　以下に述べることからわかるように，同じ生理条件でも実験材料が異なるとそれらの影響は必ずしも一致するとはかぎらない。相反する結果を生じる場合もある。Straus(1960)はこの原因が色素の種類によるほか，その材料が自栄養か他栄養か，生長しつつあるかそうでないかなどにもよるといっている。

花弁の培養と生成するアントシアニン

　Klein ら(1961)がホウセンカの花弁を無菌的に培養した方法は次のとおりである。摘み取った蕾を1%次亜塩素酸ナトリウムに15分間浸して滅菌し，水洗する。これを無菌的に切り開き，内部から花弁を取りだし，滅菌水に浮かべるかあるいはWhite(1943)の改良培養液[†]に浮かべる。培養は22°，4,000 lxの白色光を照射して行なう。光は花弁の生長とアントシアニンの生成に欠くことができない。花弁は，培養液を取り替えなくても40日間位は生育を続ける。

　このようにして培養すると花弁はただちに生長を始め，この生長は約20日

[†] 培養液の組成(単位は mg/l)硫酸マグネシウム 360，硝酸カルシウム 200，硫酸ナトリウム 200，硝酸カリウム 80，塩化カリウム 65，第一リン酸ナトリウム 16.5，硫酸鉄(III) 2.5，硫酸亜鉛 1.5，ホウ酸 1.5，ヨウ化カリウム 0.75，グリシン 3.0，ニコチン酸 0.5，ピリドキシン 0.1，チアミン 0.1，銅およびコバルト 0.01〜0.001，これにショ糖 20 g。

間継続する。アントシアニンの生成は，花弁の生長とだいたい同率で増加する（図 3・30)。ここに生じたアントシアニンは，質的にも量的にも自然状態の花弁のものと必ずしも同じではない。

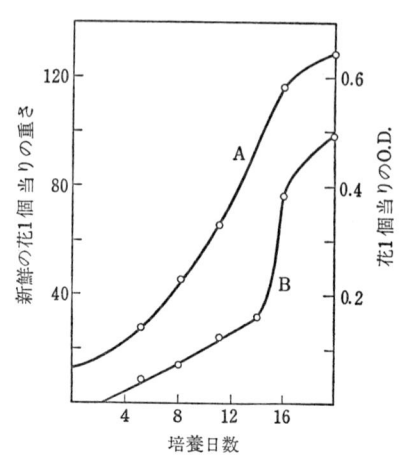

A: 花弁の生長(花1個当りの生量)
B: アントシアニン含量(花1個当りの O.D.——花弁の1％塩酸性エタノール抽出液の最大吸収波長で測定)
図 3・30 培養花弁の生長とアントシアニンの生成(Klein ら，1961)

表 3・4 はアントシアニンの質的な相違を示したもので，アントシアニン，フラボノールともに自然状態の花弁のものは B 環の 4′-位に 1 個しか水酸基がないが，培養した花弁のものは 3′-位と 4′-位とに 2 個の水酸基をもつものも含ま

表 3・4　自然状態の花弁と培養した花弁におけるアントシアニンおよびフラボノールの種類(Klein 1961)

遺伝子型	花色	花弁の生育条件	アントシアニジン				フラボノール		
			ペラルゴニジン	シアニジン	ペオニジン	マルビジン	ケンフェロール	クェルセチン	ミリセチン
llhhP^{r}P^r	桃	自然	＋	－	－	－	＋	－	－
		培養	＋	＋	＋	－	＋	＋	－
llHHP^{r}P^r	赤	自然	＋	－	－	－	＋	－	－
		培養	＋	＋	－	－	＋	＋	－
LLhhP^{r}P^r	赤紫	自然	－	－	－	＋	＋	－	＋(?)
		培養	－	＋	－	＋	＋	－	＋(?)

れている。

また量的にみると(表3・5)，赤紫色系(遺伝子型：LLhhP^{r}P^r)と赤色系(遺伝子型：llHHP^{r}P^r)では自然花弁と培養花弁との間にはほとんど相違はみられないが，桃色系(遺伝子型：llhhP^{r}P^r)では培養花弁のほうが著しく含量が高い。

表 3・5 自然状態の花弁と培養した花弁のアントシアニン含量(Klein, 1961)

遺伝子型	花色	アントシアニン含量 [O.D.]			
		自然状態の花弁		培養した花弁	
		1花当り	1g当り	1花当り	1g当り
llhhP^{r}P^r	桃	0.075	0.015	0.633	0.345
llHHP^{r}P^r	赤	1.420	0.230	1.018	0.750
LLhhP^{r}P^r	赤紫	0.470	0.090	0.425	0.278

光

光がアントシアニン生成を促進することは古くから知られており，最近ではアントシアニン以外にフラボノールも光によってその生成が促進されることがわかってきた。この方面の研究報告はいままでにおびただしい数にのぼるが，白色光を用いた研究と単色光を用いたいわゆる作用スペクトルに関する研究とに大別される。ここでは，アントシアニンとフラボノールについて研究結果の大略を説明する。

(a) アントシアニン生成におよぼす白色光の影響　　表 3・6 は Thimann ら

表 3・6 ウキクサのアントシアニン生成におよぼす光の影響(Thimann ら, 1949)

培地	光の強さ [ft.Cand.]	温度	生長 (g/培地)	アントシアニン含量 (色素単位*/g)
培地 I**	約 800 約 150 0	18〜19 20 20	0.66 0.38 0.013	157 90 0
培地 I**＋ショ糖 0.05M	約 800 約 150 0	18〜19 20 20	0.21 0.39 0.07	322 214 48

* 比色計の読みから計算されたもの。
** 培地Iの組成(単位はM)硝酸カルシウム 5×10^{-3}，硫酸マグネシウム 2×10^{-3}，硝酸カリウム 5×10^{-3}，第一リン酸カリウム 1×10^{-3}，酒石酸鉄(III) 4.9×10^{-5}，ホウ酸 4.6×10^{-5}，塩化マンガン 1.8×10^{-5}，硫酸亜鉛 7.6×10^{-7}，モリブデン酸 1×10^{-6}，硫酸銅 3.3×10^{-7}

(1949)がウキクサの一種を用いて光の強さとアントシアニン生成量とを調べたものである。これからわかるように，アントシアニン生成は光によって明らかに促進され，この促進は光が強いほど大となる。また，ショ糖の存在は光による促進をさらに強める。アントシアニン生成に対する光の促進作用は，そのほか多くの人々によって調べられている。おもな実験例をあげると，Eddy ら

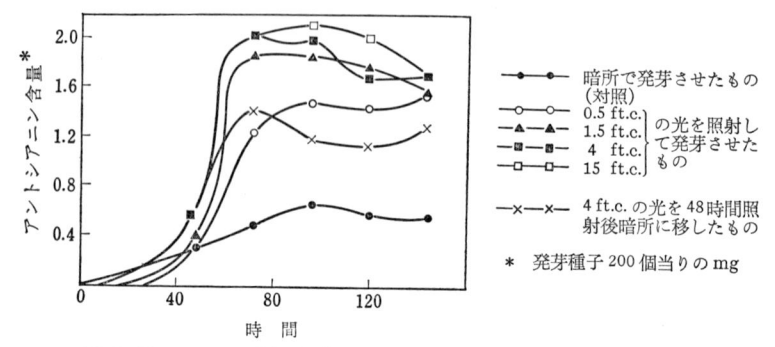

図 3・31 カラシナ類の発芽種子のアントシアニン生成におよぼす光の影響(Eddy ら，1951)

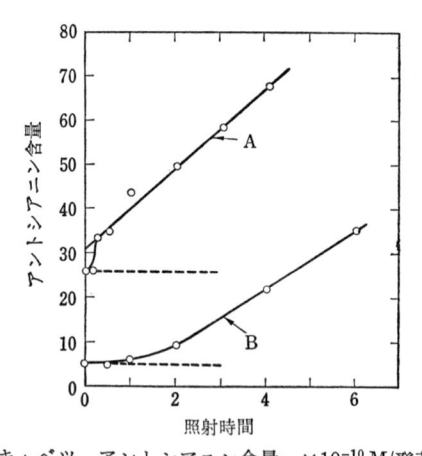

凡例:
- ●—● 暗所で発芽させたもの（対照）
- ▲—▲ 0.5 ft.c.
- ■—■ 1.5 ft.c.
- ○—○ 4 ft.c.
- □—□ 15 ft.c.
の光を照射して発芽させたもの
- ×—× 4 ft.c. の光を48時間照射後暗所に移したもの

＊ 発芽種子 200 個当りの mg

A：アカキャベツ，アントシアニン含量＝×10^{-10} M/発芽種子
B：カブ，アントシアニン含量＝×0.25×10^{-10} M/発芽種子

図 3・32 アカキャベツとカブの発芽種子における光とアントシアニン生成------は暗所発芽におけるアントシアニン量の水準(Siegelman ら，1957)

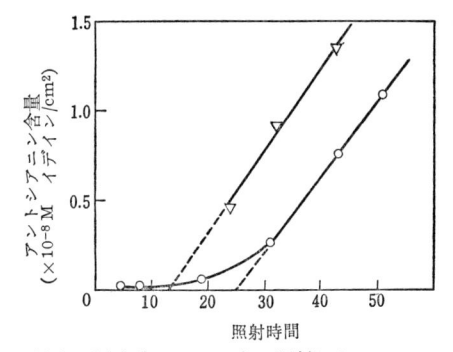

○ 果皮を採取後ただちに光を照射したもの
△ 20時間暗所に放置後光を照射したもの
図 3・33 リンゴの果皮のアントシアニン(イデイン)含量と光の照射時間の関係(Siegelman ら, 1958)

(1951)のカラシナ類の発芽種子によるもの(図 3・31), Siegelman ら(1957)のアカキャベツやカブの発芽種子によるもの(図 3・32), Siegelman ら(1958)のリンゴの果皮によるもの(図 3・33), Straus(1959)のトウモロコシの内乳によるもの, Creasy ら(1965)のイチゴの葉によるものなどがある。

　上に述べた幾つかの例が示すように, アントシアニン生成は光によって促進され, ある場合には光によって初めてアントシアニン生成が起こる。このような影響は, 光の照射を中断した後にも残っている。たとえば図 3・31 では, 発芽種子に 15 ft.c. の光を 48 時間照射し, 後暗所に移しても光の影響は明らかに現われている。

　図 3・32 と図 3・33 からわかるように, 最初のある期間は光が当ってもアントシアニンの生成が起こらないか, 起こってもほんのわずかである。この期間は誘導期といわれる。誘導期が終わるとアントシアニンは, 照射時間とともに直線的に生成されるようになる。誘導期の長さは植物材料によって異なり, 1時間あるいはそれ以下のこともあれば, 10～15 時間あるいはそれ以上のこともある。

　光がアントシアニンの配糖体型に影響をおよぼしているという実験例もある。Arisumi(1964), Shisa ら(1964)は栽培バラの 1 品種 Masquerade の花弁が弱光下では 3,5-ジモノシド型のアントシアニンだけを生ずるが, 強光下ではさらに

3-モノシド型のものも生ずることをみている。

(b) アントシアニンの作用スペクトル action spectrum† アントシアニン生成の作用スペクトルは種々の植物で調べられているが，植物によってそれぞれに異なった結果が示されている。これらを総合すると，アントシアニンを最もよく生成する波長が青色部(400〜500 mμ)に1箇所しかない植物と，青色部に1箇所(第1光化学反応)，赤色部(600〜700 mμ)に1箇所(第2光化学反応)，合計2箇所ある植物とに類別される。

青色部の光は，その効果を表わすのに 5〜10 J/cm^2 程度のエネルギーを必要とする。これに対して赤色部の光は，0.1 J/cm^2 程度のエネルギーでその効果を十分表わすことができる。このため，青色部の光による効果を高エネルギー効果，赤色部の光による効果を低エネルギー効果とよぶ。また，赤色部の光によるアントシアニン生成の促進効果は，近赤外光(700〜800 mμ)によって打ち消される。このことは，アントシアニン生成の第2光化学反応の光受容体としてファイトクロム phytochrome††が関係していることを示唆する。

次にこれに関する幾つかの実験例を紹介しよう。

---

† 作用スペクトル 光で起こる生理現象は，波長によって現われる程度が異なる場合がある。種々の波長の光によって現われる効果を連続的に表わしたもの(普通は曲線で)がその反応の作用スペクトルである。

作用スペクトルの測定方法には2通りあり，一つは同一エネルギーの種々の波長で起こる生理的変化を測定するもの，他は同じ程度の生理的変化(たとえば50％促進または20％抑制など)を起こさせるに必要なエネルギーを各波長ごとに測定するものである。

†† 光のエネルギーが生化学反応に取り入れられるとき，そのエネルギーはまず生体内にある光受容体に吸収される必要がある。ファイトクロムは光受容体の一種で，その化学的性質はまだよくわかっていないが，ある種の色素タンパク質と考えられている。ファイトクロムは色素生成以外に，赤色光と近赤外光とによって可逆的に効果が現われる幾つかの生理現象(たとえば生長，種子の発芽，花芽分化など)にも光受容体として作用しているといわれている。ファイトクロムは植物体内で次の2型で存在すると考えられている。一つは赤色光型ファイトクロム P_{Red} で 660 mμ 付近に最大吸収をもち比較的安定な型，他は近赤外光型ファイトクロム P_{Far} で 730 mμ 近辺に最大吸収をもち比較的不安定な型である。両者は下の式に示すように，当たる光によって可

$$P_{Red} \underset{近赤外光}{\overset{赤色光}{\rightleftarrows}} P_{Far}$$

逆的に変化する。また，近赤外型のものは植物体を暗所に入れると徐々に赤色型に変わる。

(1) アカキャベツの発芽種子による実験(Siegelman, 1957)

低エネルギーの条件で測定した作用スペクトルは(図 3・34)，前もって赤色光(580〜690 mμ)にあてた発芽種子——この処理により体内のファイトクロムは近赤外型になると考えられる——では，作用スペクトルの近赤外部でアントシアニン生成がおさえられる。また，前もって近赤外光(690 mμ 以上の光)にあてたものでは，作用スペクトルの赤色部で色素生成が高められる。

この赤色光によるアントシアニン生成の促進効果は，近赤外光により消失す

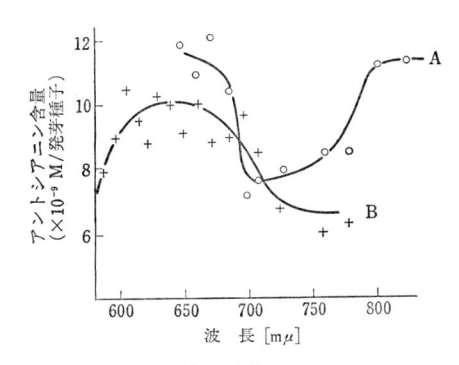

A：赤色光前処理(5分間)
B：近赤外光前処理(5分間)
いずれも前処理後単色光を5分間照射，24時間暗所に放置後アントシアニン量を測定
図 3・34　アカキャベツ発芽種子のアントシアニン生成における低エネルギー条件での作用スペクトル(Siegelman, 1957)

表 3・7　アカキャベツおよびカブの発芽種子のアントシアニン生成におよぼす赤色光(580〜690 mμ)と近赤外光(690〜800 mμ)の影響(Siegelman, 1957)

照　射　方　法	アントシアニン含量(10^{-10} M/種子)	
	アカキャベツ	カ　　ブ
———	25	2.97
赤色光	38	2.94
近赤外光	26	2.97
近赤外光—赤色光	37	———
赤色光—近赤外光	29	———

る(表3・7)。赤色光と近赤外光とを交互に繰り返し照射すると，アントシアニン生成は促進効果とその失効とが繰り返される。そして，最後に照射した光の条件による影響が残る。

高エネルギー条件で測定した作用スペクトルでは(図3・35)，アントシアニン生成は，450 mμ 付近と 690 mμ との2箇所で最大になる。

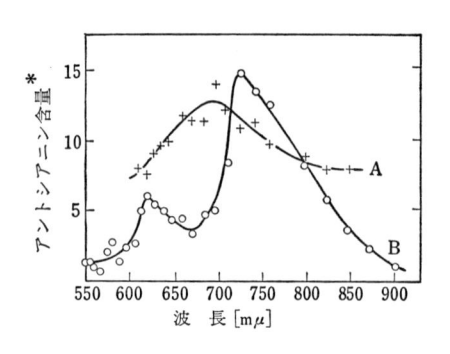

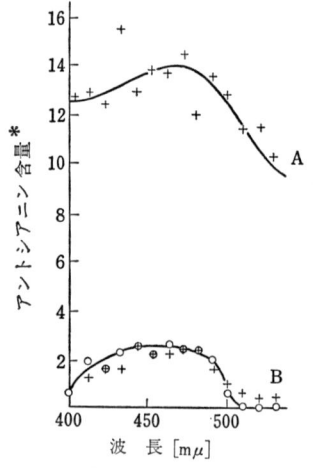

(上)550～900 mμ の場合　(下)400～533 mμ の場合
A: アカキャベツ　B: カブ
*アントシアニン含量　アカキャベツ　10^{-9} M/発芽種子
　　　　　　　　　　カブ　　　　　　10^{-10} M/発芽種子

図3・35　アカキャベツおよびカブの発芽種子のアントシアニン生成における高エネルギー条件での作用スペクトル(Siegelman, 1957)

(2) カブの発芽種子による実験(Siegelman, 1957)

表3・7からわかるように，カブの発芽種子では，低エネルギー条件下では赤色光によるアントシアニン生成の促進効果は起こらない。しかし，高エネルギー条件下では，$725\,m\mu$, $620\,m\mu$, $450\,m\mu$ の3箇所に最大のアントシアニン生成を示す部分がある(図3・35)。

(3) リンゴの果皮による実験(Siegelman, 1958)

アントシアニン生成の誘導期と，それ以後の直線的な生成期との作用スペクトルが高エネルギー条件下で測定されている。

両方とも $640\sim670\,m\mu$ に1個のピークが認められるが，$600\,m\mu$ 付近にも1個のピークが肩状に現われる。

一方，低エネルギー条件下では，主色素であるイデインの生成量は赤色光および近赤外光の照射によってほとんど影響を受けない。この事実から，リンゴ果皮ではファイトクロム以外の光受容体の関与が考えられている。

(4) Wheatland milo (*Sorghum vulgare* Pers.)の発芽種子による実験(Downsら, 1963)

高エネルギー条件では青色部($470\,m\mu$ 付近)に1箇所(第1光化学反応)，低エネルギー条件では赤色部($630\sim690\,m\mu$)に1箇所(第2光化学反応)の二つのピークがある(図3・36)。

また，この発芽種子に白色光を照射して第1光化学反応を行なわせ，後近赤外光と赤外光とを交互に繰り返して照射すると，アントシアニン生成は近赤外光により抑制され，この影響は赤外光により打ち消される(表3・8)。

上に述べた幾つかの例から明らかなように，アントシアニン生成には光化学反応が関係するが，これらの光化学反応が生合成経路のどの段階で，どのようにして関係するかは，まだ具体的には証明されてはいない。Siegelmanら(1958)は，リンゴの果皮におけるアルコールやアルデヒドなどの生成と光との関係を時間の経過を追ってとらえ，その結果から一つの予測をたてている(図3・37)。それによると，光化学反応1は酢酸の縮合の段階で，また光化学反応2はそれ以後(ただしアセテートの閉環以前)でそれぞれ関与するものと推考される。ま

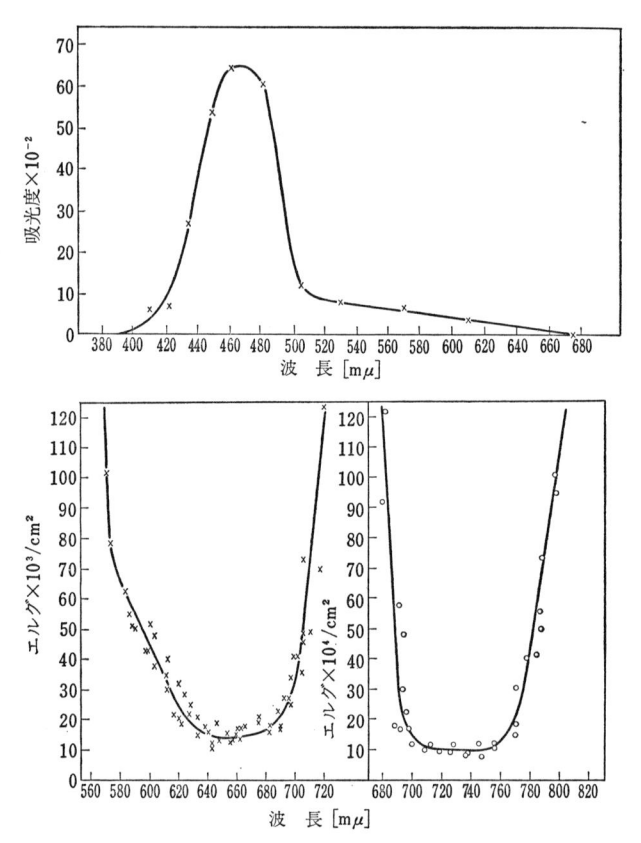

上：高エネルギー条件
下：低エネルギー条件 {(右)近赤外光による抑制
(左)赤外光による再促進

図 3・36 Wheatland milo の発芽種子のアントシアニン生成における作用スペクトル(Downs ら，1963)

た，Crill ら(1964)は，カブの発芽種子のアントシアニン生成ではまず子葉で第1光化学反応が起こり，生じた前駆物質(C_{15}-化合物と推定される)が幼軸に移動し，ここで第2光化学反応を受けてアントシアニンになるといっている。

(c) フラボノールの生成におよぼす光の影響　光はアントシアニンの生成に欠くことのできない条件であるが，フラボノールの生成にも光が関係するという知見が最近報告されている。たとえば，暗所で育てたアラスカ豆のフラボ

表 3·8 Wheatland milo の発芽種子のアントシアニン生成におよぼす近赤外光と赤色光の影響(Downs ら, 1963)

照射方法*		アントシアニン含量
近赤外光の照射回数	赤色光の照射回数	(色素単位)
0	0	106
1	0	48
1	1	106
27	26	45
27	27	109
38	37	48
38	38	97
42	41	49
42	42	103

* 発芽種子に白色光を3時間照射した後, まず近赤外光を3分, ついで赤色光を1分照射, 以後これを交互に繰り返す.

ショ糖 —0.5時間→ ピルベート —1時間→ 活性化アセテート —光化学反応1→

光化学反応生成物(1) —4時間→ 活性化アセテートの縮合による中間体 —光化学反応2→ 光化学反応生成物(2)

—8時間→ 暗反応 ——→ ポリアセテートの閉環 ——→ アントシアニン

図 3·37 リンゴ果皮のアントシアニン生成における光化学反応の位置づけ(推定) (Siegelman ら, 1958)

ノイドはケンフェロール-3-アシル化(p-クマル酸)トリグルコシド(KGC)とケンフェロール-3-トリグルコシド(KG)を主成分とするが, 光の存在下で育てたものは, KGC と KG のほかにクェルセチン-3-アシル化(p-クマル酸)トリグルコシド(QGC)とクェルセチン-3-トリグルコシド(QG)を主成分とする(Furuya, 1962)。

この白色光の影響のほかに, 赤色光, 近赤外光の影響も研究されている。たとえば, 1954年 Piringer がトマトのクチクラの黄色フラボノイドの生成に赤色光(600～680 mμ)が有効で, この効果は近赤外光(695 mμ 以上)で消失することをみている。これをさらに詳細に検討したのは Furuya ら(1964), Stafford(1965), Bottomley ら(1966)で, アラスカ豆や Wheatland milo でそれぞれ実験されている。ここでは, これらの研究の概略を紹介することにしよう。

(1) アラスカ豆による実験

6日間暗所で育てたものに10分間赤色光(0.0327 J/cm^2)を照射した後，暗所にもどして種々の時間で QGC と KGC の含量を調べると，KGC の量には変化がないが QGC の量は著しく増加する。この増加は頂芽の生長とだいたい平行している(図 3・38)。このように，かなり低エネルギーの条件下で QGC は赤色光によりその生成が促進される。

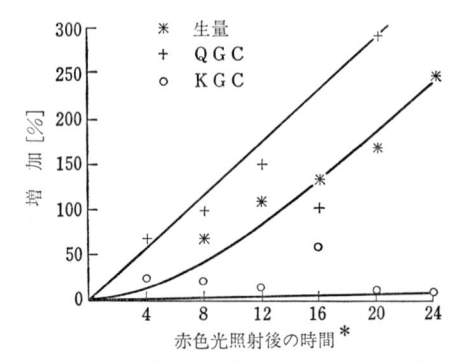

* 6日間暗所，10分間赤色光照射，その後暗所にもどしてからの時間

図 3・38 アラスカ豆の発芽種子の KGC と QGC の生成におよぼす赤色光の影響 (Bottomley ら，1966)

この赤色光による促進効果は，近赤外光によって消失する(図 3・39)。この場合，赤色光・近赤外光の交互の繰り返し照射では，最後の照射条件の影響が残る。このことはアントシアニンの場合とまったく同様である。一方，KGC の生成は赤色光によっても，近赤外光によってもなんら影響を受けない。以上の事実から，クェルセチン誘導体の生成には光受容体としてファイトクロムの関与が考えられる。

ケンフェロールは化学構造上フラボノイド骨格 B 環の 4′-位に 1 個の水酸基をもっているが，クェルセチンは 3′-位と 4′-位とに 2 個の水酸基をもっている。このことから，クェルセチン生成における光反応は 3′-位をヒドロキシル化することに関係するとの可能性が考えられる。

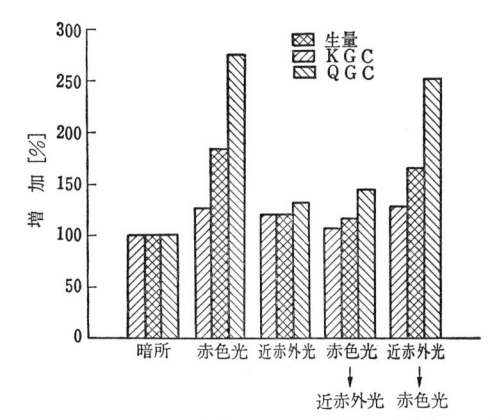

図 3・39 アラスカ豆の発芽種子の KGC と QGC の生成におよぼす赤色光と近赤外光の影響(Bottomley ら, 1966)

(2) Wheatland milo による実験

これは，4 日間暗所で発芽させた Wheatland milo に，弱い光と強い光を種々の時間照射し生じるフラボノイドの種類を分析したものである(表 3・9)。4′-位に 1 個の水酸基をもつアピゲニンとルテオリニジン誘導体は 1 時間の弱い光で生成するが，これを 12～24 時間に延長すると，3′,4′-ジヒドロキシ型のシアニジンとルテオリン誘導体とが生じる。さらに光のエネルギーを増し，強い光を 12～24 時間照射すると，4′-モノヒドロキシ型のものは減少してシアニジン誘導体がおもになる。この実験結果からも，B環の 3′-位のヒドロキシル化に

表 3・9 Wheatland milo の発芽種子のフラボノイド生成におよぼす光の照射条件の影響(Stafford, 1965)

光の照射条件	フラボノイド* アピゲニニジン誘導体	ルテオリニジン誘導体	シアニジン誘導体	ルテオリン誘導体
4 日間暗所	痕跡	0	0	0
＋48時間暗所	＋＋	＋	0	0
＋1時間弱光＋47時間暗所	＋＋	＋	0	0
＋12～24時間弱光＋暗所, 計48時間	＋	＋＋＋	＋＋	＋
＋12～24時間強光＋暗所, 計48時間	痕跡	＋＋	＋＋＋＋ ＋＋＋＋	＋

```
* B環の水酸基  アピゲニニジン：4′-モノヒドロキシ型
              ルテオリニジン：3′,4′-ジヒドロキシ型
              シアニジン   ：3′,4′-ジヒドロキシ型
              ルテオリン   ：3′,4′-ジヒドロキシ型
```

光化学反応が関係すると思われる。

糖　類

アントシアニン生成におよぼす糖類の影響は，光について古くから研究されている。初期の研究成果は Blank(1947) によって抄録されている。この年代までの糖の影響についての報告は，「細胞液の赤色は糖含量と関係している」という Overton の説(1899)を支持するか否かがおもな問題であった。しかし，どの研究からも確定的な結論は得られなかった。その後，多くの人々がこの問題を実験的に取り扱い，ある種の糖はアントシアニン生成を促進するという知見におおむね一致している。次にこの方面のおもな実験例を紹介しよう。

(1) カラシナの発芽種子による実験(Eddy ら，1951)

発芽種子を糖の1％水溶液中暗所で育てると，アントシアニン(クリサンテミン)の生成が促進する。これに有効な糖はグルコース，フルクトース，ショ糖，ガラクトース，ソルボース，アラビノースなどである。

(2) ウキクサによる実験(Thimann ら，1951)

ウキクサのアントシアニン生成は，ショ糖によって高められるが，グルコースでは影響されない。フルクトースでは両種の糖の中間的な効果を示す。このとき，ウキクサの生長に対してはアントシアニン生成と逆の関係になる(表3・10)。

(3) トウモロコシ種子の内乳による実験(Straus, 1959)

表 3・10　ウキクサのアントシアニン生成と生長におよぼす糖類の影響(Thimann ら 1951)

培地の組成*	糖の濃度 [M]					
	0.005	0.01	0.025	0.05	0.10	平均値
培地Ⅰ＋ショ糖						
アントシアニン濃度**	151	155	183	175	183	169
生　　長	109	121	129	111	92	112
培地Ⅰ＋フルクトース						
アントシアニン濃度	134	124	136	144	125	132
生　　長	123	139	184	182	127	151
培地Ⅰ＋グルコース						
アントシアニン濃度	92	98	102	91	109	98
生　　長	149	192	168	161	147	183

　＊　培地Ⅰ：表3・6参照。
　＊＊　アントシアニン濃度：培地Ⅰだけの場合を100として比較した。

トウモロコシ種子の内乳のアントシアニン生成にはショ糖が最も有効で，グルコースは最低の，またフルクトースは中間的の効果を示している（表 3・11）。しかし，生長に対しては(2)のウキクサの実験と異なり，ショ糖がグルコースより有効という結果を示す。

表 3・11 トウモロコシ種子の内乳のアントシアニン生成と生長におよぼす糖類の影響(Straus, 1959)

糖 の 種 類	糖の濃度[M]	色素単位/g	生量の増加[%]
グルコース	0.05	915	210
フルクトース	0.05	1,230	284
ショ糖	0.05	1,520	268
〃	0.10	1,650	270
〃	0.15	1,840	260
〃	0.20	1,910	240
対 照	—	302	0

(4) 無菌培養したホウセンカの花による実験(Klein ら，1961)

無菌培養したホウセンカの花でも，ショ糖はある濃度まではアントシアニンの生成を著しく促進する（表 3・12）。

表 3・12 無菌培養したホウセンカ*の花弁のアントシアニン生成と生長におよぼすショ糖の影響(Klein ら，1961)

ショ糖の濃度[%]	生量(mg/花)	アントシアニン含量	
		1花当りのO.D.	1g当りのO.D.
0.0	35	0.016	0.046
0.5	115	0.235	0.204
1.0	135	0.411	0.305
2.0	174	0.575	0.330
2.5	177	0.612	0.346
3.0	182	0.575	0.317

* 遺伝子型 llhhPrPr

(5) オランダイチゴの葉による実験(Creasy ら，1965)

オランダイチゴの葉では，アントシアニン生成に対するショ糖の影響は光の有無でかなり違う。明条件ではショ糖の濃度が 0.05〜0.10 のときアントシアニン生成は最高となるが，暗条件では糖濃度に比例してアントシアニン生成も増し，特に最適糖濃度はみられない（図 3・40）。

上に述べた幾つかの実験から，アントシアニン生成にはショ糖が最も有効と

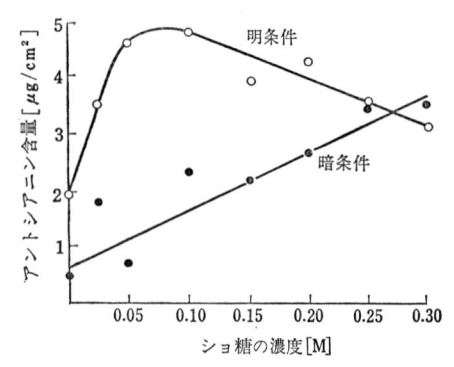

図 3・40 オランダイチゴの葉のアントシアニン生成におよぼすショ糖の影響(Creasy ら, 1965)

考えられるが，生合成過程での作用機作はわかっていない．Eddy ら(1951)は，糖はアントシアニン生成の原料よりはむしろ生成のための促進剤になるのだろうといっている．また，同氏らはカラシナの発芽種子で体内の糖濃度を硫酸アンモニウムで低下させてもアントシアニン含量はそれによって減少しないことをみているが，Ishikura ら(1965)はダイコンやカブの根では赤色種のほうが白色種より糖含量が高いことを示している．いずれにしても，糖のアントシアニン生成に対する作用機作は，将来に残された問題の一つといえよう．

温　度

アントシアニン生成におよぼす温度の影響も古くから調べられている．今日までの実験結果からは，必ずしも一致した見解は得られていないが，比較的低温がアントシアニンの生成を盛んにするというもの(たとえば，Kosaka, 1932; Uota, 1952; Schleep; 1956; Creasy, 1968; Halevy, 1968)，常温がその生成を盛んにするというもの(たとえば Siegelman ら, 1958; Shisa ら, 1964)などがある．このような相違は，植物の種類や器官によってアントシアニン生成の最適温度が異なるためと考えられる．しかし，残念ながら最適温度の面から研究した詳しい実験結果に乏しいのが現状である．

同一植物の同一器官でも，外囲の条件によって最適温度が異なるという実験結果もある．たとえば，Creasy ら(1965)がオランダイチゴの葉で調べたとこ

ろでは，光が存在した場合のアントシアニンの生成適温は 30° であるが，光が存在しないときの適温は 25° となる(図 3・41)。

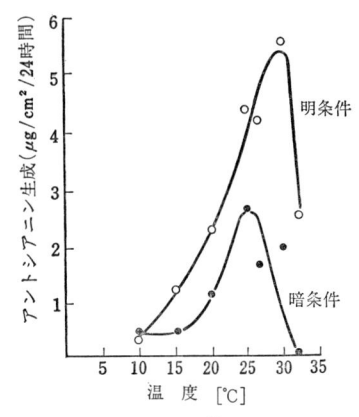

図 3・41 オランダイチゴの葉のアントシアニン生成における温度と光との関係(Creasy ら，1965)

核酸代謝

アントシアニンの生成が，核酸を構成している塩基の類似体によって阻害され，またこれら塩基の材料となるような物質によってその生成が促進されることから，アントシアニン生成に核酸が密接に関係しているという可能性がたてられている。

たとえば，Thimann ら(1962)はウキクサで各種のピリミジンやプリンの類似体がアントシアニン生成を阻害する結果を得ている(表 3・13)。この表からわかるように，8-アザグアニンが最も強力な阻害作用を示し，そのほか 8-アザアデニン，6-アザウラシル，2-チオシトシンなどもかなりの阻害作用がある。Arnord ら(1964)も，ホウセンカの胚軸で 8-アザグアニンなどがアントシアニン生成を阻害することをみている。これらの阻害作用は，ピリミジン類やプリン類，またはそれらのリボシドなどにより打ち消される(表 3・14)。8-アザアデニン，6-アザウラシル，2-チオシトシン，8-アザグアニンはいずれもリボ核酸(RNA)骨格中の 4 個の塩基(グアニン，アデニン，ウラシル，シトシン)の類似体であることから，Thimann ら(1962)は，ウキクサのアントシアニン生成

表 3・13 ウキクサのアントシアニン生成におよぼすプリンおよび
ピリミジンの類似体の影響(Thimann ら, 1962)

化合物	アントシアニンを 50% 阻害するに要する濃度[$\times 10^{-5}$M]
8-アザグアニン	0.03
2-チオシトシン	0.3
8-アザアデニン	1.0
2-チオウラシル	2.0
6-フルフリルアデニン(カイネチン)	2.5
6-アザウラシル	3.0
6-アミノウラシル	3.0
6-アザウリジン	4.0
5-アミノウラシル	6.0
ジチオチミジン	10.0
8-アザヒポキサンチン	20.0
5-ブロモデオキシウリジン	30.0
5-ブロモウラシル	30.0
8-アザキサンチン	50.0
4,6-ジアミノ-2-ヒドロキシピリミジン	60.0

にはある種の不安定な核酸(特に RNA)の関与を考えなければならないといっている。

　また，Straus(1960)はトウモロコシ種子の内乳のアントシアニン生成が，核酸代謝に関係をもつアデニル酸，シチジル酸によりある程度促進されることを実験している(表 3・15)。また，プリンやピリミジン骨格に取り込まれると考えられているアスパラギン酸も促進作用を示している。しかし，表 3・16 の示すように，ピリミジンやプリンの類似体の影響は前に述べた Thimann らによるウキクサの実験結果とは必ずしも一致しない。Straus は，トウモロコシ種子の内乳では，アントシアニン生成に核酸代謝が関係しているとしても，それは直接的なものではなかろうといっている。

タンパク質代謝

　アントシアニン生成は，タンパク質合成が盛んになると弱まり，反対にタンパク質合成が低下するとアントシアニン生成が盛んになる。このことはかなり古くから実験的に知られていた。たとえば，アントシアニンを生成する組織に尿素や窒素を含む無機化合物を与えると，タンパク質の量は増大するがアント

表 3・14 アザピリミジンによるウキクサのアントシアニン生成阻害に対する
ピリミジンおよびプリン類の影響 (Thimann ら, 1962)

アザピリミジンの濃度 [×10⁻⁵ M]	ピリミジン類およびプリン類	濃度比 (ピリミジンまたはプリン／アザピリミジン)	アントシアニン含量（対照に対する%）
アザウラシル			
6	———		14
	ウラシル	5	98
	ウラシル	10	94
4	———		64
	ウリジン	2.5	114
	ウリジン	10	115
	チミン	10	96
	シトシン	10	64
	アデノシン	10	45
4	———		35
	グアニル酸	2.5	19
4	———		22
	グアノシン	10	13
3	———		
	グアニル酸	3.3	25
3	———		51
	シトシン	10	45
	シトシン	30	53
	シチジン	10	82
	シチジン	30	94
アザウリジン			
6	———		16
	ウリジン	10	115
	ウラシル	10	12
	アデノシン	10	15

表 3・15 トウモロコシ種子の内乳のアントシアニン生成におよぼす各種のヌクレオチドの影響 (Straus, 1960)

ヌクレオチド [5×10⁻⁵M]	生量の増加 [%]	アントシアニンの生成（対照を 100 とする）
——（対照）	53	100
アデニル酸	60	145
シチジル酸	58	122
ウリジル酸	50	106
グアニル酸	58	100
以上 4 種の混合	45	152

表 3・16 トウモロコシ種子の内乳のアントシアニン生成におよぼすプリンおよびピリミジンの類似体の影響(Straus, 1960)

プリンおよびピリミジンの類似体	対照に対する %	
	生 長 量	アントシアニン生成
2,6-ジアミノプリン	45	81
アザチミン	106	79
アザキサンチン	95	78
チオウラシル	67	70
チオアデニン	128	98
アザアデニン	43	100
チオシトシン	121	106
メルカプトプリン	100	100
アザウラシル	71	145
アザグアニン	67	112
アザ-2,6-ジアミノプリン	74	132

シアニン生成は抑制される。反対に，クロラムフェニコールなどの抗生物質は $10^{-4} \sim 10^{-5}$ M の濃度でタンパク質代謝を阻害するが，アントシアニンの生成は高まる。

Faust(1965)は，タンパク質代謝とアントシアニン生成との関係を次のように説明している。すなわち，タンパク質合成とアントシアニン生成とはシキミ酸代謝を共通な経路とし，タンパク質への経路とアントシアニン(フラボノイド)への経路とはフェニルピルビン酸の段階が分岐点となっている(図3・42)。このとき，タンパク質合成に好都合の条件は，アントシアニン生成には不都合の条件となる。

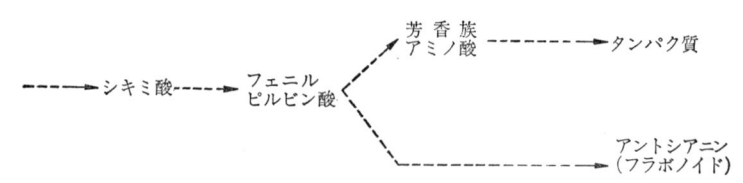

図 3・42 タンパク質代謝とアントシアニン(フラボノイド)生成との関係

アミノ酸およびその類似体

アントシアニン生成におよぼすアミノ酸の影響は，アミノ酸の種類によってかなりの相違がある。ある種のアミノ酸は促進的に作用するが，他のものは阻

的効果を示す。また，同一種類のアミノ酸でも濃度によってその影響の異なる場合がある。次に二三の実験例を紹介する。

Thimann ら(1955)は，ウキクサを用いて各種のアミノ酸のアントシアニン生成におよぼす影響を調べた。たいていのアミノ酸は 10^{-4} M でアントシアニン生成を阻害するが，10^{-5} M の濃度ではホモシスチン，シスチン，システイン，バリン，ロイシンなどは促進効果を示す(表3・17)。

表 3・17 ウキクサのアントシアニン生成におよぼす各種アミノ酸の影響(Thimann ら，1955)

アミノ酸	アミノ酸の濃度	
	10^{-5} M	10^{-4} M
DL-メチオニン	42*	17*
DL-ノルバリン	67	28
DL-ノルロイシン	68	30
DL-アスパラギン	72	68
L(+)-アルギニン	76	43
グリシン	80	67
L(+)-グルタミン	82	89
メチルアミン(塩酸塩)	91	71
ホモシスチン	111	20
L-シスチン	113	70
L-システイン	115	80
DL-バリン	122	11
DL-ロイシン	117	44
グルタチオン	—	100
β-アラニン	—	75

* 数字はすべて対照に対するパーセント。

Straus(1960)は，トウモロコシ種子の内乳を用いて実験したが，10^{-2}〜10^{-4} M ではアスパラギン酸，シスチン，グルタミン酸，プロリンの4種は，アントシアニン生成を促進し，メチオニンやバリンなどは阻害するという結果を得ている(表3・18)。また，Ishikura ら(1965)は，アカダイコンの発芽種子ではロイシン，フェニルアラニン，バリン，アスパラギン酸，トレオニンなどがアントシアニンの生成を促進することをみている。

アスパラギン酸がアントシアニン生成を促進することは，核酸代謝の影響で述べたように，このアミノ酸が一度プリンやピリミジン骨格に取り込まれるこ

表 3·18 トウモロコシ種子の内乳のアントシアニン生成におよぼす各種アミノ酸の影響(Straus, 1960)

アミノ酸**	対照*に対する %			
	アミノ酸のみ		アミノ酸+アスパラギン	
	生長	アントシアニン生成	生長	アントシアニン生成
——	16	230	—	—
アスパラギン酸	32	750	95	160
シスチン	20	560	71	161
グルタミン酸	30	350	85	101
プロリン	62	308	90	110
シスチン	27	240	86	109
チロシン	10	216	100	89
アルギニン	21	86	77	63
セリン	21	75	97	79
バリン	22	72	89	51
グルタミン	38	46	96	47
メチオニン	17	33	47	30

* 対照はアスパラギン培地(1.5×10^{-2} M のアスパラギン溶液)。
** 濃度は 1.5×10^{-2} M(ただし, シスチンは 4.6×10^{-4} M, チロシンは 2.3×10^{-3} M)。

とにより間接的にアントシアニンの生成を高めるものと考えられる。そのほかのアミノ酸のアントシアニン生成に対する作用機作は現在不明である。メチオニンのような硫黄原子を含むアミノ酸の場合には，体内で一度酸化されてメチオニンスルホキシドまたはメチオニンスルホキシミンなどの化合物となり，これらがアントシアニン生成を阻害することも考えられるが，これはメチオニンの阻害作用の原因の一部でしかないと主張する人もいる(Thimann ら, 1955)。

アントシアニン生成におよぼすアミノ酸類似体の影響は，エチオニン(メチオニンの類似体)についてウキクサやホウセンカの花で調べられている。いずれの場合もエチオニンは，アントシアニン生成を阻害する。

Thimann ら(1955)がウキクサで実験したところによれば，このエチオニンの阻害作用は光の存在下で現われる。表 3·19 からわかるように，全発育期間を暗条件にしたものではエチオニンはアントシアニン生成を阻害しないが，明期 3 日間―暗期 4 日間または暗期 3 日間―明期 4 日間の条件では，顕著な阻害

表 3・19 ウキクサのアントシアニン生成におよぼす
エチオニンの影響(Thimann ら, 1955)

エチオニンの濃度[M]	アントシアニン生成(色素単位/g)		
	実験1	実験2	実験3
(a) 暗所で発育させた場合			
0	31		
10^{-5}	92		
3×10^{-5}	79		
10^{-4}	84		
3×10^{-4}	109		
10^{-3}	72		
(b) 明期3日間—暗期4日間の場合			
0	196	122	53
10^{-5}	108	24	25
(c) 暗期3日間—明期4日間の場合			
0	196	155	
10^{-5}	59	4	

表 3・20 ホウセンカの花*のアントシアニン生成および生長に
およぼすエチオニンとカイネチンの影響(Klein ら, 1961)

培地の組成	生量 (mg/1花)	アントシアニン含量	
		1花当りの O.D.	生量1g当りの O.D.
基本培地**(対照)	93.7	0.238	0.254
＋エチオニン (6×10^{-5}M)	42.6	0.074	0.174
＋カイネチン (2.5×10^{-5}M)	114.6	0.288	0.252
＋カイネチン ＋エチオニン	47.4	0.103	0.218

* 遺伝子型 llhhPrPr
** 表 3・6 参照。

作用が現われる。このことから同氏らは，エチオニンはアントシアニン生合成過程の明反応で阻害作用を示すのではないかと推論している。

また，Klein ら(1961)がホウセンカの花を用いた実験では，エチオニンはカイネチンによるアントシアニン生成の促進を打ち消す作用がある(表3・20)。

各種の硫黄化合物

アントシアニン生成に影響をおよぼす硫黄化合物のうち，チオウラシルなどの核酸塩基の類似体，メチオニンやエチオニンなどのアミノ酸またはその類似体についてはすでに述べたが，Thimann ら(1955)はウキクサを用いてさらに

多種類の硫黄化合物の影響を調べた。程度の差はあるが多くの硫黄化合物はアントシアニンの生成を阻害する(表3·21)。このうち、特に著しい阻害作用を示すものはすでに述べたメチオニンやチオウラシルのほかに1-アミノ-2-ナフトール-4-スルホン酸，スルファジアジンなどがある。しかし，これらの物質の阻害機構はよくわかっていない。

金属元素または金属イオン

ある種の金属元素は，化合物またはイオンの形でアントシアニン生成を促進

表 3·21 ウキクサのアントシアニン生成におよぼす各種硫黄化合物の影響(Thimann ら，1955)

硫　黄　化　合　物	阻害度(チオウラシルの場合を1としたときの相対比)
メチオニン	2.6
スルファジアジン	1.3
1-アミノ-2-ナフトール-4-スルホン酸	1.3
チオウラシル	1.0
フェニルチオカルバミド	0.77
スルファニルアミド	0.66
ホモシスチン	0.66
ジチオビウレット	0.33
シスチン	0.18
ナフチルチオ尿素	0.16
システイン	0.13
ジフェニルスルホキシド	0.10
2-メルカプトチアゾリン	0.079
2-メルカプトイミダゾール	0.066
エチルイソチオ尿素硫酸塩	0.066
ジブチルチオ尿素	0.066
タウリン	0.066
チオ尿素	0.040
チオシアン化カリウム	0.026
チオグリコール酸	0.020
チオバルビタール	0.020
n-ブチルスルホン	0.018
6-カルボキシチオウラシル	0
6-n-プロピルチオウラシル	0
硫化ジブチル	0
硫化ジプロピル	0
d-5-ビニル-2-チオキサゾリドン	0
1,5-ナフタレンジスルホン酸	0
1-ナフトール-4-スルホン酸	0

する。なかでも銅イオンの促進作用は顕著である。たとえば，Thimann ら(1949)のウキクサの実験では，3×10^{-5} M の濃度で銅イオンはアントシアニン生成を促進している(表 3・22)。同氏らは同じくウキクサで他の元素たとえばホウ素，モリブデン，亜鉛などが培地 I 中の含量を 1/10 に減らすとアントシアニン生成が高まることをみている。また，リンゴの果皮ではニッケルとコバルトがアントシアニン生成をやや促進する(Faust, 1965)。

表 3・22 ウキクサの生長とアントシアニン生成におよぼす銅イオンの影響(Thimann ら, 1949)

	銅イオンの濃度($3\times10^{-7*}\times$M)					
	0	×0.01	×0.1	×1	×10	×100
培地 I**						
生　　　　　長 (g/培地)	0.23	0.31	0.32	0.29	0.20	0.05
アントシアニン含量(単位/g)	333	323	349	265	331	566
培地 I＋ショ糖						
生　　　　　長 (g/培地)	0.19	0.25	0.20	0.20	0.23	0.05
アントシアニン含量(単位/g)	526	588	600	417	593	560

* 培地 I における銅の濃度。
** 培地 I：表 3・6 参照。

一方，銅イオンと錯体を形成する試薬，たとえばフェニルチオカルバミド，サリチルアルドキシム，ジエチルジチオカルバメートなどを加えた培養液でウキクサを生育させるとアントシアニン生成の低下がみられる(Edmondson ら, 1950)。なかでも，フェニルチオカルバミドはウキクサの生長を阻害しない程度の低い濃度でアントシアニンの生成を阻害する(表 3・23)。このことから同氏

表 3・23 ウキクサの生長とアントシアニン生成におよぼすフェニルチオカルバミド(PTC)の影響(Edmondson ら, 1950)

培養条件	生　　長		アントシアニン生成	
	g/培地	対照に対する[%]	色素単位/g	対照に対する[%]
培地 I*	0.29	100	369	100
＋PTC 10^{-5} M	0.27	93	363	98
＋PTC 3×10^{-5} M	0.38	131	236	64
＋PTC 10^{-4} M	0.30	103	106	29
＋PTC 3×10^{-4} M	0.05	17	—	—

* 培地 I：表 3・6 参照。

らは，銅がアントシアニン生成に必要であると考えた。しかし，銅のアントシアニン生成に対する具体的な作用機構はわかっていない。

生長物質など

フラボノイド生成に影響をおよぼす生長物質，またはそれに関連する物質としてギベレリン酸，ナフチル酢酸(ナフタレン酢酸)，カイネチンなどが研究されている。いままでに得られたデータでは，その作用はまちまちである。

ギベレリン酸は Furuya ら(1964)のウキクサを用いた実験ではフラボノイド生成を抑制する。たとえば，300 ft.c. の白色光の照射下では 3×10^{-6} M のギベレリン酸はウキクサのアントシアニン生成を 50% 阻害する。この条件では，生長はなんら影響を受けない。またこの抑制作用は光が弱いほど大となる傾向にある。ギベレリン酸はアントシアニン生成を抑制するだけでなく，フラボノール生成にも抑制的に作用する。たとえば，5×10^{-5} M のギベレリン酸はフラボノール生成を約 50% 阻害する。

このような異なる種類のフラボノイドが共通して阻害されることから，ギベレリン酸は C_6-C_3-C_6-骨格の生成経路上，比較的初期の段階で作用するであろうと考えられている。また，このギベレリン酸の阻害作用はリボフラビンにより打ち消されることから，メチオニンなどによる阻害作用とは機構的に異なるものと推考されている。

ナフチル酢酸が生長を促進することは古くから知られているが，Arnold ら(1964)のホウセンカの胚軸による実験ではアントシアニンの生成も促進する。そしてこの促進作用は 2,3,4-トリヨード安息香酸によって打ち消される。

カイネチンは，ホウセンカの花の生長を促進するばかりでなく，アントシアニン生成をも促進する(表 3・24—表 3・20 も参照)。しかし，Thimann ら(1961)がウキクサについて調べたところでは，だいたい同程度の濃度でカイネチンはアントシアニン生成を阻害している(表 3・13)。

除草剤

除草剤のフラボノイド生成への影響，ひいては花色への影響は，特に花卉園芸上興味ある問題であるが，その研究例は現在割合に少ない。ここでは次の二

表 3・24 ホウセンカの花*の生長とアントシアニン生成におよぼす
カイネチンの影響(Klein ら, 1961)

カイネチンの濃度 [mg/l]	生　量 (mg/1花)	アントシアニン含量	
		1花当りの O. D.	生量1g当りの O. D.
0.0	83	0.214	0.258
0.5	135	0.571	0.422
1.0	112	0.342	0.306

* 遺伝子型 llhhPrPr

つを紹介する。

除草剤の一種クロロアルキルカルボン酸は多くの植物で花色を変化させる(Gowing ら 1962)。この場合の花色の変化は, 赤色系または赤紫色系が消失して橙色系あるいは黄色系が出現する傾向にある。この除草剤はカロチノイドの生成には影響を与えないが, アントシアニンの生成には阻害的に作用するのではないかと考えられている。

また, Asen ら(1963)はサルビアの花に種々の除草剤を噴霧しアントシアニンの生成を調べ, いずれもアントシアニンの含量を低下させることを見出している(表3・25)。この場合, アントシアニンの種類には変化がみられない。

表 3・25 サルビアの花のアントシアニン生成におよ
ぼす各種除草剤の影響(Asen ら, 1963)

除草剤の濃度 (規定p.p.m.)	アントシアニン含量(mg/乾量)		
	ダラポン*	TCA**	DCIB***
0	92	89	91
900	24	73	43
3,000	10	38	24
9,000		24	10

* ダラポン: 2,2-ジクロロプロピオン酸
** TCA: トリクロロ酢酸
*** DCIB: 2,3-ジクロロイソ酪酸

リボフラビン

リボフラビンはビタミン B_2 ともいわれ, リン酸やアデニル酸と結合して生体内での酸化-還元酵素系に関与する重要な物質の一つである。リボフラビンのアントシアニン生成におよぼす影響は二三の植物について調べられているが, 植物の種類によってその作用が異なり, ある場合には阻害的に働き, またある

場合には促進効果を示す。

　Thimann ら(1958)のウキクサの実験では，リボフラビンは光が存在しなくてもアントシアニン生成を促進することがみられている。この促進効果はショ糖により助長される(表3・26)。このように，ウキクサではリボフラビンは光の代理を勤めることができる。同氏らは，リボフラビンとアントシアニン生成との関係について次のように考えている。すなわち，まず明反応でリボフラビンが生成され(この明反応では同時にショ糖その他の前駆物質も生成される)，続いて起こる暗反応でリボフラビンがショ糖と相互に作用してアントシアニンの生成を進行させる。

表 3・26 暗所で培養したウキクサのアントシアニン生成におよぼすリボフラビンの影響(Thimann ら，1958)

培養条件	アントシアニン含量(色素単位/g)		
	5日目*	7日目*	10日目*
水	23	25	42
＋リボフラビン(6×10^{-5} M)	22	29	51
＋リボフラビン(10^{-4} M)	—	29	64
＋ショ糖(0.025 M)	35	—	60
＋ショ糖(0.025M)＋リボフラビン(6×10^{-5} M)	56	—	102

　＊ 暗所で培養。

　また，同じく Thimann ら(1958)の実験によれば，エチオニンその他により阻害されたウキクサのアントシアニン生成はリボフラビンにより完全に回復する(表3・27)。

　Straus(1960)のトウモロコシ種子の内乳による実験では，リボフラビンは10^{-6} M の濃度でアントシアニン生成を阻害する(表3・28)。Arnold ら(1964)もホウセンカの胚軸でやはりリボフラビンがアントシアニン生成を阻害することをみている。

傷害および病害

　傷害や病害がアントシアニン生成を促進し，またまったくアントシアニンを含まない組織に色素生成を起こさせることは，古くから観察されてきたが，特にウィルス感染とフラボノイド生成との関係は多くの人により注目されている。

表 3・27 ウキクサのアントシアニン生成におよぼす各種阻害剤とリボフラビンの影響(Thimann ら, 1958)

阻 害 剤	阻害剤の濃度 [×10⁻⁵ M]	対照に対するアントシアニン生成[%]	
		阻 害 剤 の み	阻害剤＋リボフラビン*
エチオニン	0.1	9	137
フェニルチオウレア	3	28	135
カテコール	3	68	120
アザグアニン	0.006	23	120
メチオニン	1	43	119
スルファジアジン	6	16	116
チオウラシル	1	54	115
キニン	3	21	115
スルファニルアミド	6	73	88
2,6-ジアミノプリン	180	59	72
チロシン	1	68	68

* リボフラビンの濃度は 6×10^{-5} M, ただしチオウラシル, チロシンとの実験では 10^{-4} M。

表 3・28 トウモロコシ種子の内乳のアントシアニン生成におよぼすリボフラビンの影響(Straus, 1960)

リボフラビンの濃度 [M]	アントシアニン含量(対照に対する%)	
	明 条 件	暗 条 件
10^{-6}	87	90
5×10^{-6}	65	83
10^{-5}	64	76
5×10^{-5}	58	70
10^{-4}	41	42
5×10^{-4}	47	24

ウィルス感染によりフラボノイドの生成が抑えられる例としては，チューリップの花とサクランボの葉があげられる。サクランボの葉の場合，Geissmann (1956)の測定によればウィルス感染によりクェルセチンでは 2.9 倍に，ケンフェロールでは 3.3 倍にそれぞれ増加する。

ストックの花では，赤色系と赤紫色系の花弁がウィルス感染を受けた場合，軽い症状では白色の斑点が生じるにすぎないが，重い症状では全体が白色となる(Johnson ら, 1956)。これは，ウィルス感染によりアントシアニンの形成が阻害される例であるが，同じストックの花でも桃色系と薄紫色系の花弁ではウィルスにより色素の生成が弱められる場合と強められる場合とがある。

表 3・29 ストックの花のフラボノイドおよびケイ皮酸類の含量と，ウィルス感染
(Feenstra ら, 1963)

使用株		アントシアニン含量*	フラボノール含量**	ケイ皮酸類の含量***							全量
				アントシアニンに結合しているもの				酢酸エチルで抽出されるもの			
				Co	Ca	Fe	Si	Co	Ca	Fe	Si	
1	白色-抵抗型	—	0.9	—	—	—	—	—	—	—	0.5	0.5
2	白色-鋭敏型	—	1.2	—	—	—	0.2	—	—	0.2	1.2	1.6
3	桃色-抵抗型	0.19	1.3	0.2	—	0.5	1.0	—	—	0.2	1.0	2.9
4h	桃色-鋭敏型-健全	0.09	1.3	—	—	0.2	0.4	—	—	0.2	0.2	1.0
4s/w	桃色-鋭敏型-感染-白色	0.02	2.3	—	—	—	0.2	—	—	0.4	1.6	2.2
4s/r	桃色-鋭敏型-感染-白色	0.51	2.0	0.5	0.5	1.3	1.5	0.5	—	1.0	0.9	6.2
5	赤色-抵抗型	1.3	1.4	1.1	0.7	2.5	2.7	0.9	—	1.1	0.7	9.7
6h	赤色-鋭敏型-健全	3.6	1.3	6.7	4.3	4.8	3.8	3.3	—	1.3	0.8	25.0
6s	赤色-鋭敏型-感染-白色	0.12	3.0	—	—	0.2	0.5	—	—	0.6	1.3	2.6
7h	赤色-鋭敏型-健全	1.4	1.2	1.4	0.9	2.9	2.6	1.0	—	1.0	0.5	10.3
7s	赤色-鋭敏型-感染-白色	0.03	2.2	—	—	—	0.4	—	—	0.3	1.9	2.6

* 生の花弁 1g の 0.2% 塩酸抽出液 (100 ml) の 515 mμ における O. D.
** 生の花弁 1g 当りの 10^{-3} mM (ケイ皮酸類も同じ)
*** Co: p-クマル酸; Ca: カフェー酸; Fe: フェルラ酸; Si: シナピン酸

Feenstra ら(1963)は白色系，桃色系および赤色系のストックを用いて上記のことを詳しく調べ(表 3・29)，次の諸点を指摘している。

(1) 赤色-鋭敏型では，ケイ皮酸の全量はウィルス感染により著しく低下する(6s と 6h, 7s と 7h を比較せよ)。

(2) 赤色-抵抗型の花弁と，赤色-鋭敏型の健全な花弁では，ケイ皮酸類のほとんどがアントシアニンをアシル化する。

(3) 全色系を通じて，フラボノールはウィルス感染によりやや増加する傾向にある。この傾向はアントシアニン含量が比較的高い場合に特に顕著である(例: 6h と 6s)。

呼吸阻害剤

2,4-ジニトロフェノール(DNP)やフッ化ナトリウムなどの呼吸阻害剤のア

ントシアニン生成におよぼす影響は，二三の植物について調べられているが，やはり植物の種類により促進される場合と抑制される場合とがある。

促進される例は，ウキクサが 10^{-4} M のフッ化ナトリウムで (Edmondson, 1947)，また，リンゴの果皮がヨード酢酸，ヨードアセトアミド，マロン酸などで (Faust, 1965) それぞれ示されている。阻害される例は，ウキクサが 3×10^{-6} M の DNP で 50% (Thimann ら，1951)，オランダイチゴの葉が 7.5×10^{-5} M の DNP，2×10^{-2} M のフッ化ナトリウムで約 70% (Creasy, 1965) などがあげられる。

アデノシン三リン酸 (ATP)

Creasy ら (1965) は，オランダイチゴの葉のアントシアニン生成が ATP により促進されることをみている。図 3・43 では，明-条件においてのみ ATP は促進効果を示している。これについて同氏らは，光合成で生じた糖と ATP とがアントシアニンの生成を促進するのではないかと考えている。事実，暗-条件でもショ糖が存在すれば，アントシアニンの生成は ATP により促進される (表 3・30)。しかし，この促進作用がアントシアニン生成のどの段階で行なわれるのかは不明である。

酸性度

アントシアニン生成と酸性度との関係はあまり調べられていない。ここでは，

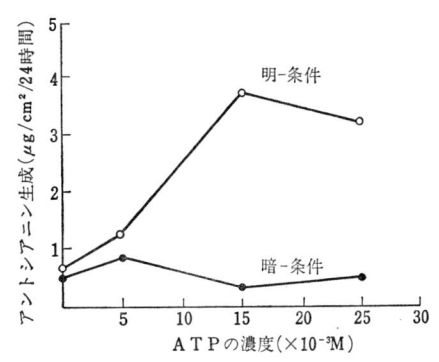

図 3・43 オランダイチゴの葉のアントシアニン生成におよぼす ATP の影響 (Creasy ら，1965)

表 3・30 オランダイチゴの葉の,暗条件におけるアントシアニン生成におよぼす ATP の影響(Creasy ら, 1965)

培 養 液 の 組 成	アントシアニン生成 [μg/cm^2]
ショ糖 0.05 M	0.98
ショ糖 0.05 M+ATP 0.01 M	2.5

次の二つのデータを紹介するが,材料植物によってかなりの相違がある。

一つは,Thimann ら (1949) のウキクサの実験で,培養液の pH が 4〜7 の範囲ではアントシアニンの生成はそれほど顕著ではないが,pH が 7 以上のときは色素生成は著しく盛んになる。他の一つは Straus(1959) のトウモロコシ種子の内乳によるもので,培養液の pH が 5 のとき最高のアントシアニン生成を示し,その前後の pH では色素生成は抑えられる。

色素の生成は酵素反応であるから,最適温度があるように最適 pH もあるはずである。したがって,前記の二つの実験結果に著しい相違があるのは,使用した植物の種類や培養条件などによりこの最適 pH に違いがあるためと考えることができよう。また Straus(1959) は,pH がアルカリ側であると色素生成に必要な微量元素,特に銅が不溶性になり,そのために色素生成が間接的に阻害されるのではないかと考えている。

いずれにしても,上に述べた二つの実験での pH は培養液のものであるので,これが果たして実際に生合成が行なわれる「場」の pH であるかどうかは疑問である。これについての詳細な検討は将来に期待したい。

参 考 文 献

Alston, R. E., Hagen, C. W., *Nature*, **175**, 990(1955)
Anderson, J. D., Hough, L., *Biochem. J.*, **77**, 564(1960)
Anderson, D. G., Porter, J. W., *Arch. Biochem. Biophys.*, **97**, 509(1962)
Arisumi, K., 九大農芸誌, **21**, 169(1964)
Arnold, A. W., Albert, L. S., *Plant Physiol.*, **39**, 307(1964)
Asen, S., Jansen L. L., Hilton, J. L., *Nature*, **198**, 185(1963)
Barber, G. A., *Biochemistry*, **1**, 463(1962)
Beytia, E., Valenzuela, P., Cori, O., *Arch. Biochem. Biophys.*, **129**, 346(1969)
Birch, A. J.(Zechmeister, L. ed.), "Progress in the Chemistry of Organic Natural Products, 14," p. 198, Springer-Verlag, Wien.(1957)

Blank, F., *Bot. Rev.*, **13**, 241 (1947)
Bonner, J., Sandoval, A., Tang, Y. W., Zechmeister, L., *Arch. Biochem.*, **10**, 113 (1946)
Bonner, J., Arreguin, B., *Arch. Biochem.*, **21**, 109 (1949)
Bonner, J. (Bonner, J. and Varner, J. E. ed.) "Plant Biochemistry" p. 665, Academic Press, New York (1965)
Bopp, M., Matthiss, B., *Z. Naturforsch.*, **17b**, 811 (1962)
Bottomlei, W., Smith, H., Galston, A. W., *Phytochemistry*, **5**, 117 (1966)
Braithwaite, G. D., Goodwin, T. W., *Biochem. J.*, **67**, 13 (1957); *ibid.*, **76**, 1, 5, 194 (1960)
Cardin, C. E., Yamaha, T., *Nature*, **182**, 1446 (1958)
Cavill G. W. K., Dean, F. M., McGookin, A., Marshall, B. M., Robertson, A., *J. Chem. Soc.*, **1954**, 4573.
Chaykin, S., Lodge, A., Philipps A., Tchen, T. T., Block, K., *Proc. Natl. Acad. Sci. U. S.*, **44**, 998 (1958)
Chichester, C. O., Wong, P. S., Mackinney, G., *Plant Physiol.*, **29**, 238 (1954)
Creasy, L. L., Swain, T., *Nature*, **207**, 150, 1311 (1965)
Creasy, L. L., Maxie, E. C., Chichester, C. O., *Phytochemistry*, **4**, 517 (1965)
Creasy, L. L., *Proc. Amer. Soc. Hort. Sci.*, **93**, 716 (1968)
Dowins, R. J., Siegelman, H. W., *Plant Physiol.*, **38**, 25 (1963)
Eberhardt, F., *Planta*, **53**, 334 (1959)
Eddy, B. P., Mapson, L. W., *Biochem. J.*, **49**. 694 (1951)
Edmondson, Y. H., Thimann, K. V., *Amer. J. Bot.*, **34**, 598 (1947)
Edmondson, Y. H., Thimann, K. V., *Arch. Biochem.*, **25**, 79 (1950)
Faust, M., *Proc. Amer. Soc. Hort. Sci.*, **87**, 1, 10 (1965)
Feenstra, W. J., Johnson, B. L., Ribereau-Gayon, P., Geissman, T. A., *Phytochemistry*, **2**, 273 (1963)
Francis, M. J. O., O'Connell, M., *Phytochemistry*, **8**, 1705 (1969)
Friend, J., Goodwin, T. W., *Biochem. J.*, **57**, 434 (1954)
Furuya, M., Ph. D. Thesis, Yale Univ. (1962)
Furuya, M., Thomas, R. G., *Plant Physiol.*, **39**, 634 (1964)
Furuya, M., Thimann, K. V., *Arch. Biochem. Biophys.*, **108**, 109 (1964)
Garton, G. A., Goodwin, T. W., Lijinsky, W., *Biochem. J.*, **48**, 154 (1951)
Geissman, T. A., *Arch. Biochem. Biophys.*, **60**, 21 (1956)
Goodwin, T. W. (Goodwin, T. W. ed.) "Chemistry and Biochemistry of Plant Pigments" p. 143, Academic Press, New York (1965)
Gowing, D. P., Lange, A. H., *Proc. Amer. Soc. Hort. Sci*, **80**, 645 (1962)
Grill, R., Vince, D., *Planta*, **63**, 1 (1964)
Grisebach, H., Bopp, M. *Z. Naturforsch.*, **14b**, 485 (1959)

Hagen, C. W., *Amer. J. Bot.,* **53**, 54(1966)
Halevy, A. H., Zieslin, N., *Floriculture Sympo. Inter. Soc. Hort. Sci.* p. 1(1968)
Harborne, J. B., *Phytochemistry,* **2**, 85(1963)
Harborne, J. B., "Comparative Biochemistry of the Flavonoids," p. 267, Academic Press, New York(1967)
Haxo, F., *Arch. Biochem.,* **20**, 400(1949)
Henning, U., Möslein, E. M., Lynen, F., *Arch. Biochem. Biophys.,* **83**, 259(1959)
Hess, D., *Planta,* **61**, 73(1964)
House, H. O., Reif, D. J., Wasson, R. L., *Amer. Chem. Soc.,* **79**, 2490(1957)
Ishikura, N., Hayashi, K., *Bot. Mag. Tokyo,* **78**, 481(1965)
Jonson, B. L., Barnhart, D., *Proc. Amer. Soc. Hort. Sci.,* **67**, 522(1956)
Jungalwala, F. B., Cama, H. R., *Biochem. J.,* **85**, 1(1962)
Klein, A. O., Hagen, C. W., *Plant Physiol.,* **36**, 1(1961)
Kosaka, H., *Bot. Mag. Tokyo,* **46**, 551(1932)
Lincoln, R. E., Porter, J. W., *Genetics,* **35**, 206(1950)
Marsh, C. A., *Biochim. Biophys. Acta,* **44**, 359(1960)
Mase, Y., Babourn, W. J., Quackenbush, F. W., *Arch. Biochem. Biophys.,* **68**, 150(1957)
Meier, H., Zenk, M. H., *Z. Pflanzenphysiol.,* **53**, 415(1965)
Miller, L. P., *Contr. Boyce Thompson Inst.,* **12**, 163(1941)
Mohr, H., *Biol. Rev.,* **39**, 87(1964)
Piringer, A. A., Heinze, P. H., *Plant Physiol.,* **29**, 467(1954)
Porter, J. W., Lincoln, R. E., *Arch. Biochem.,* **27**, 390(1950)
Porter, J. W., Anderson, D. G., *Arch. Biochem. Biophys.,* **97**, 520(1962)
Pridham, J. B., *Anal. Chem.,* **29**, 1167(1957)
Purcell. A. E., Thompson, G. A., Bonner, J., *J. Biol. Chem.,* **234**, 1081(1959)
Purcell, A. E., *Arch. Biochem. Biophys.,* **105**, 606(1964)
Rabourn, W. J., Quackenbush, F. W., *Arch. Biochem. Biophys.,* **44**, 159(1959)
Sayer, C. B., Robinson, W. B., Wishnetsky, T., *Proc. Amer. Soc. Hort. Sci.,* **61**, 381(1953)
Schleep, W., *Protoplasma,* **47**, 429(1956)
Schultz, G., *Z. Pflanzenphysiol.,* **61**, 41(1969)
Shimokoriyama, M., Hattori, S., *J. Amer. Chem. Soc.,* **75**, 2277(1953)
Shisa, M., Takano, T., *Jap. Soc. Hort. Sci.,* **33**, 140(1964)
Shneour, E. A., Zabin, I., *J. Biol. Chem.,* **234**, 770(1959)
Siegelman, H. W., Hendricks, S. B., *Plant Physiol.,* **32**, 393(1957); *ibid.,* **33**, 185, 409(1958)
Simmonds, N. W., *Nature,* **173**, 402(1954)
Stafford, H. A., *Plant Physiol.,* **40**. 130(1965)

Straus, J., *Plant Physiol.*, **34**, 536 (1959); *ibid.*, **35**, 645 (1960)
Tchen, T. T., *J. Biol. Chem.*, **233**, 1100 (1958)
Thimann, K. V., Edmondson, Y. H., *Arch. Biochem.*, **22**, 33 (1949)
Thimann, K. V., Edmondson. Y. H., Radner, B. S., *Arch. Biochem.*, **34**, 305 (1951)
Thimann, K. V., Radner, B. S., *Arch. Biochem. Biophys.*, **58**, 484 (1955); *ibid.*, **59**, 511 (1955); *ibid.*, **74**, 209 (1958); *ibid.*, **96**, 270 (1962)
Tomes, M. L., Quackenbush, F. W., Nelson, O. E., North, B., *Genetics*, **38**, 117 (1953)
Tomes, M. L., Quackenbush, F. W., McQuistan, M., *Genetics*, **39**, 810 (1954)
Tomes, M. L., Quackenbush, F. W., Kargl, T. E., *Bot. Gaz.*, **117**, 248 (1956)
Underhill, E. W., Watkins, J. E., Heish, A. C., *Can. J. Biochem. Physiol.*, **35**, 219 (1957)
Uota, M., *Proc. Amer. Soc. Hort. Sci.*, **59**, 231 (1952)
Valenzuela, P., Beytia, E., Cori, O., Yudelevich, A., *Arch. Biochem. Biophys.*, **113**, 536 (1966)
Varma, T. N. R., Chichester, C. O., *Arch. Biochem. Biophys.*, **96**, 265 (1962)
Vogel, A. C., *Plant Physiol.*, **12**, 929 (1937)
Went, F. W., LeRosen, A. L., Zechmeister, L., *Plant Physiol.*, **17**, 91 (1942)
White, A. B., "A Handbook of Plant Tissue Culture", p. 103, Ronald Press, New York (1943)
Wong, E., Mortimer, P. I., Geissman, T. A., *Phytochemistry*, **4**, 89 (1965)
Wong, E., *Chem. Ind.*, **1966**, 598.
Wong, E., Francis, C. M., *Phytochemistry*, **7**, 2139 (1968)
Yamaha, T., Cardini, C. E., *Arch. Biochem. Biophys.*, **86**, 127, 133 (1960)
Yamamoto, H. Y., Chichester, C. O., Nakayama, T. O. M., *Arch. Biochem. Biophys.*, **96**, 645 (1962); *ibid.*, **97**, 168 (1962)
Yokoyama, H., Nakayama, T. O. M., Chichester, C. O., *J. Biol. Chem.*, **237**, 681 (1962)
Zalokar, M., *Arch. Biochem. Biophys.*, **56**, 318 (1955)
Zechmeister, L., Sandoval, A., *J. Amer. Chem. Soc.*, **1946**, 68.
Zechmeister, L., Koe, B. K., *J. Amer. Chem. Soc.*, **1954**, 76.

4章　花色変異の機構

　花色はそこに含まれている色素が母体となっているが，色素の種類だけでは花色を完全に説明しつくすことはできない。色素の含量，種々の色素が含まれている場合にはそれらの相対量，細胞内での色素の物理的あるいは化学的状態，花弁の内部または表面の構造による物理的状態など，多くの要因が関係して千変万化の花色を現わしているのである。

　花色変異という言葉は，狭い意味にも広い意味にも使用されている。狭い意味で使用されているのは，アントシアニンを主色素とする花弁が紫色あるいは青色を示すという場合である。この問題は古くから多くの化学者や植物学者の注目を集め，多くの研究がなされており，幾つかの重要な学説が提出されている。詳しいことは後で述べるが，日本の研究陣もこの分野で大きな貢献をしている。

　本章で使用する意味はかなり広いもので，色素の種類，色素の差の大小などにはこだわっていない。したがって，大きな色系の差（たとえば赤色系と青色系など）だけではなく，ニュアンス（あるいはトーン）の差も花色の微細変異として取り扱うことにする。

　以下に，この花色変異の生ずる機構について，研究の大要を紹介しよう。

表 4・1 花色と色素構成(Harborne, 1965)

花　　色	色　素　構　成	植　物　例
クリームおよびゾウゲ色	フラボン，フラボノール	キンギョソウ，ダリア
黄色	(a) カロチノイドのみ	黄色のバラ
	(b) フラボノールのみ	サクラソウ類
	(c) アウロンのみ	キンギョソウ
	(d) カロチノイドとフラボノールまたはカルコン	ミヤコグサ，*Ulex europeaus*
橙色	(a) カロチノイドのみ	*Lilium regale*
	(b) ペラルゴニジン＋アウロン	キンギョソウ
スカーレット	(a) ペラルゴニジンのみ	ゼラニウム，サルビア
	(b) シアニジン＋カロチノイド	チューリップ
	(c) シアニジン＋フラボノイド	*Chasmanthe* および *Lapeyrousa*
褐色	シアニジン＋カロチノイド	ニオイアラセイトウ，バラ「Cafe」，プリムラ(ポリアンサ)
マゼンタまたは深紅色	シアニジンのみ	ツバキ，ベゴニア
桃色	ペオニジンのみ	ボタン，バラ(ルゴーサー系)
フジ色または紫色	デルフィニジンのみ	バーベナ，*Brunfelsia calycina*
青色	(a) シアニジン＋コピグメント	*Meconopsis betonicifoail*
	(b) シアニジンの金属錯体	ヤグルマギク
	(c) デルフィニジン＋コピグメント	*Plumbago capensis*
	(d) デルフィニジンの金属錯体	ヒエンソウ，ルピナス
	(e) デルフィニジンの高 pH 型	チュウカザクラ
黒色	デルフィニジンの高含量	チューリップ「Queen of the Night」，パンジー

4・1 花色と色素の種類

色素構成

　Harborne(1965)は，代表的な花色について，その色素構成を調べている(表4・1)。この表を参考にして花色と色素構成との関係をみると次のようになる。

　(a) クリーム色，ゾウゲ色，白色　これらの花色をもつ花は，ほとんど無色あるいは非常に薄い黄色のフラボンまたはフラボノールを含んでいる。これらの色素を含まない完全な白色の花——いわゆるアルビノ型——はまれにしか存在しない。われわれが一般にいっている白色の花色は，クリーム色かゾウゲ色で，非常に薄い黄色の花をさしている。同じく Harborne によれば，野生の白花色は，調査した植物の種の 86% がケンフェロールを含み，17% がクェル

セチンを含む．そのほか，ルテオリンやアピゲニンを含む植物も少数あるということである．これらの色素は紫外部に強い吸収を示すが，可視部にはほとんど吸収帯がない．

(b) 黄色　黄色花の色素構成は，カロチノイドだけの場合，フラボノイド

表 4·2　黄色花の色素構成 (Harborne, 1965)

植物	フラボノイド	カロチノイド
(1) フラボノイド＋カロチノイド型		
Ulex europeaus	2′,4′,4-トリヒドロキシカルコン	α-およびβ-カロチン
	3,7,4′-トリヒドロキシフラボン	ビオラキサンチン
	クェルセチンの7-および4′-グルコシド	タラキサンチン
ミヤコグサ	クェルセタゲチンのメチルエーテル	α-およびβ-カロチン
センジュギク(アフリカンマリーゴールド)	クェルセタゲチン	ルテイン
キンセンカ	イソラムネチン	β-およびγ-カロチン，リコピン
(2) フラボノイド＋カロチノイド(未同定)型		
キンケイギクの類	ブテイン，スルフレチン，マリチメチン，レプトシジン	未同定
キイロハナカタバミ	アウロイシジン	〃
ムギワラギク	ブラクテアチン	〃
Rosa foetida	クェルセチン-4′-グルコシド	〃
ワタの類	ゴシペチン	〃
キバナノレンリソウ	シリンゲチン(?)	〃
Coronilla glauca	クェルセタゲチン	〃
(3) フラボノイド型		
ツツジの類	クェルセタゲチン	──
キンギョソウ	アウロイシジン，ブラクテアチン	──
プリムラの類	クェルセタゲチン，6-ヒドロキシケンフェロール	痕跡
ナデシコの類	クェルセタゲチン	──
ダリア	2′,4′,4-トリヒドロキシカルコン，スルフレチン，ブテイン	──
コスモス	スルフレチン	──
(4) 無色のフラボノイド＋有色のカロチノイド型		
チューリップ(黄色)	ケンフェロール，クェルセチン	ビオラキサンチン
ユリ(黄色)	ケンフェロール，クェルセチン	ビオラキサンチン
クロッカス(黄色)	ケンフェロール	α-,β-およびγ-カロチン，リコピン

(主としてフラボノールまたはカルコン)だけの場合，カロチノイドとフラボノイドと両方の場合などがある。Harborne(1965)は，黄色花の色素構成をさらに詳しくまとめている(表4・2)。この表からわかるように，黄色がフラボノイドだけによる場合は少なく，フラボノイドとカロチノイドとの両方によることが多い。しかし，この場合カロチノイドのほうがフラボノイドよりも黄色の発現にあずかる程度が大きいものと考えられている。

　黄色花で重要な役割を果たしているフラボノイドはカルコン，アウロン，クェルセタゲチンなどである。カルコン，アウロンは色素自体もかなり濃厚な黄色を呈している。ダリアやキンギョソウなどの黄色花は，だいたいこれらの色素を母体としている。また，ハリエニシダ，キンケイギク，カタバミの類では，これらのフラボノイドはカロチノイドと共存して黄色発現にあずかっている。

　クェルセチンの6-位に水酸基をもつクェルセタゲチンは，すでに19世紀の後半にセンジュギク(アフリカンマリーゴールド)の花から発見されたが，その後花色発現上の重要な色素としてはあまり取りあげられなかった。それが最近多くの植物から発見されるようになり，黄色花の色素の一つとして登場してきた。たとえば，プリムラやツツジ，ナデシコの類，ミヤコグサなどの黄色花から発見されている。

　フラボノールがかなり濃厚な黄色を示すためには，化学構造上水酸基がメチル化されるか，あるいは特殊な配糖体型をとるかが必要であると考えられている。たとえば，キバナノレンリソウの花の主色素はミリセチンのメチルエーテルであり，クェルセチン-3′-メチルエーテルはキンセンカの花の黄色フラボノールである。また，クェルセチンの7-位と4′-位とがグルコシル化されている色素はハリエニシダや *Rosa foetida* などの花の黄色発現に主役を演じている。

　窒素原子を含む水溶性の黄色色素ベタキサンチンが最近多くの植物から発見され，花色の黄色発現に一役かっていることが明らかになった。これについての詳細は省略するが，たとえばシベリアヒナゲシ，*Meconopsis cambrica*，ケイトウなどの黄色花から発見されている。

　(c) 橙色，スカーレット，褐色　　これらの花色はカロチンだけによるもの，

アントシアニンだけによるもの，アントシアニンとアウロンその他の黄色フラボノイドとの組合せによるもの，アントシアニンとカロチノイドとの組合せによるものなどがある。

　カロチノイドだけで橙色を示す場合は，カロチノイドそれ自身の色によってその花色は代表されるわけであるが，アントシアニンと他の色素の共存することによって現われる橙色の場合には，アントシアニンの種類と共存する色素の種類とによってかなり複雑となる。たとえば，キンギョソウでは黄色のアウロンが深紅色のシアニジン系アントシアニンと共存すると橙赤色の花色となるが，橙色を示すペラルゴニジン系アントシアニンと共存すると橙黄色の花色となる。ペラルゴニジン系アントシアニンは単独で含まれていても橙色の花色となるが，シアニジン系のアントシアニンと水溶性黄色色素とが組み合わさっても橙色となる。

　アントシアニンが黄色のカロチノイドと共存する場合は，橙色よりはむしろ赤褐色になることが多いといわれている。Harborne(1965)はその例として，ニオイアラセイトウ，ある種のプリムラ，園芸バラの一種 Cafe などの花色をあげている。

　カロチノイドを主色素とする花では，一般にカロチンにより濃橙色を，キサントフィルにより黄色を示すといわれている(Goodwin, 1965)。しかし，必ずしもそうではなく，これらの色系の差はカロチノイドの構成，その総量，その中でどの種類の色素が主成分であるか，などで左右されるという意見もある(Valadon ら，1967；1968)。

　(d) 深紅色，桃色，紫色，青色，黒色など　　これらの花色は，ほとんどがアントシアニンだけに由来している。アントシアニンだけでこのように幅の広い花色の変異がみられるのは，アントシアニンの化学構造上水酸基の数などにより橙色や赤色から紫色系の色までが存在すること，同一種類のアントシアニンでもその含量の多少により桃色から赤色を経て黒色に変異する傾向にあること，結晶標品では赤色を呈するアントシアニンでも細胞内では青色を呈する場合があることなどによる。これらについての詳細は後で述べる。

(e) 開花の進行による花色の変化　花色は開花が進むにつれて多少変化をみせるのが普通であるが，中にはかなりの変化を示す場合がある。この原因には次の二つが考えられている。一つは，色素構成には変化がないが花弁の物理的，化学的条件が開花段階によって異なるために起こるもの，他は色素構成や含量がかなりの変化を起こすことによるものである。前者については後で述べることとして，ここでは後者の例を二三紹介しよう。

バラの栽培品種 Masquerade は蕾の時期は黄色であるが，開花し始めると桃色になり全開後は赤色となる。このような花色の変化は，開花の初期ではカロチノイドだけが生成され，開花がある程度進んでからアントシアニンが生成されるためである。この場合の開花進行によるアントシアニン含量の変化を表4・3に示す(Shisa ら，1964)。Arisumi(1964)によれば，この場合アントシアニン構成にも変化がみられる。たとえば，花色素がシアニン型のもので説明すると(図4・1a)，開花の初期ではシアニンだけであったのが満開ではシアニンとクリサンテミンとが混在するようになる。この場合のアントシアニン構成の変化

表 4・3　バラの園芸品種 Masquerade の花弁における開花進行によるアントシアニン含量の変化(Shisa ら，1964)

開花後の日数	3	5	7	10
アントシアニン含量(乾燥重量当りの%)	痕跡	0.108	0.175	1.458

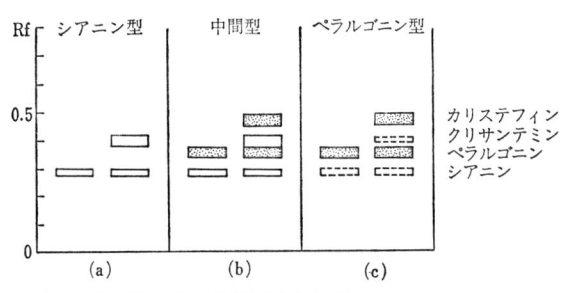

クロマトグラム*　(a)(b)(c)それぞれ
　　　　　　　　左側：開花初期のもの
　　　　　　　　右側：満開のもの
＊　展開溶媒：ブタノール4＋酢酸1＋水5
図 4・1　開花段階を異にするバラ花弁のアントシアニン構成(Arisumi, 1964)

はアントシアニジンの種類には関係なく，配糖体型にだけ変化がみられる。前にも述べたが，3,5-ジモノシド型──→3-モノシド型への変化には光が関係しており，開花が進むことにより内部の花弁に光が当たると3-モノシド型が出現するのではないかと考えられている。

スイフヨウは，花色が同じ日の朝と晩で異なるという特別の例である。この花は早朝に咲き始めるが，4時頃から9時頃までは黄白色，その後は徐々に赤味が加わり，夕方5時頃には完全に赤色となる(Blank, 1947)。この場合，黄白色の花ではクェルセチン配糖体，赤色の花ではシアニジン配糖体がそれぞれ主色素になっている。

アントシアニンの化学構造と花色

上に述べたことからわかるように，アントシアニンを主色素としている花色は橙色から始まって赤色，紫色，青色，黒色へと，その示す色系は広範囲にわたっている。これは，アントシアニンが化学構造上のわずかの相違や，同一化学構造のアントシアニンでも溶液の物理的，化学的条件の相違によって，その色調に変異を起こしやすいことによる。ここでは，アントシアニジンの化学構造と実際の花色との関係について，その大要を説明する。

(a) 水酸基の数と花色　アントシアニジンは一般にB環の水酸基の数が増すと，色調は青味を強める傾向にある(図4・2)。B環に水酸基を1個しかもたないペラルゴニジンは橙色系，水酸基2個をもつシアニジンは深紅色，3個もっているデルフィニジンは青色系の色調を呈している。

これら3種のアントシアニジンの結晶標品の色調は，後で述べるコピグメンテーションなどの影響がなければ，だいたい実際の花色を代表しているといえる。たとえば，Forsyth ら(1954)が Trinidad 島の植物について調査したところによれば，黄赤色の花色は主としてペラルゴニジン単独に由来し，赤色のものはシアニジン単独かシアニジンとペラルゴニジンの混合によっている。そして，赤色から青色に移るに従ってデルフィニジンの出現率が増加していく(表4・4)。Gascoigne ら(1948)がオーストラリヤの植物について調査した結果も同様で，青色花だけについていえば90％までがデルフィニジン型アントシアニ

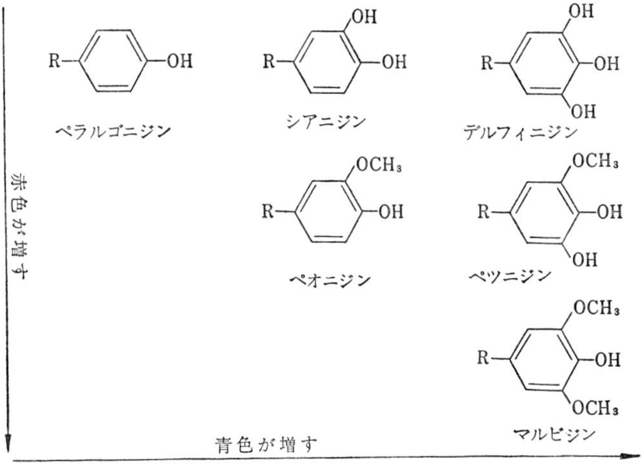

図 4·2 アントシアニジンB環における水酸基，メトキシル基の数と色調との関係 (Bonner, 1952)

表 4·4 Trinidad 島の植物におけるアントシアニジン型と花色との関係 (Forsyth ら, 1954)

花 色	含 有 し て い る 「種」 の 数									
	D_p		D_p+C_y		C_y		C_y+P_g		P_g		計
	N	C	N	C	N	C	N	C	N	C	N	C
黄赤色	0	0	0	0	3	3	0	3	5	1	8	7
赤 色	2	5	2	4	20	37	4	10	3	5	31	61
青赤色	6	15	1	7	7	12	0	1	0	0	14	35
赤青色	9	10	3	2	4	0	0	0	0	0	16	12
青 色	6	5	1	0	1	1	0	0	0	0	8	6

D_p: デルフィニジン; C_y: シアニジン; P_g: ペラルゴニジン
N: 野生種; C: 栽培種

ンに由来している。

表 4·5 は Harborne (1965) が代表的な園芸植物について，水酸基の数を異にするアントシアニジン型と花色との関係をまとめたものであるが，前に述べた野生植物の場合とまったく同様の傾向を示している。

(b) メチル化と花色　アントシアニジン骨格のB環の水酸基が1～2個メチル化されると，赤色効果 reddening effect が強められる (図 4·2)。具体的にどの程度の赤色効果であるかは，表 4·6 に示した代表的なアントシアニジンの

表 4・5　園芸植物のアントシアニジン型と花色との関係(Harborne, 1965)

植物	花色	調査品種数	出現頻度[%] P_g	C_y	D_p	共存するフラボノール類
スイートピー	桃色, ローズ色, サーモン	7	100	0	0	Km
	深紅色, カーミン	5	0	100	0	Km, Qu
	フジ色, 青色	9	0	0	100	Km, Qu, My
バーベナ	薄桃色	2	100	0	0	Km, Qu, Ap
	スカーレット-マゼンタ	1	95	5	0	
	桃色	1	80	20	0	
	スカーレット	2	85	10	5	
	エビ茶色	1	40	30	30	
	紫青色	2	0	15	85	My, Qu, Km, Lu, Ap
	赤紫色	2	0	10	90	
	白色	1	0	0	0	Lu, Ap
ストレプトカルプス	桃色	—	100	0	0	Ap, Km
	サーモン	—	80	20	0	Ap
	バラ色, マゼンタ	—	0	100	0	Ap, Lu
	フジ色, 青色	—	0	0	100	Ap, Lu
ヒヤシンス	深紅色「Scarlet O'Hara」	—	90	10	0	Ap, Km
	桃色「Pink Perfection」	—	60	40	0	
	フジ色「Lord Balfour」	—	20	80	0	
	フジ色「Mauve Queen」	—	0	100	0	
	青色「Delft Blue」	—	0	10	90	
	薄青色「Springtime」	—	0	0	100	
チュウカザクラ	橙色, サンゴ色	—	90	10	0	Km
	ネビ茶色, フジ色, 青色	—	0	0	100	Km, Qu, My
ルピナス	桃色, 赤色	3	40	60	0	Qu, Km, Lu, Ap
	赤紫色, フジ色, 青色	3	0	20	80	Lu, Ap
チューリップ	赤色, 橙色	48	46	48	6	Km, Qu
	桃色, 深紅色, 濃赤色	38	36	56	7	
	黒色, 赤紫色, 紫色	21	6	32	61	Km, Qu, My

Km: ケンフェロール; Qu: クェルセチン; My: ミリセチン; Lu: ルテオリン; Ap: アピゲニン(P_g, C_y, D_p: 表4・4参照)

吸収スペクトルから判断できよう．これをみると，B環の水酸基がメチル化されたことによるスペクトル移動よりは，B環以外の水酸基(5-位，7-位)のメチル化によるスペクトル移動のほうが大である．

しかし，メチル化によるアントシアニジン自体の赤色効果が実際の花色のうえに影響をおよぼすことはむしろ少なく，ほかの原因による変色——たとえば後で述べるコピグメンテーションなど——によって隠蔽されるのが普通である．

表 4・6 メチル化アントシアニジンの最大吸収波長(Harborne, 1965)

アントシアニジン	最大吸収波長[mμ] (塩酸性メタノール中)	スペクトル 移動 Δλ
デルフィニジン誘導体		
デルフィニジン	546	—
ペツニジン(3′-O-メチルエーテル)	546	0
マルビジン(3′-5′-ジ-O-メチルエーテル)	542	4
ヒルスチジン(7,3′,5′-トリ-O-メチルエーテル)	536	10
カペンシジン(5,3′,5′-トリ-O-メチルエーテル)	538	8
シアニジン誘導体		
シアニジン	535	—
ペオニジン(3′-O-メチルエーテル)	532	3
ロシニジン(7,3′-ジ-O-メチルエーテル)	524	11

たとえば，カペンシジンは5-位の水酸基がメチル化されたアントシアニンであるが，これを含む *Plumbago capensis*(ルリマツリ)の花色はむしろ空色を呈している。また，サクラソウ属でも，ヒルスチジン型のアントシアニンを含む花色とマルビジン型のアントシアニンを含む花色とは区別がつけにくいといわれている。

一方，メチル化による赤色効果が花色に現われている場合もある。たとえば，サクラソウでは，デルフィニジン型のアントシアニンだけを含む花は青色を示すが，それにペツニジン型やマルビジン型のアントシアニンが加わると桃色やエビ茶色の花色となる(表4・7)。また，アントシアニン構成がシアニジン-ペオニジン混合型のバラ(*Rosa rugosa* 系の品種)の花色は，シアニジン型のアントシアニンだけを含むものより赤のニュアンスが強い(Harborne, 1961)。

(c) 配糖体型と花色　　一般にアントシアニジンは，3-位の水酸基がグリコシル化されることにより約 15 mμ 短波長側へのスペクトル移動が起こる。し

表 4・7 チュウカザクラにおけるメチル化アントシアニジンと花色(Harborne, 1965)

品種	花色	アントシアニジン構成*[%]		
		D_p	P_t	M_v
Duchess Fern Leaf	青色	100	0	0
Reading Pink	桃色	37	51	13
Oak Tongue	エビ茶色	5	29	65

* D_p: デルフィニジン; P_t: ペツニジン; M_v: マルビジン

かし，自然界ではアントシアニジンは少なくとも3-位の水酸基がグリコシル化されているから，グリコシル化そのものは花色変異に関係しない。また，3-位に結合する糖の種類が異なっても，可視部のスペクトルにはほとんど差がみられないから，この位置の糖の種類の相違は花色の変異に関係がないといえよう。

3-グリコシド型のアントシアニンと3,5-ジグリコシド型のアントシアニンとはスペクトル上ほとんど差異がみられないが，後者の溶液はけい光を発する特徴がある。しかし，このことが花色にどのような影響を与えているかの詳しい調査はなされていない。糖がp-クマル酸やカフェー酸などでアシル化されるとこの螢光は弱められるが，このことが花色発現上どのような役割を果しているかも具体例に乏しく，サルビヤなどの鈍いスカーレットの花にはアシル化ペラルゴニジン-3,5-ジグルコシドを含むという記載があるにすぎない(Harborne, 1965)。

7-位に糖をもつアントシアニンは，まれではあるが天然に存在する。7-位がグリコシル化されることにより，可視部のスペクトルは短波長側へやや移動する。たとえば，ペラルゴニジンの場合3-グルコシドの最大吸収波長は $507\,m\mu$ であるが，3-ソホロシド-7-グルコシドのそれは $498\,m\mu$ である。このペラルゴニジンの3-ソホロシド-7-グルコシドを含むケシの花は，ペラルゴニジンまたはシアニジンの3-ソホロシドを含む花より橙黄色のニュアンスが強いといわれている。

4・2　色素の量的効果

色素含量の多少が花色変異の一因となる場合がある。これを色素の量的効果 quantitative effect という。アントシアニンを主色素とする花弁についてはかなり古くから研究されているが，その他の色素を含む花についてはあまりデータがない。アントシアニン花弁についていえば，色素含量が比較的低いときは花色は桃色系を示すが，高くなるに従って赤色系から黒色系へと変異するのが普通である。以下，これらに関する研究成果の概略を説明する。

桃色系と赤色系の花色変異

　Ahuja ら(1963)は，バラの桃色品種 Pink Coronet と赤色品種 Happiness (両種とも主色素はシアニン)を用いて，種々の開花段階でのシアニン含量を調べた。その結果ではシアニン含量は開花段階や花弁の位置(外部と中心部)などで異なるが，いずれにしても桃色品種のほうが赤色品種より色素含量が低く，赤色品種の約 1/10 となっている(表 4·8)。

表 4·8　バラの桃色系品種と赤色系品種の花弁のシアニン含量(Ahuja ら，1963)

品種および花弁の位置	シアニン含量(mg/生量)		
	未　開	半　開	全　開
桃色系品種(Pink Coronet)			
外　　側	1.41	1.19	0.73
中　　間	1.62	1.57	0.53
中　　心	2.20	1.85	0.37
赤色系品種(Happiness)			
外　　側	18.07	13.95	8.15
中　　間	18.30	15.59	8.04
中　　心	22.76	20.75	6.23

　Yasuda(1971)もバラを用いて桃色品種と赤色品種間の花色とシアニン含量との相関を調べているが，その結果からも Confidence などの淡桃色系の花色は赤色系花弁の色素含量が単に少なくなった場合と考えられる。しかし，Eden Rose などの濃桃色系(いわゆるローズピンク種)の花色は，赤色種の花弁からシアニンが少なくなった以外に青色系へのなんらかの作用も受けているのではないかと考えられる。

　そのほか，桃色系の花弁が赤色系のものよりアントシアニン含量が低い例としては，Stewart ら(1969)によるポインセチア(青～赤色系：10～23 $\mu g/cm^2$；桃色系：2～4.5 $\mu g/cm^2$)，Harborne ら(1961)によるサクラソウ(主色素ペラルゴニジン配糖体の含量は桃色系のものは赤色系の約 1/3)などがあげられる。

黒色系の花色

　黒色性を帯びた花色の発現も，アントシアニンの量的効果に起因する場合が多い。これは人間の色感覚が，非常に濃厚な赤色または紫色を黒と感じやすい

からであろう。

　紫色系の色素含量が多いために，紫色調を帯びた黒色を呈する例として，チューリップの Queen of the Night やパンジーの Jet Black などの花色があげられる(Harborne, 1965)。また，普通のヤグルマギクでは，シアニン含量が 0.05～0.7％(乾燥標品について)であるのに対して，暗紫色系のものでは 13～14％であるという測定例もある。

　Halevy ら(1968)はバラの栽培品種 Baccara の花弁のアントシアニンとタンニンの定量を行ない，表 4・9 の結果を得ている。これによれば，黒色を呈している花弁のアントシアニン含量は赤色を呈している花弁のものより高いだけでなく，タンニンの含量も多い。同氏らは，タンニン自体が花弁内では暗褐色を示すことから，タンニン含量が多いことは黒色性発現を補助するものと考えている。一方，Yasuda(1969)によれば，バラ花弁に含まれているタンニンはシアニンの色調を著しく濃厚にする効果があるから，タンニンの黒色性発現への役割はむしろこのアントシアニンの濃色化によると考えるべきではないだろうか。

表 4・9　バラ(Baccara)の赤色花弁および黒色花弁におけるアントシアニンとタンニンの含量(Halevy ら, 1968)

花　　弁	アントシアニン含量 [O. D.]		タンニン含量 [％]	pH
	シアニジン	ペラルゴニジン		
黒色花				
外側の花弁	640	580	4.6	5.8
内側の花弁	600	540	3.3	
赤色花				
外側の花弁	350	250	1.8	5.9
内側の花弁	240	230	1.0	

　Yasuda(1967)は，主色素としてシアニンだけを含むバラ花弁を選び，その反射曲線を検討した結果，バラ花弁の黒色性(いわゆる黒バラの花色)は必ずしもシアニンの高含量によるだけとはいえないことを指摘している。バラの赤色種 Happiness の花弁の反射曲線は図 4・3 のとおりで，シアニン量が多くなるに従って 580～700 mμ に現われる S-字曲線は長波長側に移動する傾向にある。しかし，この S-字曲線の移動の程度とシアニン含量との関係をみると赤

色種と黒色種の間には必ずしも連続的関係が成立しない(図4・4)。このことは，バラ花弁の黒色性の発現がアントシアニンの量的効果以外に，別の原因(これについては後で述べるが，花弁の表面形態の特殊性による物理的なものが考え

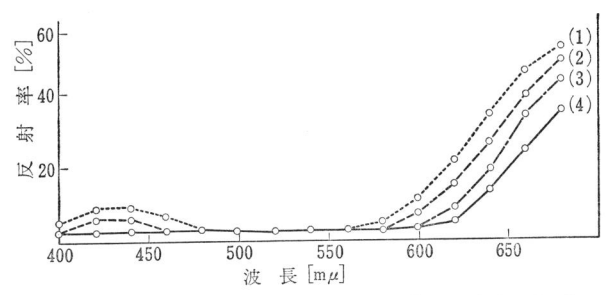

シアニン含量 (1)183.6, (2)225.0, (3)382.5, (4)427.8 $\mu g/cm^2$
図 4・3 種々のシアニン含量の赤色系バラ花弁(Happiness)の反射曲線(Yasuda, 1967)

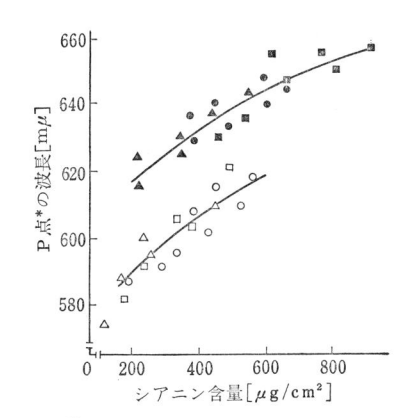

赤色種
- ○ Happiness
- □ Crimson Glory
- △ Karl Herbst

黒色種
- ● Charles Mallerin
- ■ Bonne Nuit
- ▲ Josephine Bruce

* P点：S-字曲線の変曲点における接線が横軸と交差する点

図 4・4 赤色系バラ花弁の反射曲線における S-字曲線の位置(P点の位置)とシアニン含量(Yasuda, 1969)

られる)も関係していることを示唆するものである。

4・3 pH と花色

　花弁の細胞液の pH が花色変異の一因となるとの考え方は，アントシアニン花弁の花色変異に関する学説のうちで最も古いもので，アントシアニン花弁が青色を呈するのは花弁の細胞液が中性またはアルカリ性であるとする Willstätter ら (1913) の有名な pH 説に始まる。Willstätter はアントシアニンの水溶液が酸性では赤色(オキソニウム塩)，中性付近では紫色(分子内塩)，アルカリ性では青色(アルカリ塩)を呈することから，花弁の細胞液でもその pH によりアントシアニンが種々の色調をとりうると考えた。

　これより数年経過した1919年，Shibata らは次の幾つかの点をあげてこの Willstätter の pH 説に反論した。すなわち

　(a)　細胞液は酸性であって，中性やアルカリ性は考えにくい。したがって，植物体内でアントシアニンが青色のアルカリ塩を形成することは考えられない。

　(b)　アントシアニンの水溶液にアルカリを加えて生ずる緑色あるいは青緑色は非常に不安定で，ただちに黄色か褐色に変わる。

　(c)　アントシアニンの水溶液に炭酸カルシウムを加えて生ずる分子内塩は薄い赤紫色を呈し，自然の花弁にみられるような美しい青色とはならない。しかも，この色はただちに脱色する。

　Shibata らはこのように pH 説を斥けて，新たに金属錯体説を提案したが，これについては後で述べるとして，ここでは pH と花色との関係についてのその後の考え方を紹介する。

　Shibata ら(1946，1949)は多種類の植物の花，果実，葉の搾汁の pH を測定した結果，色調のいかんにかかわらずすべてが pH 7 以下，すなわち酸性側であるとの事実をつかんだ(表 4・10)。このようにして得た植物組織の搾汁は必ずしも真の細胞液の pH を示すとはいえないであろう。しかし，青色の組織から得た搾汁が自然のままの青色とほとんど変わらない色調を示すことから，同氏らはアントシアニンによる青色は赤色と同様に酸性の細胞液中で発現してい

表 4・10 種々の色調を呈する花，果実，葉の搾汁の pH
(Shibata ら，1949)

花，果実または葉の色調	赤　　色	紫色〜青色	白色または黄色
使用した植物の数	127	53	20
pH	2.8〜6.2	4.2〜5.8	4.1〜6.2

ると判断し，Willstätter の pH 説が少なくとも青色への花色変異には適用できないことを強調している。

細胞内の pH はこのように花色にかかわらず常に酸性であることにはもはや疑う余地がないが，同じ酸性側でも pH にはわずかな変異があり，これが花色の変異になんらかの影響があると考えなければならない。たとえば，Scott-Moncrieff(1936)はサクラソウなどの赤色系の花の細胞液の pH はフジ色系のものより同じ酸性側でも pH が 0.5〜1.0 高いと報告している。Robinson(1939)も幾種類かの植物組織の pH を測定し，やはり酸性側で pH 1 以内の変異のあることを認めている。たとえば，アゲラタムでは蕾の時期では pH 6.0, 開花すると 5.8 となる。しかし，蕾のときの赤色は，開花して pH がわずか低くなるにもかかわらず，この場合はむしろ紫色になる。同氏はこのことについて，pH の直接の影響より他の原因，たとえばコピグメンテーションが大きく作用しているものと考察している。

Bayer ら(1958)も数百種におよぶ植物の花弁を用いて搾汁の pH を測定したが，やはりいずれも酸性側で pH 3.8〜5.8 の範囲にあるといっている。なお，同氏らの測定結果の中で興味あるもう一つのことは，フクシアの一品種で，赤色のがくと青色の花びらとでは搾汁の pH はほとんど変わりなく (4.7 と 4.5)，しかも両者とも同一アントシアニン(シアニジン配糖体)を含む。このことは青色花に関する pH 説を否定できるデータといえる。

Yasuda(1967)は，バラ花弁の pH を二つの異なる方法で測定した。すなわち，一つは花弁の搾汁の pH をガラス電極 pH メータで測定する方法，他は白色花弁の切片に種々の pH 指示薬を作用させる方法である。搾汁についての測定結果は，赤色花弁では半開のものは 4.3〜4.6, 全開のものは 4.8〜5.0 の範囲，また白色花弁では，半開全開ともに 5.4〜5.9 の範囲にある(表4・11)。このよう

表 4・11 バラ花弁の搾汁の pH (Yasuda, 1967)

品　種	花弁の搾汁の pH					
	半　開			全　開		
赤色品種						
Happiness	4.5	4.5	4.3	5.0	4.8	5.0
Karl Herbst	4.5	4.6	4.6	5.0	5.0	4.9
Radar	4.5	4.6	4.5	4.8	4.8	4.9
白色品種						
Virgo	5.5	5.5	5.8	5.4	5.5	5.8
Caledonia	5.5	5.9	5.7	5.7	5.6	5.7
White Swan	5.4	5.5	5.6	5.6	5.5	5.7

に酸性側で 1 以内の pH の変異があることは他の植物材料の搾汁の場合と同様である。ところが，pH 指示薬法によると色素層である上面表皮の細胞液の pH は搾汁の測定値よりもかなり低いものと考えられる。たとえば，表 4・12 のように，花弁の上下両面の表皮細胞では pH 2.8～3.4，中間の組織は 4.6～5.8 という結果になる。搾汁の pH はこれらが混合した値とみなさなければならない。

表 4・12 白バラ花弁の切片における pH 指示薬の呈色 (Yasuda, 1967)

組織 \ pH 指示薬　変色域	チモールブルー (T. B.) 1.4～3.0	ブロムクレゾールブルー (B. C. B.) 2.4～4.4	ブロムクレゾールグリーン (B. C. G.) 3.0～5.6	ブロムチモールブルー (B. T. B.) 6.2～7.8
上面表皮	橙黄色	黄緑色	黄　色	黄　色
中間組織	橙黄色	青　色	黄緑色	黄　色
下面表皮	橙黄色	黄緑色	黄　色	黄　色

　以上述べた幾つかの測定例から，花弁の細胞液の pH は花色に関係なく常に酸性側であることには間違いない。しかし，酸性側でも 1 以内のわずかな変異はある。しかし，花弁細胞液の実際の pH 値がどの位であるかはいまのところ正確にはわからない。

　このような花弁組織の細胞液の pH のわずかな変異が直接アントシアニンの色調に影響をおよぼし，その結果花色の細かい色調の差として現われる場合もあるが，他の要素に作用することにより花色変異に間接的に影響をおよぼしている場合もある。たとえば，Yazaki ら (1968) はフクシヤの紫色の花色はコピグメンテーションによるが，それには 4.6～6.0 の pH 範囲が必要で，開花が進

んで赤紫色になったものではpHが4.2に下がっていると述べている。

4・4 花弁の青色発現についての金属錯体説とメタロアントシアニンの単離結晶化

アントシアニン花弁が青色を呈することの説明として, ShibataらがWill-stätterのpH説を否定して新たに金属錯体説を提出したことは前に述べた。ここでは,この金属錯体説の概略と,その後この説を十分支持することができるものとして注目されている天然からの青色色素 metallo-anthocyanin の単離結晶化,化学分析などについて概略を説明する。

金属錯体説

Shibataらが1919年金属錯体説を提出するに至った経過はだいたい次のとおりである。フラボンあるいはフラボノールを亜鉛またはマグネシウムと無機酸で還元すると,それぞれに対応するアントシアニンが生成する。このことは当時すでにわかっていたが, Shibataらは無機酸のかわりに種々の有機酸を使用してこの還元反応を行ない,反応生成物を分析した。たとえば,フラボノールの一種ミリセチンを酢酸とマグネシウムで還元すると緑色の色素が得られる。この色素の元素の組成を分析すると $C_{18}H_{11}O_8Mg[Mg(C_2H_3O_2)_2]_n$ ―― $n=2$ または 4 ―― という結果が得られ,分子中に金属としてマグネシウムを含む複雑な化合物であることが知られた。2価の金属の酢酸塩は錯体を形成しやすいことから,同氏らはこの色素の構造が図4・5のようではないかと考えた。ここではマグネシウム原子はアントシアニジン骨格中オキソニウム型の酸素原子に配位結合するものと考えているが,後で述べるようにBayerら(1960)は金属原子は一般にB環の3'-と4'-位の水酸基に結合するものと考えた。Shibataらは同時にミリセチンのラムノシドからもまったく同様の還元反応により,4分子の酢酸マグネシウムが配位結合した深青色の色素を得ている。また,花弁,果皮,葉などの80%アルコール抽出液が,種々の金属塩により青色や紫色を呈することも同氏らにより実験されている。

以上の事実に基づいて同氏らは,アントシアニン花弁が青色を呈するのは,

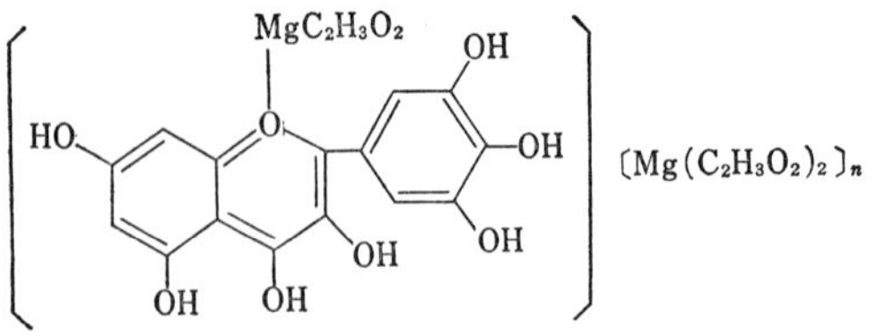

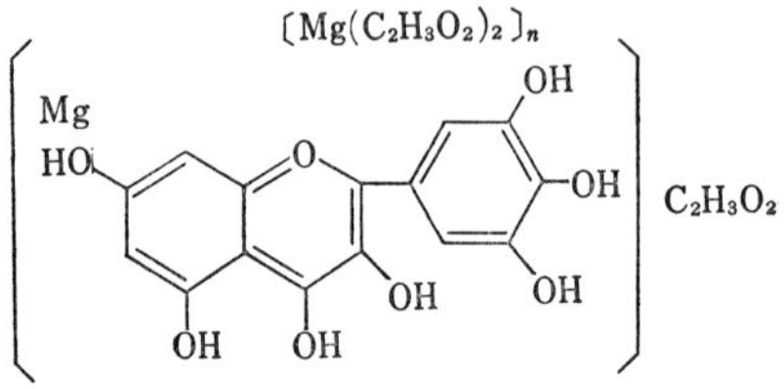

図 4・5 ミリセチンを酢酸とマグネシウムで還元して得られた緑色色素の推定化学構造(Shibata ら, 1919)

pH 説でいうアントシアニンのアルカリ塩に帰せられるものではなく，アントシアニンと金属元素との錯化合物の生成によって起こることを主張した。

そして，この配位結合にあずかる金属元素は，植物の細胞に普通に含まれているカルシウムかマグネシウムであろうと考えた。

その後この錯体説は，次の二つの方面から研究が進められ，多くの点で支持が与えられている。

(a) 天然からアントシアニンと金属元素とを含む青色色素を単離結晶化し，その化学構造を調べる。

(b) アントシアニンまたはアントシアニジンに種々の金属を作用させて人工的に錯化合物を製出し，その性質を調べる。

以下，この方面の最近の研究成果の大要を紹介しよう。

天然より単離結晶化した青色色素とその化学構造(その1)——プロトシアニン

Shibata らが金属錯体説を提出してから約 40 年経過した 1958 年，Bayer らが天然の花弁からアントシアニンと金属とを含む青色色素を抽出したことにより，この方面の議論に新局面がもたらされた。この青色色素はプロトシアニン protocyanin† といわれ，ヤグルマギク cornflower の青色花から抽出された。

Bayer らはこのプロトシアニンの性質を調べた結果，通常の方法では透析されない高分子で，約20％がシアニン・アルミニウム・鉄(III)の複合体で——1分子のシアニンに対して1当量のアルミニウムと鉄が結合しているものとみられる——，残り80％はおそらく多糖類で占められていると考えられた。

Bayer らが抽出したプロトシアニンの吸収曲線は，その後 Bayer ら(1960)により人工的に製出されたシアニンとアルミニウムまたは鉄との錯塩——たとえば，クロロージ〔シアニノ〕-鉄(III)——の吸収曲線と，その形状が非常に似ている(図 4・6)。このことは，プロトシアニン中の金属元素がシアニンと配位結合しているとの考えを支持する有力な資料といえよう。

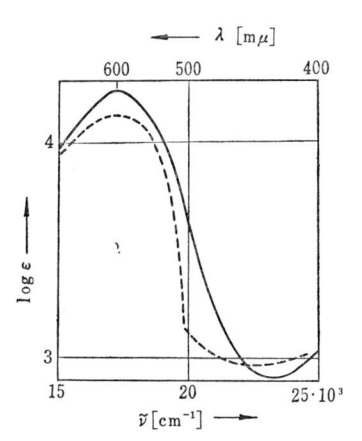

図 4・6 人工的に製出したシアニンと鉄との錯化合物，クロロージ〔シアニノ〕-鉄(III)の吸収曲線(——)と，天然のヤグルマギクの青色花から抽出したプロトシアニンの吸収曲線(---) (Bayer, 1960)

しかし，Bayer らが抽出したプロトシアニンは，同氏ら自身も指摘しているように，必ずしも化学構造を調べるのに必要な程度に純度が高いとはいえない。これを結晶状で取りだして精製し，化学成分を研究したのは Hayashi ら

---

† Bayer ら(1958)はアントシアニンを含む青色化合物を命名するにあたり，そのアントシアニンの名称の頭に「Proto」とつけることを提案している。ヤグルマギクから得た青色色素のアントシアニンはシアニンであるから，プロトシアニンと名づけられたわけである。

(1961)である。以下同氏らの研究の大要を紹介しよう。

(a) 抽出および結晶化　ヤグルマギクの新鮮な花弁をアセトンで脱水，粉末状にしたものを少量の冷水で抽出，得られた抽出液を大量の無水アルコールに注ぎ，振とう後放置すると青色色素が無結晶状に沈殿する。

この粗色素を冷水に溶かし，一度普通の沪紙を用いて沪過後，セルロース粉末を充填したカラムを通過させて不溶性の不純物を除く。得られた深青色の溶液に同容量の冷無水アルコールを加え冷蔵庫に一夜放置する。このとき生ずる灰色の沈殿物を沪別後さらにアルコールを加え，生ずる不純物を再び沪別し，最後にアルコールの濃度が70%になるように冷アルコールを加えると，青色色素が得られる。

この色素を再び50%の冷アルコールに溶かし，セルロースカラムで沪過後，沪液に無水アルコールを静かに加えて二層をつくらせると，層間に青色の結晶が生ずる。この結晶を，50%アルコールに溶解——無水アルコール添加の方法を数回繰り返して精製する。収量は生花弁の約0.03%程度である。

(b) 性質　このようにして精製されたプロトシアニンは針状あるいは板状の結晶で，光沢ある青色を呈する。300°以下では熔融しないが，210°で徐々に変色し，255°で黒色の塊となる。

水に可溶で水溶液は青色を呈し，この青色は0.1 M-クエン酸緩衝液中 pH 3.5～5.5 の範囲ではまったく安定である。また，この色素を透析してもセロハン膜を通過しない。

元素分析の結果は，炭素，水素，窒素の各元素のほかにかなりの量の灰分を含んでいる (表 4・13)。灰分中の金属元素は，スポット反応やペーパークロマトグラフィーによる定性によると，カリウム，マグネシウム，鉄が大部分で，カルシウム，アルミニウムはときどきごく微量検出されるにすぎない。色素を48時間，外液を蒸留水にして透析してもその青色は失われないが，透析後色素を回収して色素中に残っている金属元素を調べるとカルシウムが失われ，鉄とマグネシウムが残る。

有機物としてはシアニン，グルコース，ガラクトース，アラビノース，ある

表 4・13　プロトシアニンの元素分析結果(Hayashi ら，1961)

分析試料	水分	P₂O₅上，110°真空乾燥したもの			
		C	H	N	灰分(硫酸塩)
1959年結晶化したもの	7.74 7.75	44.64 44.77	4.41 4.61	1.48 1.53	15.12 14.48
1960年結晶化したもの	10.35 10.53	44.54	4.41	1.46	13.95 14.49

種のペプチド，フラボノイド様黄色物質が検出される。

(c)　各成分の定量　Hayashi らが行なったプロトシアニンの金属元素と有機成分の定量の結果を表 4・14 に示す。同氏らはこの結果に基づいて，プロトシアニンの分子組成に次の可能性を考えている。すなわち，この色素は分子量がおおよそ 20,000 の有機金属化合物で，8分子のシアニン，2原子のマグネシウム，1原子の鉄，24原子のカリウムで，そのほかにペプチド，炭水化物，フラボノイド様物質が結合したものである。

表 4・14　プロトシアニンの各成分の定量結果(Saito ら，1961)

成分	分子量または原子量	分子数または原子数	分子量を20,000としたときの理論値[%]	実験値[%]
K	39.1	24	4.69	4.51
Mg	24.3	2	0.24	0.29
Fe	55.9	1	0.28	0.31
Na	23.0	3	0.33	0.30
シアニジン(塩化物)	322.7	8	12.91	10.92
還元糖			45.00	41.20*
六炭糖(グルコースとガラクトース)	180	40	36.00	──⎫
五炭糖(アラビノース)	150	12	9.00	10.04⎭
フラボノイド様物質	(300?)	12	18.00	16.68
ペプチド(?)			12.17	5.83

*　グルコースとして計算。

プロトシアニンの化学構造（続）

以上述べた Hayashi らによるプロトシアニン分子の組成についての検討に引き続いて，Saito ら(1965)はその化学構造，特に分子中の金属元素が青色発現に果たす役割を明らかにするために，精製したプロトシアニンに透析，イオン交換樹脂またはキレート樹脂カラムの通過，キレート試薬との反応などの処

理を行なって色調の変化を観察した。研究結果の大略は次のとおりである。

(a) 透析処理　外液を水にしてかなり長時間(48時間)透析処理をほどこしたプロトシアニン(これをプロトシアニンAとする——図4・7参照)はその分子中にマグネシウムと鉄を残しているが，カリウムは消失している。有機物の含量は透析前後ではほとんど変化がみられない。また，透析前後で吸収スペクトルにも変化がみられない。すなわち，透析前後とも $570 \sim 575\,m\mu$ と $670 \sim 675\,m\mu$ とに吸収帯をもつ。このことから，Soitoらはカリウムはプロトシアニンの青色発現にあまり重要な役割を果たしてはいないものと考えている。

(b) イオン交換樹脂アンバーライト IRC-50(H型)による処理　プロトシアニンの水溶液を弱酸性イオン交換樹脂アンバーライト IRC-50(H型)のカラムに通じ，流出液にアルコールを加えると，青色の沈殿が得られる。この沈殿をプロトシアニンBとする(図4・7)。このものは，プロトシアニンに比べるとシアニンの量が半分になっている。他の有機物の量には変化はない。金属元素では，鉄とマグネシウムは残存しているがカリウムは消失している。最大吸収波長はプロトシアニンと同様 $565\,m\mu$ と $670\,m\mu$ である。

(c) キレート樹脂ダウエックス A-1(K型)による処理　プロトシアニンの水溶液をキレート樹脂ダウエックス A-1(K型)のカラムに通じ，流出液にアルコールを加えると青色無晶形の粉末が得られる。この青色粉末(プロトシアニンCとする)の成分は，シアニンが半量となりマグネシウムは完全に消失している。鉄とカリウムは残存している。最大吸収スペクトルは，$560\,m\mu$ と $660\,m\mu$ とに2箇所みられるが，プロトシアニンのものと比べるとやや短波長側に移動している。また，吸光度の著しい減少もみられる。

(d) ダウエックス A-1(H型)による処理　プロトシアニンをキレート樹脂 A-1(K型)のかわりにH型に通じ，回収した色素(プロトシアニンDとする)の成分を分析すると，シアニンはK型の場合と同様半量に減っているが，金属元素はカリウムとマグネシウムが消失している。最大吸収波長は，プロトシアニンの $670\,m\mu$ 付近のものが消失して $560\,m\mu$ に1個みられるだけとなる。

(e) アンバーライト IR-120(H型)による処理　プロトシアニンを強酸性

陽イオン交換樹脂アンバーライト IR–120 (H型) に通ずると，青色はまったく消失し，赤色の流出液が得られる。赤色の色素を回収し (プロトシアニンEとする)，その成分を調べると，シアニン量は 33.6% に減少し，カリウム，マグネシウム，鉄の金属元素全部，炭水化物および大部分のペプチドが消失している。吸収スペクトルを調べると，プロトシアニン特有の2個の吸収帯 (570〜575 mμ と 670〜675 mμ) は失われて，新たに 520 mμ に1個現われている。

(f) キレート試薬 8-ヒドロキシキノリン処理　プロトシアニンをキレート試薬 8-ヒドロキシキノリンで処理すると，マグネシウムと鉄が除かれる。処理後，生成物からの一つの画分としてアントシアニンを主成分とするものが得られるが (プロトシアニンOとする)，このアントシアニンはシアニンが重合したものではないかと推定される。

(g) プロトシアニンの化学構造　以上述べた幾つかの処理によるプロトシアニン分子中の各成分の変化をもとにして，Saito らは図 4·7 のような，プロトシアニンの構造模型を考えた。そして，鉄はプロトシアニンの青色発現に中心的な役割を果たしている金属元素で，マグネシウムは青の色調を深める作用があるのではないかといっている。

天然より単離結晶化した青色色素とその化学構造 (その2)——コンメリニン

Bayer らがヤグルマギクの青色花から青色色素プロトシアニンを抽出したのと同じ頃，Hayashi ら (1958) と Mitsui ら (1959) は野生のツユクサ *Commelina communis* L. var. *communis* およびその園芸品種オオボウシバナ *C. communis* L. var. *hortensis* Makino の青色花から青色の色素を単離結晶化することに成功し，これをコンメリニン commelinin と命名した。この色素の分子組成はアントシアニン，マグネシウムおよびある種の有機物からなることが明らかになった。したがって，プロトシアニンと相並んで花色変異における金属錯体説を強力に支持する資料として注目されている。以下コンメリニンについての研究成果の大要を紹介する。

(a) 抽出および結晶化　オオボウシバナの新鮮な花弁を圧搾して得た青色の搾汁に無水アルコールを加えて放置すると青色の物質が析出する。この粗粉

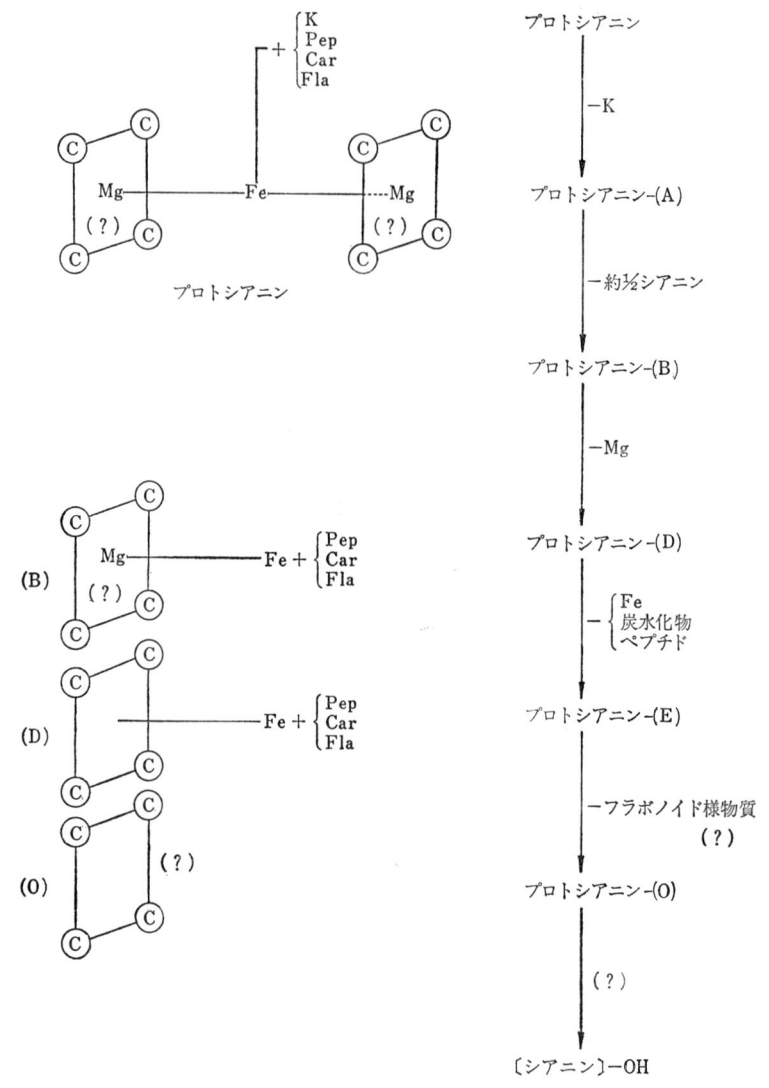

©: 〔シアニン〕-OH; Pep: ペプチド; Car: 炭水化物; Fla: フラボノイド様物質

図 4・7 プロトシアニンの構造模型とその分解過程 (Saito ら, 1965)

末を吸引沪過によって集め，冷水に溶かした後再び無水アルコールを加え氷室内に一夜放置する。アルコールの濃度が 50～70% 位のときは不純物だけが析出するからこれを除き，さらにアルコールを加えて濃度を 80% 以上にすると結晶性の青色粉末が得られる。これを精製するには，上記の操作を数回行なう。

(b) 性質　コンメリニンは青色稜柱状の板状または針状の結晶で，290° 以下では融解しないが，230° 付近ではわずかに収縮する。流水による透析や電気透析などを行なっても半透膜を通過しない。このことは，コンメリニンがプロトシアニンと同じく，かなりの高分子であることを暗示する。

コンメリニンの水溶液は中性で，濃青色を呈する。この青色は 1% 塩酸で 30 分間処理しても変化しないが，アルカリによってはただちに緑色となる。コンメリニン水溶液の吸収スペクトルは，643 mμ, 591 mμ, 317 mμ および 273 mμ に最大吸収を示す(図 4・8)。

(c) 有機成分と無機成分　コンメリニンを 20% 塩酸と煮沸し，反応液をエーテル層，イソアミルアルコール層および水層の三つの画分に分け，それぞ

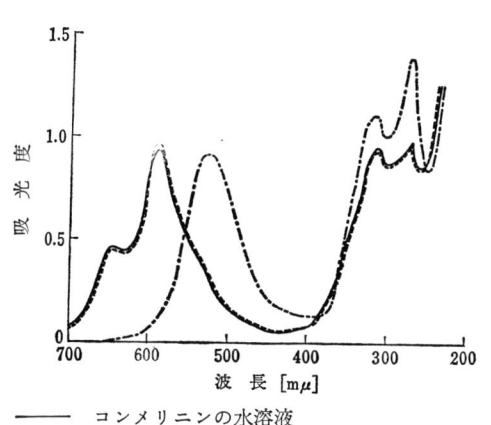

―――― コンメリニンの水溶液
　　　　λ_{max} = 643, 591, 316, 273 mμ
------ 1% 塩酸で処理したコンメリニン
　　　　λ_{max} = 643, 591, 317, 273 mμ
—・—・— コンメリニンの 2% 塩酸溶液(赤色を呈する)
　　　　λ_{max} = 528, 317, 274 mμ

図 4・8　コンメリニンの吸収スペクトル (Mitsui ら，1959)

れの画分の成分を分析すると,エーテル層からはp-クマル酸,アルコール層からはデルフィニジン,また水層からはグルコースが検出される。このことからコンメリニンのアントシアニン成分としてアオバニン(デルフィニジン-3,5-ジグルコシド+p-クマル酸)が考えられる。なおこのほかに,コンメリニンのペーパークロマトグラムから,フラボノイド様物質も構成成分の一つと思われる。

コンメリニンの灰分からは金属元素としてカリウム,マグネシウムおよび微量のナトリウムが検出される。プロトシアニンから検出された鉄とアルミニウムは,コンメリニンからは検出されない。ナトリウムは再結晶の操作中に混入したもので,コンメリニンの常成分ではないとみなされている。なぜならば,コンメリニンの精製途中の結晶区分からはナトリウムが検出されないことがあるからである。

コンメリニンの各成分の定量結果は,p-クマル酸 11.83%,デルフィニジン(塩化物として) 27.33%,グルコース 30.78%,マグネシウム 0.42%,カリウム 1.47%となっている。

(d) コンメリニンの化学構造に関する二三の資料と考察　Hayashi ら(1961)はコンメリニンに二三の化学的処理をほどこし,それによる分子組成や色調の変化などに基づいて,コンメリニンの青色と分子中の金属元素との関係を考察した。

たとえば,コンメリニンを 1% 塩酸で処理後,色素を回収して成分を定量すると,デルフィニジン,グルコース,マグネシウムの含量は処理以前と同一レベルにあるが,カリウムはまったく消失している。その他,結晶形,水溶液の色調も処理の前後では変化がみられない。吸収スペクトルは未処理のコンメリニンとまったく一致している(図 4・8)。このことから Hayashi らは,コンメリニンの青色は少なくともアントシアニンのアルカリ塩ではありえないと強調している。

また,コンメリニンの水溶液を強酸性陽イオン交換樹脂アンバーライト IR-120 のカラムに通じても,キレート試薬 EDTA(エチレンジアミンテトラアセテート)で処理しても,その青色は消失しない。しかも,これらの処理後の回

収色素からは依然としてマグネシウムが検出される。したがって，マグネシウム原子はコンメリニン分子中でかなり強い結合をしていると考えられる。

Saitoらは，Mitsuiら(1959)がコンメリニンの各成分の定量結果をそれぞれの分子量または原子量を加味してまとめたもの(表4・15)に，さらにイオン交換樹脂やキレート試薬処理の結果を加えて，コンメリニンの化学構造を次のように推定した。すなわち，4分子のアオバニンの中心に1原子のマグネシウムが配位結合し，さらに，これにフラボノイド様物質が弱く結合している。そして，アオバニンとマグネシウムとの配位結合が青色発現の中枢部となり，フラボノイド様物質はこの青色の安定性に貢献していると考えられた。また，アオバニン骨格の水酸基のいずれかはカリウムと塩を形成しているものと推定されている。

表 4・15　コンメリニンの分子組成(Mitsui ら，1959)

成　　　　分	分子量または原子量	成 分 比	分子量を 4,900 としたときの成分比の計算値 [%]	実験値 [%]
Mg	24.3	1	0.49	0.42
K	39.1	2	1.59	1.47
Na	23.0	1	0.47	0.29
デルフィニジン(塩酸塩)	339	4	27.67	27.33
グルコース	180	10	36.73	30.78
p-クマル酸	164	4	13.39	11.83
未知物質	(300+18?)	(4?)	(25.95?)	—

Takedaら(1966)の研究によれば，コンメリニン分子中のフラボノイド様物質は 6-C-グルコピラノシルゲンカニン-4′-O-グルコシドであることがつきとめられた。これは新物質であるので同氏らによりフラボコンメリン flavocommelin(アグリコンはスウェルチシン swerticin)と命名された。

天然より単離結晶化した青色色素とその化学構造(その3)――シアノセントーリン

Asen(1967)は，ヤグルマギクの花弁から青色色素を結晶状で取りだし，その分子構成を調べたところ，BayerらとHayashiらが検討したプロトシアニンとは別の物質であることがわかった。同氏らはこの色素をシアノセントーリン cyanocentaurin として取り扱っている。この色素もアントシアニンと金属元

素が中心となった構造をもっている。以下，Asen らの研究の大要を述べる。

　抽出，結晶化の操作はコンメリニンの場合とだいたい同じで，得られた青色結晶の水溶液は中性で，深青色を呈する。スペクトルは 570〜600 mμ に幅広い吸収帯があり，最大吸収波長は 573 mμ である(図 4・9 (A))。この色素を希塩酸で処理すると 510 mμ に最大吸収をもつアントシアニンと，319 mμ に最大吸収をもつある種の物質とに分解する(図 4・9 (B))。このアントシアニンは，ペーパークロマトグラフィーによればシアニジン-3,5-ジグルコシドであることが知られている。

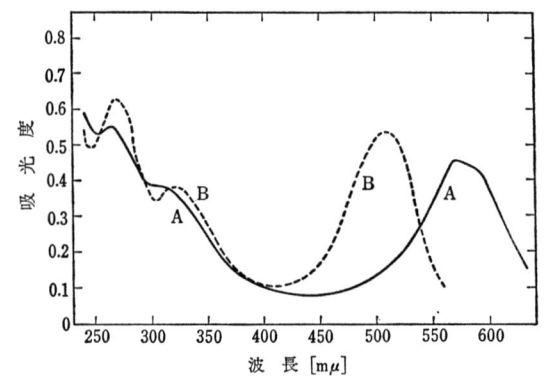

図 4・9　シアノセントーリンの水溶液(A)と希塩酸酸性溶液(B)の吸収曲線(Asen, 1967)

　最大吸収波長が 319 mμ の物質はクロマトグラム上では単一の物質のようにみえるが，n-塩酸とさらに加熱すると 2 種類のアグリコンとグルコースとに加水分解される。アグリコンの一つはゲンカニン(7-O-メチルアピゲニン)と同定されたが，他の一つはまだわかっていない。X線けい光分析の結果からは，鉄が検出されるが，他の金属元素の存在は確認されない。このことから，シアノセントーリンは鉄，シアニジン-3,5-ジグルコシドおよびある種のビスフラボン配糖体の複合体ではないかと考えられている。

　シアノセントーリンを n-塩酸で 2 時間加水分解し，分解液のスペクトルを測定すると図 4・10 (A) が得られる。これは，2 mol のシアニジンと 3 mol のゲ

ンカニンとを人工的に混合し同様に処理して得られた溶液のスペクトル(図 4・10(B))とだいたい一致する。このとき，吸収帯の位置はよく一致するが，吸光度は多少異なっている。これについて Asen は，加水分解中にシアニンが 10～20% 程度分解するためではないかと述べている。

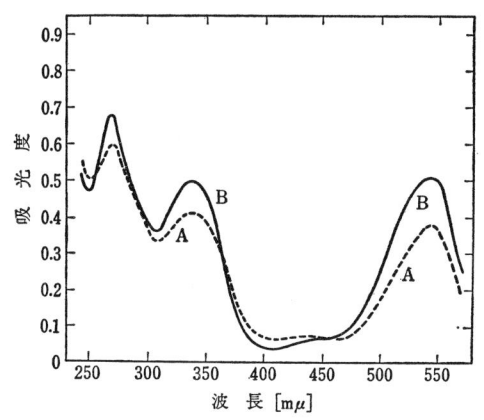

図 4・10 シアノセントーリンの加水分解液のスペクトル(A)と，シアニジン 2 mol＋ゲンカニン 3 mol 溶液のスペクトル(B) (Asen, 1967)

以上の結果から Asen は，シアノセントーリン中のシアニジンとフラボンとの分子比を 2:3 と判定した。ただしこの場合，2 種類のフラボンで 1 分子のビスフラボンを形成するから，シアニジン：ビスフラボンの分子比は 4:3 とならなければならない。Asen は鉄の定量を行なっていないが，シアノセントーリンの分子構成として 1 原子の鉄に 4 分子のシアニジン-3,5-ジグルコシド，3 分子のビスフラボングルコシドからなっていると推定した。

人工的に製出したアントシアニンまたはアントシアニジンの金属錯体とその性質

アントシアニンと金属元素とが中心となって青色を示す色素が自然界より単離され，その化学構造が検討されているのと並行して，人工的にアントシアニンまたはアントシアニジンの金属錯体を製出し，その化学構造や性質を調べることも行なわれている。ここではこれに関する Bayer ら(1959, 1960) と Jurd

ら(1966)の研究を紹介する。

(a) Bayer らの研究　Bayer ら(1958)はシアニンまたはシアニジンを酢酸緩衝液に溶かし，それにアルミニウム，鉄を加えて人工的に錯体を形成させその性質を調べた。種々のシアニン(またはシアニジン)：金属の混合比の溶液について $590\,m\mu$(プロトシアニンの最大吸収波長)で吸光度を測定したものが図 4・11 である。それによると，金属の割合が高くなるにつれて吸光度は増大するが，色素：金属の比が 0.25 付近と 0.5～1.0 付近ではこの増大の効果が現われていない。このことについて Bayer らは，1分子～3分子のシアニン(またはシアニジン)に対して1原子のアルミニウムあるいは鉄が錯体を形成するとみている。

(a) シアニン，(b) シアニジン
―――― 硫酸鉄(III)
----- 硫酸アルミニウム

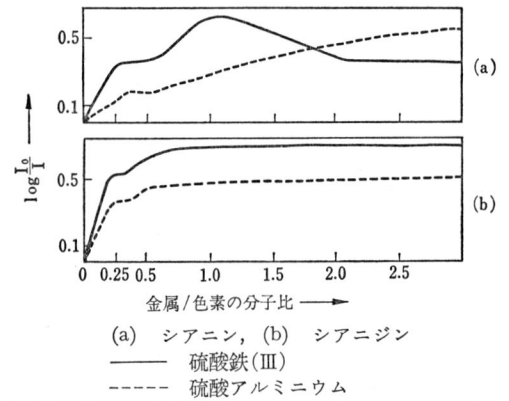

図 4・11　種々の 金属/アントシアニン(アントシアニジン)比における溶液の吸光度($590\,m\mu$) (Bayer ら, 1958)

このほか，同様の方法でウラン，ニッケル，コバルト，カルシウム，バリウム，マグネシウムなどの金属とシアニンとの錯化合物の形成についても調べられているが，2価の金属の場合は金属：シアニンの比が 1:1 と 1:2 の場合に錯体が形成されるものと Bayer らは考察している。

このようにして人工的に得たアントシアニンと金属との錯体のうち，実際の花弁の生理的 pH の範囲(4～6)で安定なのは，Bayer らによればアルミニウム，鉄およびウランとの錯体で，カルシウムその他の金属との錯体はこれよりも高

(a) シアニジン：金属＝3：1の場合

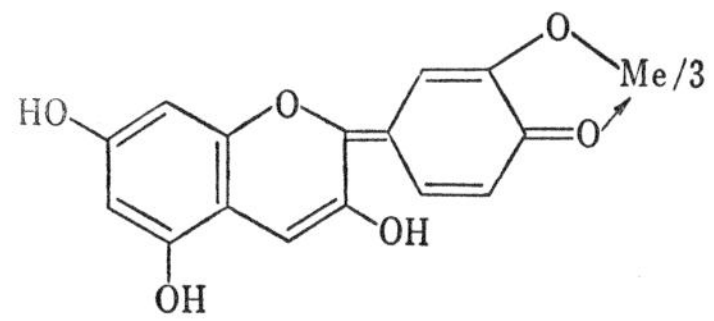

Me=Fe　トリ〔シアニジノ〕鉄(Ⅲ)
Me=Al　トリ〔シアニジノ〕アルミニウム

(b) シアニジン：金属＝2：1の場合

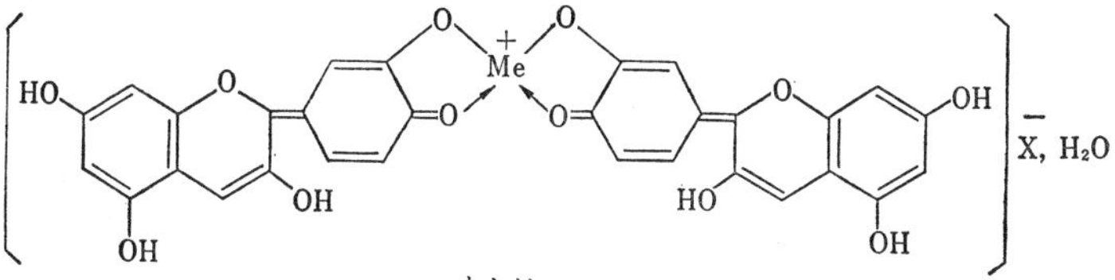

X, H_2O

または

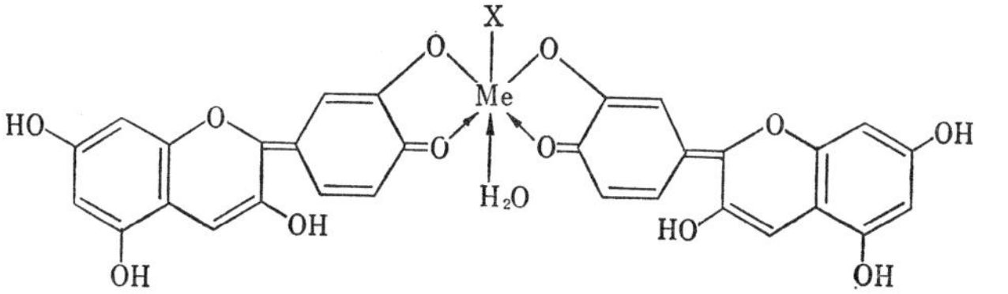

X=OH, Me=Fe　ヒドロキソ・ジ〔シアニジノ〕鉄(Ⅲ)

(c) シアニン：金属＝2：1の場合

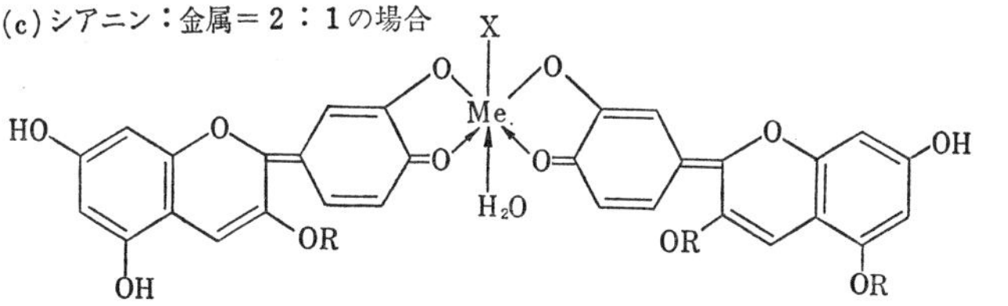

X=Cl , Me=Fe　クロロ・ジ〔シアニノ〕鉄(Ⅲ)
X=OH, Me=Al　ヒドロキソ・ジ〔シアニノ〕アルミニウム
R=$C_6H_5O_{11}$

図 4·12　シアニンまたはシアニジンと金属との錯体の化学構造(Bayer ら, 1960)

い pH 範囲でしか安定でない。このことから同氏らは，自然界でアントシアニンと錯体を形成する可能性の高い金属は，カルシウムやマグネシウムよりもむしろアルミニウムや鉄ではないかといっている。

その後 Bayer ら(1960)は，シアニンあるいはシアニジンと鉄またはアルミニウムなどとの錯体を取りだして，分子組成を分析した結果から，それぞれの金属錯体に対して図 4・12 の構造式を与えた。

また，4′-位に1個の水酸基しかもたないペラルゴニジンにこれらの金属を作用させても金属錯塩は単離できないことから，同氏らはアントシアニンと金属との錯体形成には B 環の 3′-位と 4′-位，すなわちオルトの位置に2個の水酸基の存在が必要であると考えた。

(b) Jurd らの研究　Jurd ら(1966)は，シアニジン-3-グルコシドにアルミニウムや鉄を作用させて錯体を形成させ，その安定性を調べた。その結果，このアントシアニンは上記の金属(鉄は2価でも3価でもよい)と pH 5.5 以上で安定な錯体を形成することが認められた。たとえば，種々の pH におけるアントシアニン＋アルミニウムのスペクトルは図 4・13 のとおりである。

錯体の最大吸収波長は，鉄との場合は $560\,m\mu$ と $600\,m\mu$，アルミニウムと

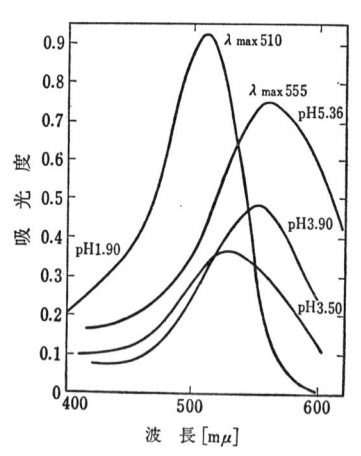

図 4・13　種々の pH における，シアニジン-3-グルコシド＋AlCl$_3$ のスペクトル(Jurd ら，1966)

の場合は 555 mμ である。これらの錯体形成は酢酸緩衝液中では起こるが，クエン酸緩衝溶液中では起こらない。また，錯体形成が安定するには約1時間が必要である。たとえば，アルミニウムとの錯体形成では，最初の1時間に 555 mμ での吸光度が急速に減少するが(最初の約70%)，その後はだいたい安定し，220 時間後には 555 mμ での吸光度が最初の 60% となる。

4·5 コピグメンテーション

コピグメンテーションとは，アントシアニンがアントキサンチン(フラボンとフラボノール)あるいはタンニンなどの物質により青色効果 bluing effect を起こす現象で，青色花が生じる原因の一つに数えられている。

アントシアニンの酸性溶液にタンニンなどを加えると，アントシアニン本来の赤色が変化して青色調が加わることはすでに Willstätter ら(1917)により見出されていた。これをコピグメンテーション co-pigmentation として花色変異の一つの学説として提出したのは Robinson ら(1931)である。同氏らは次の事実から花色の変異機構を考察した。すなわち，フクシアの花の紫色の内弁の酸性抽出液は青味を帯びた赤色であるが，これにアミルアルコールを加えて振とうすると下層の水性画分は青味がうすれてより赤色になる。上層のアルコール画分に移行した物質を取りだして下層の水性画分に加えると，青味は再び回復する。また，*Pelargonium peltatum* のバラ色の花弁はペラルゴニンを主色素とするが，この花弁の酸性抽出液は室温では青味がかった赤色を呈している。ところが，この抽出液を加熱するとペラルゴニン特有の緋色が現われ，冷却すると再び青味が加わる。

Robinson らはこの説明として，これらの花弁抽出液にはコピグメント co-pigment(助色素)とよばれるある物質が含まれていて，アントシアニンと一種の複合体を形成し，この複合体――アントシアニン-コピグメント複合体――の色調は青色系で，アントシアニン本来の色調とは異なっているとした。この複合体は，加熱されたり，アルコール類と接触したりすると，解離して赤色系のアントシアニンが遊離する(次式)。

アントシアニン＋コピグメント ⇌ アントシアニン-コピグメント複合体(青色調が強い)
(赤色系) (ほとんど無色)　冷時／熱時またはアルコール類との接触

Robinsonらは，強いコピグメンテーション作用のある物質としてエスクリン，没食子酸エチル，タンニン，2-ヒドロキサンチンなどをあげている。

その後，Lawrence(1932)も花色変異の説明にコピグメンテーション説を用いた。同氏は，ダリアなどの花でフラボン類がアントシアニンの色調を青色に変える作用のあることを見出している。さらにその後，多くの人が花色における青色発現をコピグメンテーションで説明している。

次に，代表的な研究例をあげる。

(a) ライラックの花のフジ色　ライラックの花では，コピグメントの量はどの花色でも一定であるが，アントシアニンの量には高低がある。フジ色の花では，赤色の花よりアントシアニン含量が低い。したがって，フジ色の花では含まれているアントシアニンのほとんど全部がコピグメンテーション効果を受けている(Robinson, 1932)。

(b) アゲラタムにおける開花進行による花色の変化　ある種のアゲラタムでは，蕾の時期は赤色であるが開花が進むにつれて紫の色調が加わる。Robinsonら(1939)の実験によれば，この場合，pHの変化はほとんどないが(蕾：6.0；全開：5.8)，フラボン(コピグメント)：アントシアニンの量的比率は，蕾のほうが低い。

(c) バラ花弁の紫色および青色(フジ色)　ランブラー系のバラでも(b)の例と同様，蕾は赤色であるが，開花とともに薄い紫色になるものがある。この場合もRobinsonら(1939)の測定によれば，pHとフラボンの量にはほとんど変化がないが，アントシアニン含量は蕾：花＝29.6：22.9で，蕾のほうがやや高くなっている。

栽培バラの中に「青バラ」といわれている1品種群がある。この花色は，けっして青色ではなく，不完全なフジ色か赤紫色である。この色調は，シアニジン-3,5-ジグルコシドが大量のガロタンニンによりコピグメンテーション効果

表 4·16 青色系バラ花弁の酸性抽出液のスペクトル移動 (Harborne, 1961)

品　　　種	花　色	可視部の最大吸収波長*[mμ]	アントシアニジン型
Belle Poitevine	赤　色	507	シアニジン
Reine des Violettes	紫　色	509	〃
McGredy 56/944	紫青色	510	〃
McGredy 55/1965	フジ色	512	〃

* 1％塩酸中。

を受けたために生じる (Harborne, 1961)。同氏の測定によれば，青色系バラの花弁抽出液の最大吸収波長は赤色系花弁の抽出液のそれよりもやや長波長側にずれている (表 4·16)。

(d) チュウカザクラの花のフジ色　チュウカザクラの花におけるフジ色の発現は，主アントシアニンであるマルビジン-3-グルコシドのコピグメンテーション効果によると考えられている。このことは，初めは Scott-Moncrieff (1936) により指摘されたが，その後 Harborne ら (1961) により詳しく検討されている。同氏らによれば，フジ色の花はエビ茶色の花に比べてフラボノール配糖体/アントシアニンの比率が 3～5 倍高いことをみている。このとき，エビ茶色系の花弁の 0.3 N-塩酸性抽出液の最大吸収波長は 516 mμ であるが，フジ色系の花弁の同抽出液では 520～521 mμ で，4～5 mμ のスペクトル移動が観察される (表 5·3 参照)。また，マルビジン-3-グルコシドの酸性水溶液に純粋のケンフェロール配糖体 (この花の一色素成分) を加えると，上と同程度のスペクトル移動が起こる。これらのことから Harborne らは，チュウカザクラのフジ色の花色がマルビジン型配糖体のコピグメンテーション効果によるという可能性を示している。

(e) スイートピーの花弁の青色　スイートピーの青色花はデルフィニジン，ペツニジン，マルビジンの 3-ラムノシド-5-グルコシドが，ケンフェロール，クェルセチンの配糖体によってコピグメンテーション効果を受けることによる (Harborne, 1963)。この青色花を咲かせる種類は，フラボノールを含まない赤色種 *Lathyrus clymenum* とフラボノールを含む淡黄色種 *L. ochrus* との交配

によって生じる(Pecket ら, 1962)。また, 同氏らの実験によれば, スイートピーの花の翼弁と旗弁の色調の差がコピグメントの含量の差によって起こる場合がある。たとえば, L. articulatus の旗弁は赤色であるがこの抽出液からはアントシアニンだけが検出されフラボノールは検出されない。これに対して, L. clymenum の青色の翼弁からはアントシアニンのほかにフラボノールも検出された(表 4·17)。

表 4·17 スイートピーの花色と色素構成(Pecket ら, 1962)

種	花 色 S=旗弁, W=翼弁	アントシアニジン			フラボノール	
		D	P	M	Q	K
Lathyrus articulatus	S 赤 色	+*	+	+	−	−
	W 白 色	−	−	−	+	+
L. clymenum	S 赤 色	+	+	+*	−	−
	W 青 色	−	−	+	+	+
L. ochrus	S 淡黄色	−	−	−	+	+
	W 淡黄色	−	−	−	+	+
L. articulatus ×	S 赤 色	+*	+	+	−	−
L. clymenum	W 青 色	−	−	+	+	+
L. articulatus × L. ochrus	S フジ色	+	+	+*	+	+
	W 淡黄色	−	−	−	+	+
L. clymenum × L. ochrus	S フジ色	+	+	+*	+	+
	W 青 色	−	−	+	+	+

D: デルフィニジン; P: ペツニジン; M: マルビジン; Q: ケルセチン; K: ケンフェロール; +: 出現; +*: 主成分を示す。

(f) アイリスの花の紫色, 青色 アイリスの紫色, 青色などの花色は, Bate-Smith(1963)によれば, デルフィニジン配糖体がマンギフェリン mangiferin(2-グルコシル-1,3,6,7-テトラヒドロキシキサントン)のコピグメンテーション作用によると考えられる。マンギフェリンは, 天然に存在するコピグメントとしては珍しい例である。

(g) その他

マンギフェリン(Gl: グルコース)

(1) ルリマツリの空色の花色はカペンシニジン(5-位の水酸基がメチル化されたアントシアニン)がアザレイン(5-O-メチルクェルセチン-3-ラムノシド)の強いコピグメンテーション作用を受けることによる(Harborne, 1962)。

(2) アジサイの花の青色は，後で述べるようにデルフィニジン配糖体とアルミニウムとの複合体形成によると考えられるが，ケンフェロール配糖体とのコピグメンテーションによる場合もある(Asen ら, 1957)。

(3) フクシア花弁の紫色発現は，マルビンがクェルセチン配糖体によって青色効果を受けることに起因する(Yazaki ら, 1968)。

(4) パンジーの花弁における青色は，ビオラニンがルチンの青色効果を受けることによる(Takeda ら, 1968)。

Jurd ら(1966)は，試験管内でアントシアニンに対するコピグメンテーション作用を調べ，コピグメンテーション効果が現われるためには金属元素が必要であるとの可能性を示している。同氏らはまず，シアニジン-3-グルコシドに，コピグメントとしてクェルシトリン，クロロゲン酸，没食子酸メチルなどを作用させ(pH 3, 酢酸緩衝液)，スペクトルの変化を調べた。この条件では特にコピグメントの作用は起こらないので，スペクトルは個々の成分の吸収の和として現われているにすぎない(図 4・14)。次に同氏らは，さらにアルミニウムなどの金属を加えたときのスペクトル変化を調べた。その結果は図 4・15 のように，クェルセチン＋アントシアニン＋アルミニウムではアントシアニン＋アルミニウムの場合より最大吸収が約 45% 増加し，そのうえ最大吸収波長は $550\ m\mu$ から $580\ m\mu$ に移動している。このことから，フラボノール配糖体がコピグメントとしての作用を発揮するには，金属イオンが必要であるとの可能性がうかがわれる。同様なことは Harborne(1961) も指摘している。

前に述べたように，天然から単離結晶化された青色色素プロトシアニン，コンメリニンなどは，アントシアニンと金属元素のほかにある種のフラボノイドをも含まれている。したがって，これらの安定な金属錯化合物と，ここで述べた Jurd らのコピグメンテーションによるアントシアニンの青色化との間には明瞭な区別をしにくいことになる。実際に，Hayashi(1962)が指摘したように，

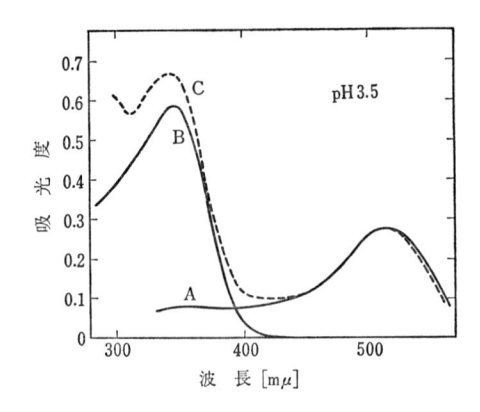

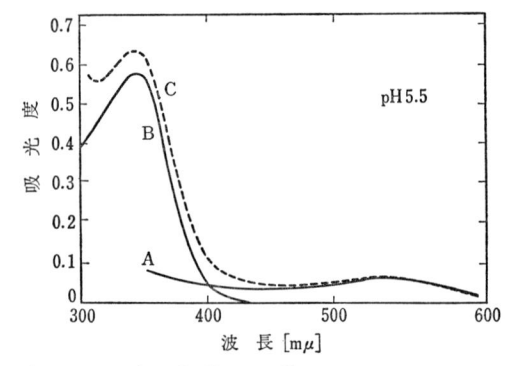

A: シアニジン-3-グルコシド
B: クェルシトリン
C: シアニジン-3-グルコシド＋クェルシトリン

図 4・14　シアニジン-3-グルコシドにクェルシトリンを加えたときのスペクトル変化(Jurd ら, 1966)

コピグメンテーションは純青色の発現の要因としてはあまり期待できないものかもしれない。この方面で今後さらに多くの例証があがることを期待したい。

4・6　細胞液のコロイド状態

細胞でアントシアニンが含まれているおもな部分である細胞液は，多糖類などを多く含むとコロイド性が高まる。こうしたコロイド状態がアントシアニンの色調を赤色から青色に変化させる一因であろうという考えは，すでに

4・6 細胞液のコロイド状態

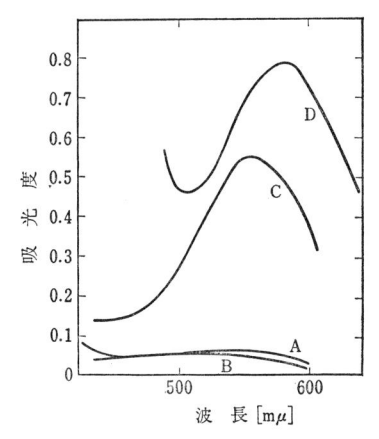

A: シアニジン-3-グルコシド
B: シアニジン-3-グルコシド＋クェルシトリン
C: シアニジン-3-グルコシド＋AlCl$_3$
D: シアニジン-3-グルコシド＋クェルシトリン＋AlCl$_3$
(Jurd ら, 1966)
図 4・15 クェルシトリンのシアニジン-3-グルコシドに対する
コピグメンテーション効果におけるアルミニウムの作用

Robinson ら(1939)によりなされている。同氏らは, たとえばヤグルマギクの青色花では, シアニンが細胞液中のコロイドに吸着し, pH 4.9 程度の酸性でも安定な青色を示すであろうと考えた。また, そのほかに同様な例として *Anchusa* や *Delphinium* などの花弁の青色もあげている。

また, ある種のストレプトカルプスの花にみられる, 開花の進行による青色から赤色への変異も細胞液のコロイド状態が関係していると推定されている(Bopp, 1958)。普通赤色系統の花では, 開花の初期には赤色であっても, 開花が進むにつれて青味が増していく傾向にある。ところが, ストレプトカルプスの交配種のあるもの(*Streptocarpus wendlandii* × *S. vandeleuri*)ではこれと逆で, 開花の初めは青色を呈しているが開花が進むと赤色に変わる。Bopp の研究によれば, この青色と赤色の花は同一種類のアントシアニン(マルビジン配糖体)を含んでおり, 花弁の搾汁の pH も両者でほとんど差異がみられない。

ところが, ペーパークロマトグラム上では異なった結果が得られている(表

4・18)。すなわち，花弁を原点に直接なすりつける方法で点着し，後ブタノール-酢酸-水(4:1:5)で展開すると，青色花のものからは Rf=0.18 のスポット(カーミン色)が，赤色花のものからは Rf=0.32 のスポット(橙赤色)がそれぞれ得られる。この場合，花弁の酸性抽出液では両方とも同一の Rf 値のスポットが得られる。このことから，なすりつけ法によって得られたマルビジン配糖体のスポットは，青色花と赤色花とでは異なった状態にあると考えることができる。

表 4・18 ストレプトカルプスの交配種の青色花と赤色花における色素のペーパークロマトグラム (Bopp, 1958)

花 色	Rf 値(展開溶媒=ブタノール:酢酸:水(4:1:5))		なすりつけ法により得られたスポットの色調
	花弁の汁液を直接沪紙になすりつけて点着させた場合	花弁の酸性抽出液をなすりつけた場合	
青 色	0.18	0.18	カーミン色
赤 色	0.32	0.18	橙赤色

さらに Bopp は，クロマトグラフィーにより分離した色素について多糖類の有無を調べている。それによれば，橙赤色の色素(古い花から得たもの)からは著量の多糖類が検出されたが，カーミン色の色素(若い花から得たもの)からは多糖類は検出されなかった。これらのことから同氏は，若い花の中で遊離の状態にあったマルビジン配糖体(カーミン色)が，開花が進むにつれて生じたコロイド状の多糖類に吸着されて赤色効果を受けるのではないかと考えている。

4・7 アジサイの花色変異

プロトシアニン，コンメリニンなど，天然から単離結晶化した青色色素は，金属元素を含み，アントシアニンそのほかの有機物と安定な複合体を形成していることはすでに述べた。また，コピグメンテーションにも，ある場合には金属元素がなんらかの役割を演じているのではないかとの可能性もある。金属元素が花色変異に作用していると考えられる例は，このほかにもまだ見出されている。しかし，これらの多くは，プロトシアニンやコンメリニンなどのようには具体的に示されているわけではない。金属元素が関係していることがだいた

い明らかにされたものの,その作用が具体的によくわかっていない例として,次にアジサイの花色変異をあげ,いままでの研究経過を紹介しよう。アジサイの花色変異は古くから有名で,多くの人がこの原因の究明を手がけてきた。現在までのところ,この変異にはやはりある種の金属元素が関係していることがかなりはっきりしてきたが,青色色素をそのままの形で取りだす段階には至っていない。

アジサイの花(実際はがく片が花弁状に発達したもの)は通常桃色を示すが,場合によっては青色を呈することがある。これについての研究の歴史は実に1817年のSprenglの実験にさかのぼることができる†。同氏は鉄の塩類を混入した土壌でアジサイを育てると,花は赤色から紫色あるいは青色に変わることを観察した。このように鉄の必要を思わせるのに対して,鉄は必ずしも必要でないとの実験結果も同じ頃だされている。Schubler(1821)は,フランクフルト地方に青色のアジサイが特に多いことから,その地方の土壌成分を分析したが,鉄は必ずしもこの地方に多くはなかった。しかし,その後の多くの人の研究では,やはり鉄やアルミニウムなどの金属元素がアジサイの花の青色発現に影響しているのではないかと思わせる結果が多い。たとえば,Donald(1846)は種々の金属の塩類でアジサイを処理し,ミョウバンが青色発現に有効であることをみている。またMolisch(1897)はミョウバン,硫酸アルミニウム,硫酸鉄(II)がアジサイの花の青色発現に有効であるといっている。Molischは同時にこれらの金属元素の効果が現われるためには,土壌が酸性であることが必要であるといっている。これは同氏によれば,土壌が酸性であるとアルミニウムや鉄の溶解性が高まるからである。花のpHを測定した例もある。たとえば,Atkins(1923)は桃色花と青色花とでは花のpHに大差がないとした。しかし,この場合鉄の含量は桃色花は青色花の約6/10であった。同じ頃,Conohorsは土壌のpHが6.4あるいはそれ以上の場合は桃色の花をつけ,6.0以下の場合は青色花を咲かせ,6.0と6.4の中間の場合は花色も赤色と青色の中間色を呈することを

---

† 以下1930年頃までの研究経過はAllen(1932, 1943)の記載による。

示した。

　これらの比較的古い研究から，アジサイの花の青色発現の要因は，細胞液のpHではなく，鉄やアルミニウムなどの金属元素によるとの可能性がうかがわれている。この考えはその後AllenやAsenに引き継がれ，より詳細に検討された結果，金属元素としてアルミニウムが重要な役割を果たしているという可能性が大きくなった。以下にそれらの研究成果の大要を紹介しよう。

　(a) 金属イオンの噴霧処理　　Allen(1932)は，開花段階の異なる花に種々の無機化合物を噴霧し，花色の変化を調べた。その結果，硫酸アルミニウムを成熟した桃色系の花に噴霧すると，花弁状の花に青色の部分が生じるが，硫酸鉄(II)や硫酸鉄(III)ではこの花色の変化が起こらないことをみた。まだ着色していない蕾の時期に硫酸アルミニウムを噴霧すると，後になって青色花が咲くことも同時に観察された。

　(b) 金属イオンの注入処理　　これもAllen(1932)の行なった実験で，桃色の花をつけるアジサイの花梗に直接金属イオンを注入——注射針を用いて流し込むか，茎に切込みをつけそこから吸わせる——して花色の変化を調べた。その結果，硫酸アルミニウムは桃色花を青色花に変える効果があり，硫酸鉄(II)や塩化鉄(III)などは無効であることがわかった。この場合，花部より6 in 下に切込みをつけたものでは，切込みのある側の花だけが青色になり，花序全体を青色にするのには花梗の基部にかなり深い切込みをつける必要がある。

　(c) 金属イオンの浸透処理　　Allen(1942)は金属イオンの影響をさらに詳しく調べるために，30種類にもおよぶ金属塩類の溶液を成熟したアジサイの花（桃色のもの）に浸透させ，色調の変化を観察した。浸透には次の三つの方法が採用された。

　　　(1)塩類溶液を花に噴霧する

　　　(2)茎を裂いてそこから塩類溶液を吸収させる

　　　(3)花を塩類溶液に浮遊させる

この場合の塩類の濃度は，薬害がほんのわずか起こる程度に調整されている。花色の変化は薬害が起こった部分の周囲にみられた。

実験の結果は桃色から自然状態と同じ青色への変化が起こるのはアルミニウムの塩類を用いた場合だけであった(表4・19)。鉄の塩類を使用した場合にも色の変化はみられるが,生じた青色は自然の状態とはかなり違ったものである。

(d) 砂耕実験　上に述べた幾つかの実験は,花または花枝をアジサイの茎から切り取って行なったものであるが,金属塩類を自然の状態で根から吸収させると花色はどのように変化するかを調べる必要がある。Allen(1935)は,種

表 4・19　アジサイの花色変異におよぼす種々の金属塩類の影響 (Allen, 1943)

金属塩類	軽い薬害が生ずる時の濃度[%]	薬害の生じた箇所の周囲の色調
アンモニアミョウバン	0.001	青色
クエン酸アルミニウムアンモニウム	1.0	
塩化アルミニウム	0.001	
硝酸アルミニウム	0.001	
カリウムミョウバン	0.01	
硫酸アルミニウム	0.001	
酒石酸アルミニウム	0.05	
硫酸鉄-アンモニウム	0.001	暗緑青色
クエン酸鉄アンモニウム	1.0	
塩化鉄(Ⅲ)	0.001	
硫酸鉄(Ⅱ)	0.001	
塩化アンモニウム	0.05	桃色
塩化バリウム	0.05	
塩化ベリリウム	0.01	
塩化カルシウム	0.001	
硫酸クロム(Ⅲ)	0.001	
硫酸コバルト	0.001	
硫酸銅	0.001	
塩酸	0.001	
硫酸リチウム	0.001	
硫酸マグネシウム	0.005	
硫酸マンガン	0.001	
塩化ニッケル	0.001	
硫酸アンモニウムカリウム	0.005	
塩化カリウム	0.001	
塩化ナトリウム	0.005	
塩化スズ(Ⅱ)	0.001	
塩化ストロンチウム	0.001	
硫酸	0.001	
硫酸亜鉛	0.001	

々の金属塩類を土壌に加えて花色との関係を調べ，硫酸アルミニウムが最も青色花を生みだすのに有効であるという結果を得た．

Allen(1943)はさらにこのことを確かめるために，砂耕実験を試みている(表4・20)．アルミニウムの濃度が 1.348 ppm から 1,348.0 ppm まで増加すると，花色は桃色からフジ色を経て青色に変化する．鉄では 2.79 ppm から 2,790.0 ppm の範囲では花色になんらの変化もみられない．さらに重要なことは，実際に花におけるアルミニウムの含量は，青色の花のほうが桃色の花より高い値を示している．すなわち，青色花では 250 ppm, 桃色花では 150 ppm 以下である．また，フジ色の花ではその中間の 150〜250 ppm である．これに反して，鉄の含量と花色とは密接な関係がつけにくい．

表 4・20 アジサイの花色変異におよぼすアルミニウムと鉄の影響
(砂耕法による) (Allen, 1943)

培養液のpH	培養液を与えてから7日目の砂耕のpH	培養液中の鉄の含量[ppm]	培養液中のアルミニウムの含量[ppm]	花 色	花のアルミニウム含量[ppm]	花の鉄の含量[ppm]
4.8	5.6	0	0	桃　色	53	196
4.0	5.5	2.79	0	桃　色	71	201
3.2	5.3	27.9	0	桃　色	40	368
1.6	4.1	279.0	0	桃　色	86	943
1.0	3.5	2,790.0	0	**	—	—
3.7	5.5	2.79	1.348	桃　色	147	190
3.3	5.1	2.79	13.48	フジ色	235	231
2.6	5.1	2.79	134.8	青　色	1,269	256
2.4	4.0	2.79	1,348.0	青　色	4,572	278
4.1	5.6	0	1.348	桃　色	187	216
3.3	5.3	0	13.48	フジ色	203	222
2.6	5.0	0	134.8	青　色	981	261
2.4	4.1	0	1,348.0	青　色	4,200	248

** 植物は枯死する．

(e) 青色花の出現と土壌の pH　土壌がアルカリ性であればそこに生育する植物の組織の pH もアルカリ側となり，それが青色花を生ずる原因となるのではないかという考え方は，アジサイの青色花出現についても古くから問題視されてきた．いわば，アジサイの花色変異を pH 説で説明しようとする一つの流れである．Allen(1943)はこの問題を解決するために，種々の酸性度の土壌で桃色系のアジサイを育て，花色変異を調べた．すると，青色花はかえって酸

性土壌(pH 5.5 以下)のときに生じ，桃色花はむしろそれよりも高い pH(5.5〜6.25)の土壌に生ずるという結果が得られた(表4・21)。また花の組織中のアルミニウムと鉄の含量は土壌の pH が低いほど高くなっているが，特にアルミニウムの pH による含量差は著しい。アルミニウムの土壌中での溶解性は酸性度が大きいほど大である(Magistad, 1925; Turner, 1931)。したがって，土壌の pH が低ければアジサイの根が吸収する可溶性アルミニウムの量は多くなり，ひいては花の組織中にアルミニウムが蓄積して花色を青色にすると考えることができる。

表 4・21 種々の pH の土壌で育てたアジサイの花色と，花に含まれているアルミニウムと鉄の含量(Allen, 1943)

土壌の平均 pH	花 色	アルミニウム含量[ppm]	鉄 含 量 [ppm]
4.56	青 色	2,375	836
4.65	青 色	2,482	516
4.74	青 色	2,100	310
4.85	青 色	1,906	502
5.13	青 色	897	430
5.50	桃色を帯びた青色	338	300
5.75	桃色を帯びた青色	270	264
6.01	桃色を帯びた青色	241	232
6.25	フ ジ 色	289	219
6.44	青色を帯びた桃色	187	222
6.51	青色を帯びた桃色	214	229
6.70	桃 色	201	237
6.89	桃 色	180	235
6.92	桃 色	70	267
7.02	桃 色	187	182
7.16	桃 色	193	190
7.36	桃 色	217	123

一方，かなりアルカリ性の土壌(pH 7.5 あるいはそれ以上)で育てたアジサイが青色または青色を帯びた桃色の花をつけることがある。このことについて Allen(1943)は，アルミニウムが酸性では陽イオン(Al^{3+})として作用し，アルカリ性では陰イオン(アルミン酸イオン AlO_3^{3-})として作用するためであるといっている。このように，アルミニウムはアルカリ性土壌でも根から吸収されて花の組織に蓄積される。しかし，この場合植物は正常な生育をしないばかり

か，生じた花の青色も酸性土壌の場合のように鮮やかな青色ではない．

 (f) 咲き分けについての実験　アジサイの咲き分け——同一の株に異なった色の花が咲くこと——はかなり複雑で，異なった花序の間で桃色から青色への変異がみられるほか，同一花序の中の個々の花の間にも桃色から青色への変異がある．この咲き分けは，土壌の不均一性によると古くから考えられてきた．Allen(1943)はこのことを確かめるために，1本のアジサイの根系だけを二分し，それぞれの根系を別々の培養土で育てて咲き分け現象を実験的に発生させることに成功した．これをみると，酸性の土壌，またはアルミニウム塩を施した土壌では青色の花序をつけるが，pHが比較的高い土壌では桃色から青色までの種々の色の花序をつける(表4・22)．

表 4・22　根系を2分して生育させたアジサイの咲き分け (Allen, 1943)

使用株の番号	根系の区分	土壌処理	土壌pH (最初)	土壌pH (開花時)	花序の数および色
1	A	硫酸鉄(Ⅱ)	4.5	5.5	3 青色
1	B	石灰	6.4	6.9	1 桃色
2	A	無処理	4.6	5.6	3 青色
2	B	石灰	6.2	7.1	1 青色 1 桃色〜フジ色
3	A	カリウムミョウバン	4.4	5.6	1 青色
3	B	石灰	6.2	6.9	2 青色 1 桃色 1 青色〜桃色
4	A	硫酸マグネシウム	4.7	5.8	2 青色
4	B	石灰	6.1	6.9	2 桃色〜フジ色
5	A	硫酸アルミニウム	4.1	4.8	2 青色
5	B	石灰	6.5	6.9	2 青色 1 青色〜フジ色

 (g) 土壌中の肥料成分の影響　Asen(1959)は，土壌中の窒素，リン酸，カリウムの肥料成分がアジサイの花におけるアルミニウムの蓄積に大きな影響を与えることを報告している．それによると，窒素低含量-カリウム高含量という肥料条件ではアルミニウムとモリブデンの蓄積が多く，リン酸高含量ではアルミニウムの蓄積は少なくなっている(表4・23)．同氏らは，こうした肥料条件

によって花色は変異するといっている。

表 4・23 アジサイの花のアルミニウムとモリブデンの蓄積におよぼす窒素-リン酸-カリウムの濃度の影響(Asen, 1959)

窒素-リン酸-カリウムの濃度*	Merveille 種		Monte Forte Perle 種	
	Al [ppm]	Mo [ppm]	Al [ppm]	Mo [ppm]
$N_1 P_1 K_1$	365	1.2	140	1.3
$N_1 P_2 K_1$	460	1.4	90	1.4
$N_1 P_3 K_1$	160	1.3	60	1.2
$N_1 P_1 K_2$	600	1.5	165	1.6
$N_1 P_2 K_2$	380	1.8	125	1.9
$N_1 P_3 K_2$	145	1.2	65	1.3
$N_1 P_1 K_3$	360	1.2	365	1.3
$N_1 P_2 K_3$	210	1.1	95	1.2
$N_1 P_3 K_3$	90	1.2	50	1.2
$N_2 P_1 K_1$	190	—	145	—
$N_2 P_2 K_1$	140	—	120	—
$N_2 P_3 K_1$	35	—	37	—
$N_2 P_1 K_2$	330	—	235	—
$N_2 P_2 K_2$	240	—	165	—
$N_2 P_3 K_2$	70	—	47	—
$N_2 P_1 K_3$	350	1.0	170	1.1
$N_2 P_2 K_3$	170	1.0	115	1.2
$N_2 P_3 K_3$	95	1.0	90	1.0
$N_3 P_1 K_1$	190	—	255	—
$N_3 P_2 K_1$	120	—	135	—
$N_3 P_3 K_1$	39	—	40	—
$N_3 P_1 K_2$	260	—	130	—
$N_3 P_2 K_2$	140	—	105	—
$N_3 P_3 K_2$	55	—	44	—
$N_3 P_1 K_3$	265	1.8	125	1.9
$N_3 P_2 K_3$	170	1.3	85	1.4
$N_3 P_3 K_3$	65	1.8	42	1.8

* $N_1=28$ ppm $P_1=5$ ppm $K_1=33\sim39$ ppm
  $N_2=98$ ppm $P_2=16$ ppm $K_2=118\sim124$ ppm
  $N_3=294$ ppm $P_3=42\sim47$ ppm $K_3=352\sim358$ ppm

(h) アジサイの花の色素　Robinson ら(1931)は，アジサイの赤色種(Parcival)と青色種(Marechal Foch)との花色素はともにデルフィニジン配糖体であると同定した。また，その配糖体型は Lawrence ら(1938)，Hayashi ら(1953)によって，3-グルコシドであることも明らかになった。そのほか，フラボノールとしてケンフェロールも発見されている。

(i) アジサイの花色素の吸収スペクトルにおよぼすアルミニウムの影響

Asen ら(1957)はアジサイの花色変異におけるアルミニウムの役割を検討するために，アジサイの花色素であるデルフィニジン-3-グルコシドとケンフェロール配糖体にアルミニウムイオンを加え，そのスペクトル移動を調べた。その結果，アルミニウムはデルフィニジン配糖体に著しい青色効果を与えるが，ケンフェロール配糖体はコピグメントとしては作用しないことが明らかにされた。たとえば，デルフィニジン配糖体にアルミニウムを加えた場合の最大吸収スペクトルは 40 mμ 長波長側に移動する(図 4·16)。Asen らは，このスペクトル

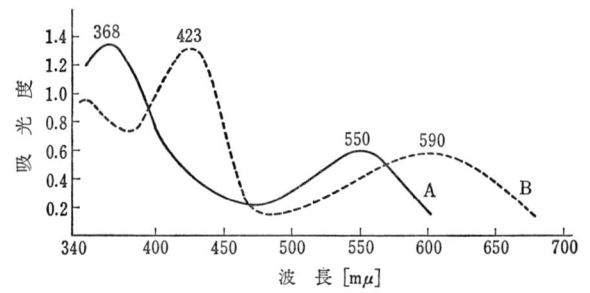

A：デルフィニジン配糖体＋ケンフェロール
B：デルフィニジン配糖体＋ケンフェロール＋塩化アルミニウム
(いずれも 0.01 mol の塩酸を含む 95％エタノール中)
図 4·16 アジサイの花のアントシアニンとフラボノールにアルミニウムを作用させたときのスペクトル移動(Asen ら，1957)

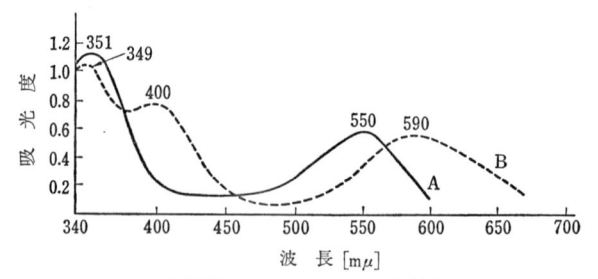

A：ケンフェロール配糖体＋デルフィニジン配糖体
B：ケンフェロール配糖体＋デルフィニジン配糖体＋塩化アルミニウム
(いずれも 0.01 mol の塩酸を含む 95％エタノール中)
図 4·17 アジサイの花の主アントシアニン，デルフィニジン配糖体と，主フラボノール，ケンフェロール配糖体との混合溶液にアルミニウムを作用させたときのスペクトル移動(Asen ら，1957)

移動はデルフィニジン骨格の3′-位と4′-位(または4′-位と5′-位)の水酸基にアルミニウムが配位結合して5員環を形成することによると考えている。

一方,ケンフェロール配糖体はアルミニウムにより黄色を呈するが(このときのスペクトル移動は 368 mμ から 423 mμ である),ケンフェロール配糖体とデルフィニジン配糖体との混合溶液にアルミニウムを作用させても,測定したスペクトルはそれぞれの単独のスペクトルが累加されて現われているだけである(図4・17)。このことから Asen らは,特にケンフェロール配糖体がコピグメンテーション作用があるとは考えにくいと述べている。

4・8 花弁の組織構造が花色に与える影響

いままでに述べた花色変異は,細胞内での色素そのものの色調変化に起因するもので,いわば化学的な原因によるものであった。しかし,われわれが花色を感じとる場合,細胞内の色素の色調そのままを直接に眼に映じさせるわけではない。花弁の色素層は,種々の構造を備えた組織で囲まれている。この花弁の組織構造が光の条件に影響をおよぼして,細胞内の色素自身の色調をやや変えてわれわれの視覚にとらえさせる場合がある。これは花色変異の物理的な原因ということができよう。

この花色変異の物理的原因の例は,わずかではあるが古くからあげられている。Inoh(1964)は,次の数例をあげている。

(a) サンシキスミレ,ケシ,チューリップなどの花の黒色部は,色素として暗紫色のアントシアニンを含むが,その部分の組織の特殊な構造によって黒色にみえる。

(b) ハクモクレンなどの花弁の白色は,花弁組織内の細胞間隙に含まれている気泡による。

(c) キンポウゲなどの花弁では,色素層の下に殿粉を含む層があり,そこで光の反射が行なわれて光沢を生ずる。

Yasuda(1964)は,いわゆる黒バラ花弁の黒色性発現を検討した結果,それには花弁の表面構造の特殊性が重要な役割を果たしていることを見いだした。

以下にその研究の概略を説明しよう。

赤色品種と黒色品種——いずれも主色素はシアニンで，そのほかに痕跡程度のクリサンテミンまたはペラルゴニジン配糖体を含むことがある——の花弁の切片をつくって，上面表皮細胞(以下単に表皮細胞という)の形態を比較した。両品種の花弁の表皮細胞は共通して乳頭状であるが，黒色品種のものは赤色品種のものに比べて花弁の表面に垂直方向に著しく細長い特徴をもつ(図4・18)。

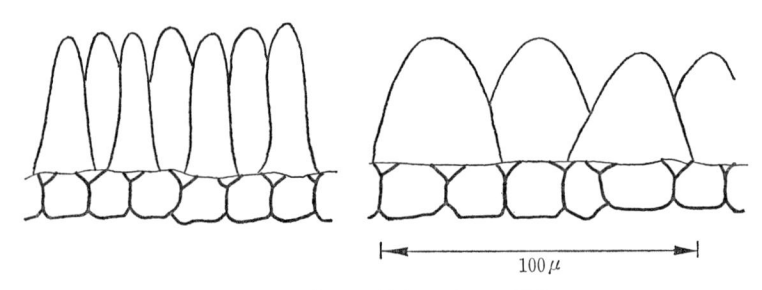

図 4・18 バラの黒色品種(左)と赤色品種(右)の花弁の
上面表皮細胞模式図(Yasuda, 1964)

表皮細胞の 高さ/幅 の比率は，赤色品種では 1.34〜1.94，黒色品種では 2.08〜2.60 である(表4・24)。黒色品種の花弁の中には，特に黒色性を示さないで単に赤色を呈するものがある。そのものの 高さ/幅 の比率はこの表によれば 1.14〜1.57 で，赤色品種の比率の範囲にはいる。

また，花弁に斜め上方(約30度)から光を照射して顕微鏡下でその表面を観察すると(ca.×150)，赤色品種と黒色品種とでは著しく異なる表面観が得られる。図4・19からわかるように，赤色品種の花弁では赤色の「地」に白色の斑点(表皮細胞の先端で起こる表面反射による)があるにすぎないが，黒色花弁ではそのほかに黒色の斑点もみられる。この黒色斑点は光の角度，方向，強さによりその位置，形状，黒さの程度などが変化することから，表皮細胞の陰影と考えることができる。結局，黒色品種の花弁は，表皮細胞の形態の特殊性から表皮細胞自身の陰影が生じやすい物理的条件をそなえているわけである。

黒バラ花弁の黒色性は開花が進むにつれて次第に失われ，全開あるいはそれ

表 4·24 バラの赤色品種と黒色品種の花弁における上面表皮細胞の高さ/幅*(Yasuda, 1964)

品　　　　種	表皮細胞の高さ $[\mu]$	表皮細胞の幅 $[\mu]$	高さ/幅
(1)　黒色品種の花弁のうち十分に黒色性が現われたもの			
Bonne Nuit	45.4	18.3	2.48
Josephine Bruce	43.2	20.8	2.08
Charles Mallerin	42.1	16.2	2.60
(2)　黒色品種の花弁のうち特に黒色性が現われないで赤色を示すもの			
Bonne Nuit	35.6	22.7	1.57
Josephine Bruce	36.7	32.4	1.14
Charles Mallerin	38.9	25.1	1.56
(3)　赤色品種の花弁			
Karl Herbst	36.5	21.6	1.69
Happiness	37.8	19.4	1.94
Radar	35.6	22.7	1.64
Independence	37.8	27.0	1.40
Fire King	39.4	29.4	1.34
Ena Harkness	38.9	23.8	1.63
cl-Crimson Glory	34.5	20.5	1.68

*　8分咲のものについて測定。

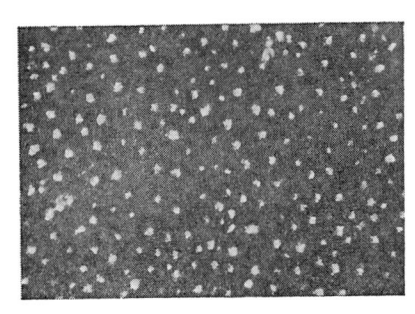

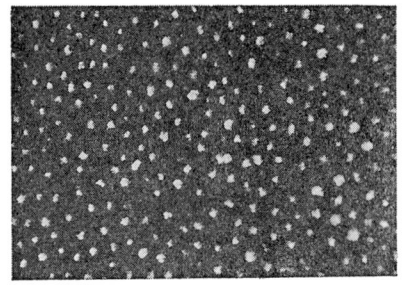

図 4·19　バラの黒色種(左)と赤色種(右)の花弁の表面観(Yasuda, 1964)　(口絵参照)

以後は単なる赤色となるのが普通である。この開花の進行による黒色性の消失は，花弁の表皮構造の変化で説明することができる(Yasuda, 1965)。すなわち，未開や半開の段階の花弁の表皮細胞は先端が丸みを帯びたこん棒状であるので，表皮細胞の側壁は花弁表面にほとんど垂直になっている。そのうえ，表皮細胞の間隔も非常に狭い。このような構造では，表皮細胞自身の陰影は生じやすい状態といえる。開花が8分咲から全開へと進むと，こん棒状の表皮細胞は下方

がやや広がった鐘状に変わる。この状態では，表皮細胞の側壁は表面に対して少し傾斜している。この傾斜の程度は開花が進むにつれて大となり，同時に表皮細胞の間隔も広くなっていく。このような花弁の表面構造は，未開や半開の場合に比べると，表皮細胞自身の陰影が生じにくい状態になっている。すなわち，赤色品種の花弁の状態に近くなっているわけである。実際に花弁の表面観をみると，開花の初期では表皮細胞の先端以外はまったく陰影におおわれ，全体がほとんど黒色にみえるが，開花が進むと，その陰影はしだいに薄くなり，ついにはところどころに黒色の斑点を残すだけとなる(図 4·20)。

4·9　花色の微細変異——赤色系バラを中心として

　上に述べた花色変異の機構は，大部分が比較的色系の差の大きな場合であったが，実際には同じ色系に属する花色でも微細に変異するのが普通で，ニュアンスの差とかトーンの相違などといわれている。こうした花色の微細な変異が生ずる原因を明らかにすることは，花色を全般的に理解するうえで必要と思われるが，この方面の研究は過去には皆無といってよい。Yasuda は 1967 年から 1969 年にかけて，赤色系バラ花弁における花色発現を微細変異の観点から総合的に検討し，それに関係している大きな要素を見いだした。ここではその研究を中心にして，花色の微細変異の概要を説明する。

基本的な実験方法

　このような花色の微細変異を実験する方法には種々考えられるが，この研究で主として採用したのは花弁の分光反射率曲線(以下反射曲線という)と，人工的に調製した色素溶液の分光透過率曲線(以下透過曲線という)とを比較する方法である。この方法は，色素溶液の物理的，化学的条件を種々に変えて，透過曲線の形状を反射曲線の形状に近似させるようにくふうし，その条件が花弁の生理上十分妥当とみなされるならば，微細変異の一要素として取りあげて差しつかえないとの考え方に基づいている。

　透過曲線を描くには，通常の溶液のスペクトルを測定するのと同じように行なえばよいが，反射曲線の場合には反射光線分析装置(色差計)を用いなければ

未開のもの

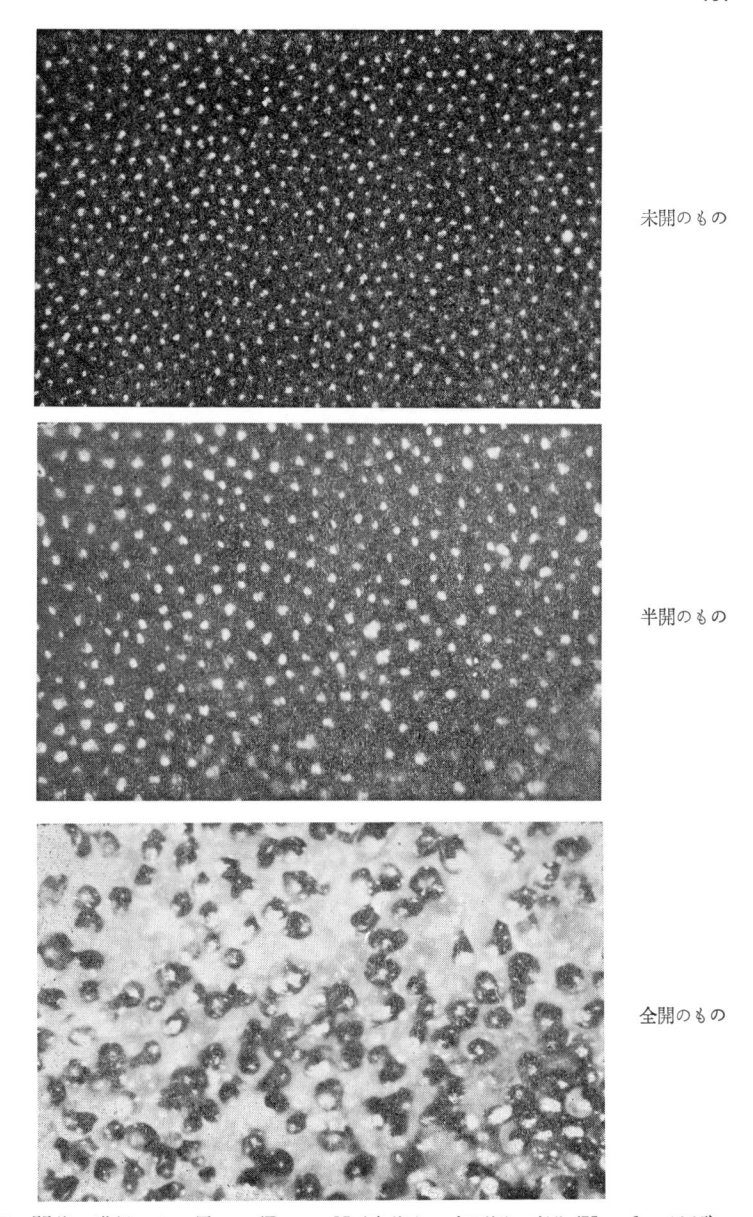

半開のもの

全開のもの

図 4·20　開花の進行による黒バラ(Bonne Nuit)花弁の表面観の変化(Yasuda, 1965)

ならない．これは分光光度計に積分球(原理図は図 4・21 参照)を連結させたものである．

このような比較を行なうためには，花弁としては色素構成の単純なものを選

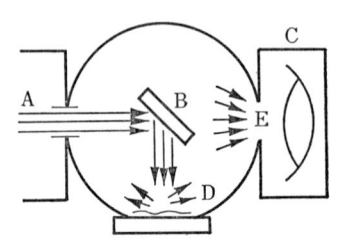

A：単波長の光
B：反射鏡
C：受光部
D：試料

積分球の内面は反射鏡になっている．Aの単波長の光はBで一度反射されて試料Dに当たり，そこで反射された光は積分球内を複雑に反射して結局窓Eから受光部にはいる(原図)

図 4・21　積分球の原理図

ぶ必要がある．この研究では，赤色系バラの中からシアニンだけを主色素とする品種を選んだ．したがって，透過率の測定にもシアニンの溶液が用いられている．

シアニン溶液は，花弁の細胞液の物理的，化学的条件を十分に考慮して調製されなければならない．ここでは差しあたって pH，遊離酸の種類などが検討されているが，まだ検討しなければならない条件は残されている．しかしこれらのうちで，透過曲線の形状を著しく左右するのは pH である．そのほかの条件は，微視的な立場からすれば曲線の形状にいくらか影響があると思われるが，巨視的な立場での検討であればあまり考慮に入れなくてもよさそうである．結局，シアニン溶液は，次のようにして調製されたわけである．前にも述べたように，花弁の pH は少なくとも色素層では 3 付近と考えられるので，シアニン溶液の pH は 3 に調整した．また，バラ花弁の固有の酸はペーパークロマトグラフィーによればリン酸とリンゴ酸が主成分で，それに少量のクエン酸とコハク酸，痕跡のフマル酸を含む(Yasuda, 1969)．主成分であるリン酸とリンゴ酸の混合比を変えてもシアニン溶液の透過曲線の形状には変わりがないので，色素溶液の標準溶媒としては 0.1 N-リン酸と 0.1N-リンゴ酸を 1:1 に混合し

たものを用いた。

　花色の微細な変異を取り扱うにあたり，色調を主観的に判断したり，あるいは俗称によって色を表現したりすることは避けなければならない。色を科学的にとらえ，表現するのに最も適合するのは色彩学の方法である。したがって，この一連の研究では色彩学の方法が導入されている。色彩学の表色の方式には種々あるが，ここではC. I. E. 標準表色系によっている。詳しいことはこの方面の専門書†にゆずり，ここではその方法の概略を説明するにとどめたい。

　まず，花弁の反射曲線あるいは色素溶液の透過曲線を三色係数計算器にかけて三色刺激値 X, Y, Z を求める。これらの値から次式によって色度座標 x, y が計算される。

$$x=\frac{X}{X+Y+Z} \quad ; \quad y=\frac{Y}{X+Y+Z}$$

　Y は別名明度ともいわれ，普通パーセントで表わされる。x と y とを座標軸を用いて表わしたものを色度図という。物体の色を色度座標 x, y と明度 Y とで表現するのが C. I. E. 標準表色系である。また，x, y および Y の値から I. S. C. C.-N. B. S.†† 方式による具体的な色名を求めることができる。この色名と色度座標および明度との関係の一例を図 4・22 に示す。I. S. C. C.-N. B. S. 方式では，おもな色を名詞(大文字で始める—Red, Black など)で表わし，それに 1～3 個の修飾語(小文字で始める—purplish, very dark など)をつけてさらに細かな色の区別ができるようになっている。色のごくわずかの相違を総合的に取り扱うとき，トーンあるいはニュアンスという言葉がよく用いられているが，これらの言葉は具体的にどの程度の細かな色の差を意味しているのかは明確でない。Yasuda(1967)は I. S. C. C.-N. B. S. 方式の修飾語に相当する程度の色の差をトーンあるいはニュアンスの差とすればその意味が具体的にしかも明確になるのではないかといっている。

---

† たとえば「色彩科学ハンドブック」(色彩科学協会編，南江堂発行，1967)
†† Inter-Society Color Council と National Bureau of Standards の頭文字をとったもの。

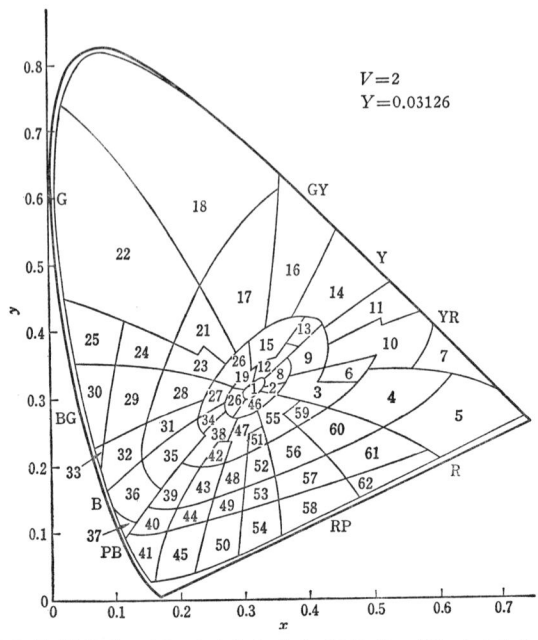

番号 色名 I. S. C. C.–N. B. S.	番号 色名 I. S. C. C.–N. B. S.	番号 色名 I. S. C. C.–N. B. S.
1 Black	22 deep Green	43 dark bluish Purple
2 reddish Black	23 very dark bluish Green	44 deep bluish Purple
3 very dusky Red	24 deep bluish Green	45 vivid bluish Purple
4 dark reddish Brown	25 vivid bluish Green	46 purplish Black
5 deep reddish Brown	26 bluish Black	47 very dusky Purple
6 dusky reddish Brown	27 very dusky Blue Green	48 very dark Purple
7 deep Brown	28 very dark Green	49 very deep Purple
8 brownish Black	29 deep Blue Green	50 vivid Purple
9 dusky Brown	30 vivid Blue Green	51 very dusky reddish Purple
10 dark Brown	31 very dark greenish Blue	52 very dark reddish Purple
11 dark yellowish Brown	32 deep greenish Blue	53 very deep reddish Purple
12 olive Black	33 vivid greenish Blue	54 vivid reddish Purple
13 dusky Olive	34 dusky Blue	55 very dusky Red Purple
14 dark Olive	35 dark Blue	56 very dark Red Purple
15 dusky olive Green	36 deep Blue	57 very deep Red Purple
16 dark olive Green	37 vivid Blue	58 vivid Red Purple
17 very dark yellowish Green	38 dusky purplish Blue	59 very dusky purplish Red
18 very deep yellowish Green	39 dark purplish Blue	60 very dark purplish Red
19 greenish Black	40 deep purplish Blue	61 very deep purplish Red
20 very dusky Green	41 vivid purplish Blue	62 vivid purplish Red
21 very dark Green	42 dusky bluish Purple	

図 4・22 色度座標 x, y と明度 Y とから I. S. C. C.–N. B. S. 方式による色名を求める図の一例（日置，色彩科学ハンドブックより）

色素の量的効果

花色の大きな変異，たとえば桃色から赤色，あるいは赤色から黒色などに色素の量が関係していることは前に述べたとおりであるが，花色の微細な変異でも，この色素の量的効果が問題になる。種々のシアニン含量のバラ花弁の反射曲線(図 4・3 参照)から色彩学の方法で明度 Y，色度座標 x, y および I. S. C. C.-N. B. S. 色名を求め，それらの色彩学的諸数値とシアニン含量との関係を調べると次のようになる。

(a) 明度 Y とシアニン含量　明度 Y の値とシアニン含量との間には，反比例の関係が成り立つ。すなわち，色素含量が比較的低い 100～400 $\mu g/cm^2$ の場合は色素含量の増減による Y の値の変化は大きいが，500～1,000 $\mu g/cm^2$ の

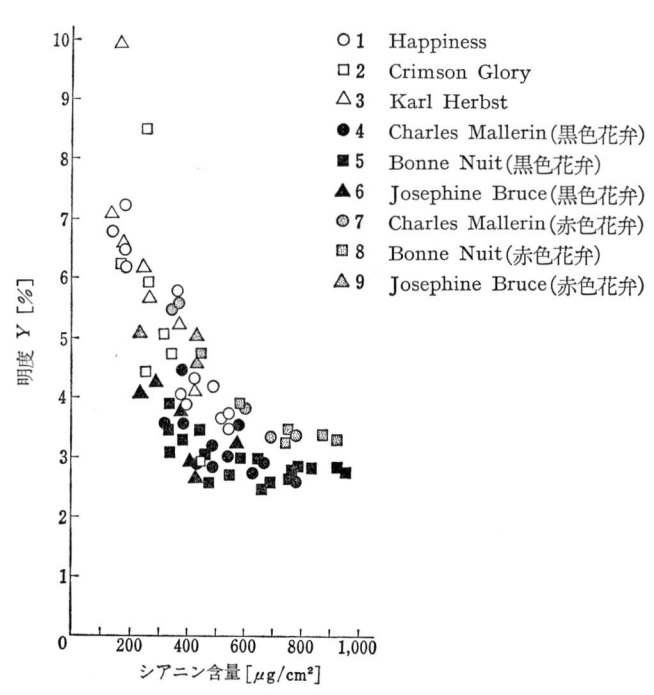

図 4・23　赤色系バラ花弁におけるシアニン含量と明度Yとの関係 (Yasuda, 1967)

ように比較的高含量の場合には色素含量の上下による Y の変化の割合はあまり大きくない。色素含量と Y の値とはほぼ双曲線で代表される（図 4・23）。

しかし，これを詳細にみると，同じ色素含量の花弁でも，黒色品種の花弁の明度は赤色品種の花弁の明度に比べて低い値を示している。このように，両品種の花弁の明度の間には，色素含量変化による連続的関係が成り立たない。黒色品種の花弁のうち，特に黒色性を示さないで単に赤色を呈している花弁の明度は，赤色品種と同じ範囲に分布している。

(b) 色度座標と色素含量　　種々のシアニン含量の花弁の色度座標を図 4・24 に示したが，色度図上赤色品種の花弁の座標と黒色品種の花弁の座標とは，それぞれ一群をなして分布し，相互に明瞭に区別されている。黒色品種の一群は x が 0.33〜0.39, y が 0.26〜0.32 の範囲に分布し，赤色品種の一群は x が 0.40〜0.48, y が 0.32〜0.25 の範囲に分布している。また，黒色品種の花弁のうち特に黒色を示さないで単に赤色を呈する花弁の色度座標は，赤色品種の一群の中に分布している。概していえば，それぞれの群の中で，だいたい同じ程度の色素含量の花弁の色度座標は一つの弧上に分布し，この弧は色素含量が高まるにつれて，ほぼ平行しながら標準光の座標Ｃに接近していく傾向にある。

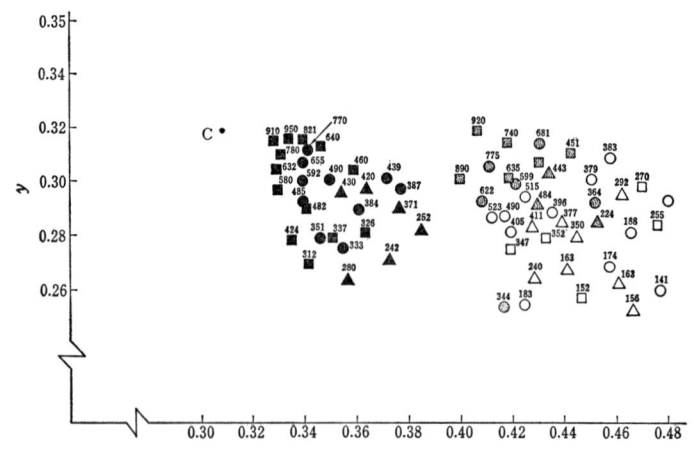

図 4・24　種々のシアニン含量のバラ花弁の色度図。記号は図 4・23 に同じ。記号に付記の数値はシアニン含量，単位は $[\mu g/cm^2]$ (Yasuda, 1967)

それぞれの群の中では個々の品種による差異はみられない。

(c) I. S. C. C.-N. B. S. 色名と色素含量　種々のシアニン含量の花弁の色度座標 x, y と,明度 Y とから I. S. C. C.-N. B. S. 方式による色名を求め,シアニン含量との関係を示すと表 4・25 のようになる。この表からわかるとお

表 4・25　赤色系バラ花弁におけるシアニン含量と I. S, C. C.-N, B. S. 色名との関係 (Yasuda, 1967)

I.S.C.C.-N.B.S色名 \ シアニン含量 $\mu g/cm^2$	100〜200	200〜300	300〜400	400〜500	500〜600	600〜700	700〜800	800〜900	900〜1000
strong purplish Red	△								
deep purplish Red	○△	□							
dark purplish Red	□□△	○△□	○□□						
very dark purplish Red	○○△	△△□	○○△	○○□					
very dusky Red			○□△	△△△					
			○		○○	○	□	□	□
very dusky purplish Red		▲▲	○▲		○	◉		■	
very dusky Red Purple		▲	■■■◉◉◉	▲▲◉ ▲▲◉○					
purplish Black						●●● ■▲▲	●● ◉◉	■	
reddish Black						◉		■■○	■■■

記号は図 4・23 に同じ。

り,赤色品種の花弁ではシアニン含量が増加するに従って花色は

　　　deep or dark purplish Red ──→ very dark purplish Red
　　　　 ──→ very dusky Red

の順で変化し,黒色品種の花弁では

　　　very dusky purplish Red ──→ very dusky Red Purple
　　　　 ──→ purplish Black ──→ reddish Black

の順で変化する傾向がみられる。
両品種を通じて I. S. C. C.-N. B. S. 方式の主色名だけを取りだしてまとめると,色素含量が高くなるにつれて

　　　　　　Red ──→ Red Purple ──→ Black

と変化することになる。この変化は,微細変異の域を脱した大きな色系の変化とみなければならないであろう。これらの色名は,シアニン含量の高低により,さらにニュアンスのレベルで変化する。赤色品種の花弁では,Red の色系の範囲内でシアニン含量の増加とともに修飾語は

purplish⟶very dark purplish⟶very dusky

の順で変化する。また，黒色品種の花弁では，主色名 Black に対して修飾語は

purplish⟶reddish

と変化する。これらの変化は，前述の意味からいえばニュアンス(あるいはトーン)のレベルでの変化としなければならない。

　赤色品種と黒色品種とが，花色の色彩学的諸数値の点からみて別々に取り扱われる理由は，これも前に述べたことであるが，黒色品種の花弁表面の特殊な構造が色素の量的効果に相乗的に影響しているものと考えられる。

コピグメンテーション様効果

　紫色あるいはフジ色のバラの花色が，一種のコピグメンテーション効果によって生ずるとの可能性はすでに述べたが，ここでは花色の微細変異の上でコピグメンテーション効果がどのように関係しているかについて考えてみたい。

　コピグメンテーション効果の検出方法としては，従来次の幾つかが行なわれている。

(1) 花弁の酸性抽出液の加熱による青色調の消失と，冷却による青色調の再現
(2) アントシアニン結晶標品の溶液と花弁抽出液との色調の差異
(3) アントシアニン結晶標品の溶液にコピグメントを加わえることによる青色調の発現

　ここでは，このような従来の方法をバラ花弁抽出液に試み，色調の微細な変化や差異をスペクトルでとらえた。以下その結果の概略を述べよう。

　(a) 花弁の酸性抽出液の室温，加温，冷却によるスペクトルの変化　　赤色系バラ花弁を 0.1 N-塩酸に一夜浸漬し，得られた抽出液(pH は約 1.0)の室温時，$68〜75°$ に加温したときおよびこれを再び室温まで冷却したときの透過曲線を図 4・25 に示す。抽出液の最小透過波長(最小の透過率を示す波長のこと)は加温により室温時の $508\ m\mu$ から $502\ m\mu$ へ移動する(曲線A)。これを冷却して再び室温にもどしたときの透過曲線は，室温のものとまったく合致する。シアニン濃度が比較的高い抽出液の透過曲線(曲線B)では，加温により一度短

波長側に移動したS-字曲線が冷却により再び長波長側にもどることがよく現われている。曲線Aからわかるように，加温や冷却によるスペクトルの変化は最小透過波長の移動だけで，最小透過率にはなんら変化が起こらない。このように6 mμ程度というわずかではあるが加温によりスペクトル移動があるということは，弱いながらもアントシアニンがコピグメンテーションに似た作用を受けているものと推測される。

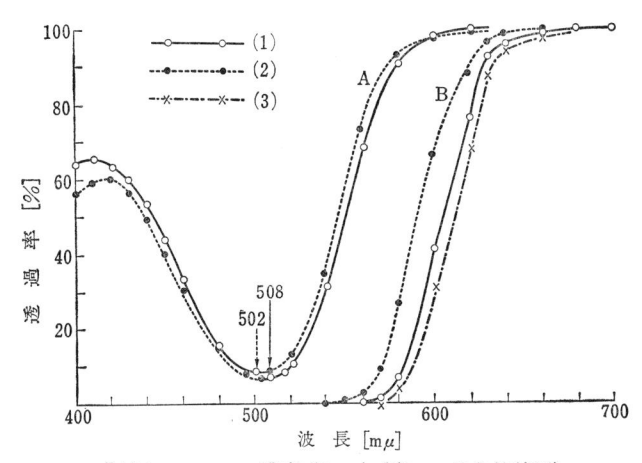

曲線A：シアニン濃度 50 μg/ml (1 cm 比色管使用)
曲線B：シアニン濃度 360 μg/ml (1 in 比色管使用)
(1)室温；(2) 68～75°に加温；(3)室温に冷却
図 4・25 赤色系バラ花弁の酸性抽出液の加熱によるスペクトル変化 (Yasuda, 1968)

(b) シアニン溶液と花弁抽出液の透過曲線の差異　シアニン溶液と花弁抽出液(いずれも溶媒は 0.1 N-塩酸)を調製し，水酸化ナトリウムにより種々のpHにし，それぞれの最小透過波長と最小透過率を測定すると，表 4・26 の結果が得られる。すなわち，最小透過波長は pH 1, 2, 3 ともにシアニン溶液では 502 mμ で，花弁抽出液のもの(508 mμ)より 6 mμ だけ短波長側に移動している。このスペクトル移動は(a)で述べた室温―加温による場合と一致する。

最小透過率は，pH 1 ではシアニン溶液と花弁抽出液とでは差異が認められないが，pH 3 では花弁抽出液のほうがシアニン溶液より 10% 程度低い値を示

表 4・26 シアニン溶液と花弁抽出液のスペクトル特性
(Yasuda, 1968)

試　験　液*	pH	最小透過波長 [mμ]	最小透過率** [％]
シアニン溶液	1.0 2.0 3.0	502 , 502 502 502 , 502	4.5 , 4.8 — 57.0 , 57.0
花弁抽出液(1) (使用品種 Happiness)	1.0 2.0 3.0	508 , 508 507 , 508 508 , 508	4.9 , 5.0 — 47.1
花弁抽出液(2) (使用品種 Bonne Nuit)	1.0 2.0 3.0	508 , 508 508 , 507.5 508 , 508	4.5 , 4.9 — 46.5 , 45.2

* シアニン濃度：25 μg/ml；溶媒：0.1 N-塩酸
** pH 3 の場合は 1 in 比色管使用，その他の場合は 1 cm 比色管使用。

している。バラ花弁の色素層における細胞液の pH はだいたい 3 付近と推定されるから(p. 144)，バラ花弁の細胞液中では濃色的効果を受けている可能性がうかがえる。同様の結果は，バラ花弁に固有の酸であるリン酸とリンゴ酸の混合液(pH 3 に調整)を溶媒としても得られる(図 4・26)。

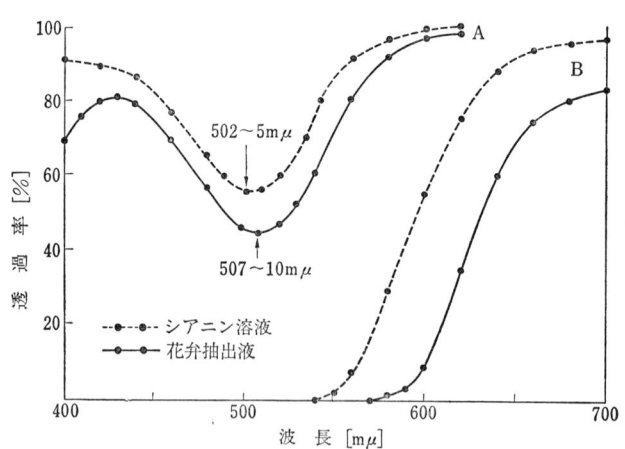

溶媒：0.1 N-リン酸＋0.1 N-リンゴ酸(1:1)，pH＝3
曲線A：シアニン濃度 50 μg/ml(1 cm 比色管による)
曲線B：シアニン濃度 550 μg/ml(1 in 比色管による)
　図 4・26　シアニン溶液と花弁抽出液の透過曲線
　　　(Yasuda, 1969)

(c) シアニン溶液にコピグメント様物質を加えたときのスペクトル変化

花弁の酸性抽出液に酢酸エチルを加え振とうして放置すると，酢酸エチル層に淡黄色または淡褐色の物質が移行する。この酢酸エチルフラクションを集め，エステルを蒸発させて得られた残査を水に溶かし，これをシアニン溶液に加えると（この場合両液の pH は厳密に 3 に調整），シアニン溶液固有の最小透過波長は長波長側へわずかに移動し（深色効果），最小透過率は少し低められる（濃色効果）(表 4·27)。

表 4·27 赤色系バラ花弁より抽出したコピグメント様物質によるシアニン溶液のスペクトル変化(Yasuda, 1969)

試　　験　　液*	最小透過波長 [mμ]	最小透過率 [%]
シアニン溶液のみ	502〜505	60
シアニン溶液＋酢酸エチルフラクション**	508〜511	41 (51.6) ***
酢酸エチルフラクションのみ	——	86

* 溶媒はいずれも 0.1 N−リン酸＋0.1 N−リンゴ酸(1:1)で，pH は 3.0 に調整，またシアニンの最終濃度も同一に規定。
** 花弁の塩酸性抽出液に酢酸エチルを加え，振とう後酢酸エチル層を集め，蒸発乾固したものを上記溶媒に溶かしたもの。
*** （　）内は理論値：$\left(\frac{60}{100}\right) \times \left(\frac{86}{100}\right) \times 100$

(d) この効果の花色変異上での役割　　以上(a)〜(c)の実験結果から，赤色系バラ花弁の中で主色素であるシアニンはコピグメンテーション類似の作用を受けているという可能性がうかがえる。しかし，この作用は本来のコピグメンテーション効果にみられるような強い青色化ではなく，むしろシアニン自身の赤色を濃厚にする作用をもっているものと考えられる。

このような効果が実際の花色のうえにどの程度影響があるかを調べるために，同一シアニン濃度，同一 pH のシアニン溶液と花弁抽出液から得た透過曲線に色彩学的計算を行ない，I. S. C. C.−N. B. S. 方式の色名を求めた。その結果，シアニン含量が比較的高いとき，このコピグメンテーション様効果は花色のニュアンスのレベルで影響するものと推定される(表 4·28)。

花弁の表面反射光の役割

赤色系バラ花弁の反射光線には 2 種類が区別される。一つは選択反射光線で，

表 4・28 シアニン溶液と花弁抽出液の I. S. C. C.-N. B. S. 色名との比較(Yasuda, 1968)

試 験 液	シアニン含量 [μg/ml]	pH	I. S. C. C.-N. B. S. 色名
例 1			
シアニン溶液	150	2	vivid reddish Orange
花弁抽出液	150	2	vivid reddish Orange
例 2			
シアニン溶液	300	2	strong reddish Brown
花弁抽出液	300	2	deep reddish Brown

花弁の表面に当たった光が一度内部にはいり，花弁内のどこかの層(おそらくたくさんの気泡を含んでいる海綿状の組織あたり)で反射されて再び花弁外にでてくる光である。この光は花弁の色素層(おもに上面表皮)を通過してきた光であるから，そこに含まれている色素のスペクトルにより特徴づけられている。他の一つは表面反射光線で，花弁に当たった光は花弁内にはいることなく，乳頭状の上面表皮細胞の先端で反射される光である。この反射光線は花弁の色素層を通過しないから，だいたい白色光とみなされる。前に示した赤色系バラ花弁の表面観の写真中，赤色の「地」は選択反射による部分，白点は表面反射による部分である(図 4・19)。

花弁における二つの反射光をスペクトルの上で理解するには，花弁の反射曲線と含有色素の透過曲線を比較するとよい。種々のシアニン濃度の花弁抽出液——抽出溶媒は 0.1 N-リン酸＋0.1 N-リンゴ酸(1 : 1)の混合液，pH は 3 に調整——の透過曲線の形状は，シアニンの濃度によって異なっている(図 4・27)。これを便宜的に次の 3 型に分類することができる。

(a) 低濃度型　シアニン濃度が比較的低い場合の曲線の形状で，500～560 mμ に一つの谷をもっている(図 4・27, 曲線 1～3)。この谷の最下端はシアニン濃度が高くなるにつれて横軸に近づき，ついにはこれに接するようになる。

(b) 中濃度型　シアニンの濃度がさらに高くなると，この谷の下端は横軸で左右二つに切断され，短波長側に 1 個の山状，長波長側に 1 個の S-字状の曲線となる(図 4・27, 曲線 4, 5)。シアニン濃度が高くなるにつれて山状曲線はだんだん低くなり，S-字状の曲線は長波長側へ移動する。

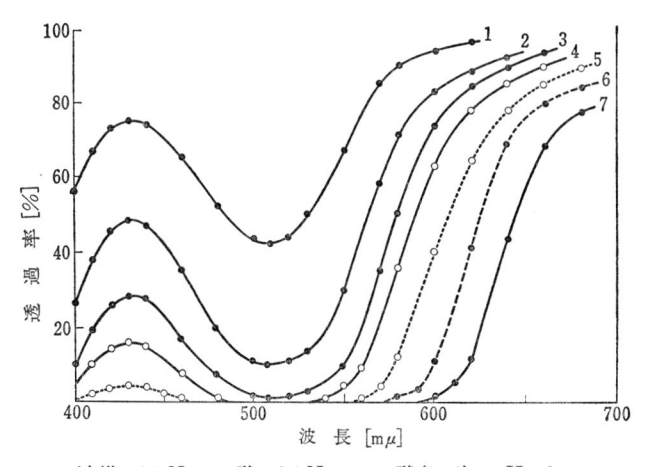

溶媒：0.1 N-リン酸＋0.1 N-リンゴ酸(1:1)；pH：3
シアニン濃度 [μg/ml]
曲線 1:30；2:60；3:95；4:150；5:240；6:530；7:970
図 4・27　種々のシアニン濃度のバラ花弁抽出液の透過曲線
(Yasuda, 1969)

(c) 高濃度型　シアニン濃度がさらに高くなると，短波長側の山状曲線は消失して，長波長側に S-字曲線を残すだけとなる(図 4・27，曲線 6, 7)。S-字曲線の位置はシアニン濃度が高くなるにつれて，中濃度型の場合と同様長波長方向へ移動する。

　赤色系バラ花弁の反射曲線の形状は，花弁抽出液の透過曲線のうち中濃度型か高濃度型に近似している(図 4・3)。しかし，透過曲線では，中濃度型であれ高濃度型であれ，その下方は横軸に接しているのに対して，反射曲線では横軸からやや離れて位置している。いいかえれば，反射曲線には，横軸にほぼ平行な，反射率にして 2.5～4.0％ の横線が現われている。透過曲線にはこの横線はない。この横線は，反射曲線上に現われた表面反射光による部分と考えるのが至当であろう。したがって，赤色系バラ花弁の反射曲線は，この表面反射光に基づく横線の上に，選択反射光による曲線——透過曲線の中濃度型または高濃度型に相当する形状のもの——がのったものと理解することができよう。

　われわれはこれらの選択反射光と表面反射光との 2 種類の光をいっしょに網

194   4 花色変異の機構

膜に映じさせ，一様の色として感受しているわけであるから，花色は色彩学でいう加法混色の一種である集合色とみなすことができる．加法混色とその成分となっている個々の色との三色刺激値間には簡単な算術的関係(加減)が成り立つから(色彩学書参照)，花弁の反射曲線を三色係数計算器で計算するとき，同一の反射曲線に対して次の2通りの計算を行なったわけである．すなわち，まず本来の横軸(図4・28, O——X)を基線として混色としての計算を行ない，ついで基線を表面反射光によると考えられる横線(図4・28, O′——X′)まで平行移動させ——これにより表面反射による色光部分は除かれる——，選択反射光による色光部分だけとして再度計算を行なう．それぞれの計算から得られた明度と色度座標とから I. S. C. C.–N. B. S. 色名を求めた結果，もし色名上に差

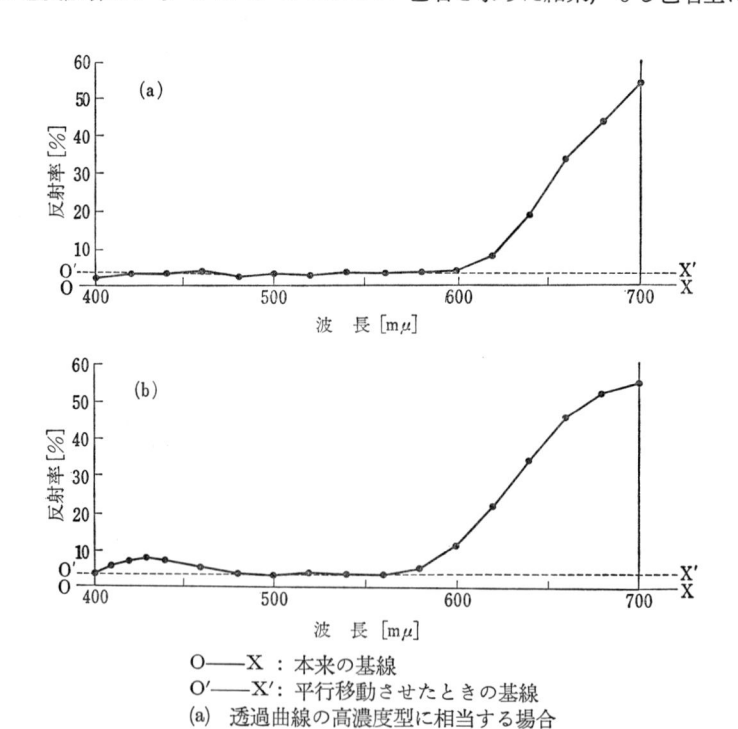

O——X ： 本来の基線
O′——X′： 平行移動させたときの基線
(a) 透過曲線の高濃度型に相当する場合
(b) 透過曲線の中濃度型に相当する場合

図 4・28 赤色系バラ花弁の反射曲線を三色係数計算器にかける場合の基線 (Yasuda, 1967)

異が生じた場合には，それは表面反射光がわれわれの感覚上識別できる程度に影響することを意味するものである。

通常の横軸を基線にして求めた I. S. C. C.–N. B. S. 色名と，表面反射光による横線まで基線を平行移動させて求めた色名は表 4・29 のとおりで，基線の平行移動による色名上の変化は明度 Y の値によって次の三つの型に分けることができる。

［第 1 型］　平行移動前の Y の値が $8.52 \sim 12.55\%$ のもので，平行移動前後とも色名は strong purplish Red か deep purplish Red でまったく変化していないか，あるいは strong purplish Red ⟶ deep purplish Red とニュアンスのレベルでの変化がみられる程度で，以下に述べる二つの型のような明らかな変化があるとは考えられない。

［第 2 型］　平行移動前の Y の値が $6.21 \sim 7.25\%$ のもので，平行移動により purplish Red という色名には変わりはないが，それにつく修飾語として dark ⟶ very deep または dark ⟶ very dark と変化が起こる型である。いいかえれば，ニュアンスのレベルで明らかな変化がみられる。しかし，中には purplish Red ⟶ reddish Brown と主色名に変化が起こる場合もある。

［第 3 型］　平行移動前の Y の値が $3.98 \sim 5.58\%$ の場合で，平行移動により purplish Red ⟶ reddish Brown のように主色名に変化がみられる。

平行移動前の Y の値が 3.98% 以下の場合は，平行移動後の Y が 1% 以下となる。I. S. C. C.–N. B. S. の色名を求める図では，Y の値が 1% 以下のものがないので具体的色名が得られない。しかし，別の表色系（たとえば修正マンセル式——詳細は専門書参照）から判断すると，第 3 型と同程度あるいはそれ以上の変化があるようである。

このように，Y の値が小さくなると色名の変化は大きくなる傾向がある。一方，前述したように，赤色系バラ花弁では明度 Y の値はシアニン含量に反比例するから（図 4・23 参照），表面反射の花色への影響は色素含量が高くなるにつれて大きくなる。

表 4·29 赤色系バラ花弁の反射曲線を三色係数計算器にかける場合，通常の横軸を基線にしたときと，基線を平行移動させたときの I. S. C. C.–N. B. S. 色名 (Yasuda, 1967)

品種*	通常の横軸を基線にした場合		基線を平行移動させた場合	
	Y [%]	I. S. C. C.–N. B. S. 色名	Y [%]	I. S. C. C.–N. B. S. 色名
Radar	12.55	strong purplish Red	9.55	strong または deep } purplish Red
Fire King	12.35	strong purplish Red	9.35	strong または deep } purplish Red
Independence	8.52	strong または deep } purplish Red	5.52	deep purplish Red
Happiness	7.25	dark purplish Red	3.75	very deep purplish Red
Karl Herbst	6.71	deep purplish Red	4.21	very deep purplish Red
Christian Dior	6.43	dark purplish Red	3.93	deep reddish Brown
Christian Dior	6.21	dark purplish Red	3.21	very dark purplish Red
Charles Mallerin	5.58	dark purplish Red	2.58	deep reddish Brown
Charles Mallerin	5.42	dark purplish Red	2.45	very deep purplish Red または dark reddish Brown
Christian Dior	5.29	dark purplish Red	2.29	deep または dark } reddish Brown
Josephine Bruce	5.09	dark purplish Red	2.59	deep または dark } reddish Brown
Crimson Glory	4.75	very dark または dark } purplish Red	1.75	deep reddish Brown
Christian Dior	4.67	dark purplish または very dusky } Red	1.67	dark reddish Brown
Charles Mallerin	4.48	very dusky または dusky } purplish Red	1.48	very dark purplish Red
Crimson Glory	4.45	very dusky または dusky } Red	1.45	dark reddish Brown
Happiness	4.06	very dusky または dusky } Red	1.56	deep reddish Brown
Bonne Nuit	3.98	very dusky Red Purple	0.98	very dark purplish Red
Charles Mallerin	3.55	purplish Black	0.55	**
Charles Mallerin	2.95	very dusky Red Purple	0.45	**
Bonne Nuit	2.92	reddish Black	0.42	**

* 通常の横軸を基線にしたときの明度 Y の値の大きい順に配列してある．
** Y が 1 % 以下では，I. S. C. C.–N. B. S. 色名は求められない．

花弁の半透明性の影響

　花弁は一種の半透明体である。したがって，花弁に当たった光（入射光）のすべてが反射にあずかるわけではない。入射光の一部は花弁内の種々の成分，たとえば細胞膜，細胞質，顆粒などに吸収され，また一部は花弁を通り抜けて裏面に去る。これらの残りが選択反射にあずかることになる。

　この花弁の半透明性は，花色にどのような影響を与えているのであろうか。これを調べるために Yasuda(1968) は，透過率測定の光路に半透明の条件（たとえば，通常の比色管に半透明ビニールを巻く）を与えて色素溶液の透過率を測定した。図 4・29 はこのようにして得られた透過曲線の一例である。あるシアニン濃度の色素溶液の透過曲線を，通常の比色管を用いて描くと曲線(2)が得られる。同じ色素溶液を曲線(1)の透過曲線をもつ半透明比色管に入れて透過曲線を描くと曲線(3)が得られる。白バラ花弁の反射率はだいたい 60% のレベルにあるから（図 4・30），曲線(2)が示す半透明性は実際の花弁の半透明性をある程度近似的に代表しているとみなすことができよう。

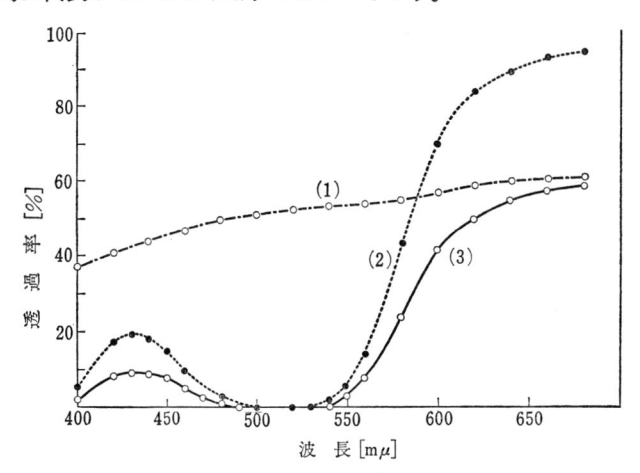

(1) 1 in 比色管に半透明ビニールを巻いたもの
(2) 通常の比色管(1 in)によるシアニン溶液（シアニン濃度＝180 μg/ml）の透過曲線
(3) (1)の比色管による(2)のシアニン溶液の透過曲線

図 4・29　半透明の条件を与えて測定したシアニン溶液の透過曲線 (Yasuda, 1968)

通常の比色管を用いて測定したシアニン溶液の透過曲線のうち，中濃度型と高濃度型のもの(p. 193)とは赤色系バラ花弁の反射曲線にその形状がだいたい近いが，次の点ではかなりの相違がみられる。すなわち，反射曲線では 700 mμ における反射率が 60% 前後であるのに対して，透過曲線の同波長での透過率は 90% 前後となっている。しかし，ここで述べたように，比色管に適当な半透明性を与えることにより，これらの相違をある程度少なくすることができる。

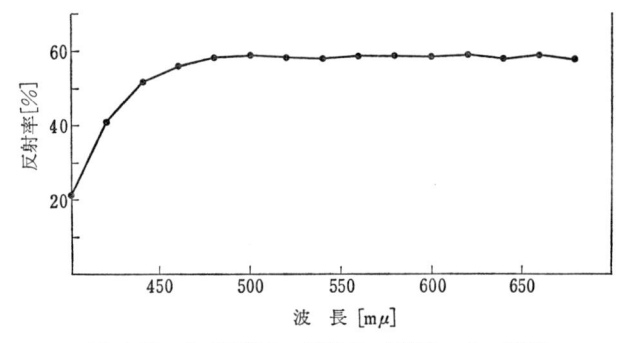

図 4・30 白バラ花弁の反射率の例(Yasuda, 1968)

種々のシアニン濃度の花弁抽出液について図 4・29 と同様の測定を行ない，得られた透過曲線から I. S. C. C.–N. B. S. 色名を求め，通常の比色管を用いたときの色名と半透明にした比色管を用いたときの色名とを比較すると，色素濃度がある程度高いとき，この半透明性は花色にニュアンスのレベルで影響を与える可能性がうかがえる(表 4・30)。

花弁の色素層の細胞液の pH

以上述べた反射・透過両曲線の比較から，花色の微細変異に関係している幾つかの要素が考察されたわけであるが，まだ二三の不明の点が残されている。たとえば，長波長側に現われている S-字曲線の曲率の問題がある。半透明性を加味して測定した色素溶液の透過曲線のうち中濃度型のものと高濃度型のものとは赤色系バラ花弁の反射曲線に近いが，よくみると S-字曲線の曲率は反射曲線のものよりやや大きい。半透明性を加味した実験そのものは，もちろん

表 4·30 通常の比色管を用いた場合と半透明の比色管を用いた場合とにおける，バラ花弁の色素抽出液の色彩学的計算結果(Yasuda, 1968)

透過曲線		色度座標		明度 $Y[\%]$	I.S.C.C.-N.B.S. 色名
		x	y		
花弁抽出液 1 * シアニン濃度＝ 180 μg/ml	通常の比色管**	0.53	0.31	26.91	vivid Red
	半透明比色管	0.54	0.32	15.92	vivid Red
花弁抽出液 2 シアニン濃度＝ 700 μg/ml	通常の比色管	0.71	0.29	4.93	deep reddish Brown
	半透明比色管	0.71	0.29	2.75	deep reddish Brown
花弁抽出液 3 シアニン濃度＝ 970 μg/ml	通常の比色管	0.70	0.29	3.26	deep reddish Brown
	半透明比色管	0.72	0.29	1.87	deep Brown

* 抽出溶媒はいずれも 0.1 N-リン酸＋0.1 N-リンゴ酸(1:1), pH 3.0。
** 比色管はいずれも 1 in のもの。

近似的なものではあるが，それにしてもまだほかの要素が関係しているらしい。

その一つに花弁の色素層の pH がある。前に述べたように，バラ花弁の色素層の細胞液の pH はだいたい 3 近くと考えられるが，この値の近辺でも 1 以内の上下があるとみなければならない。pH の微小変異と花色との具体的関係はまだ十分に調べられていないが，この程度の pH の相違でもアントシアニン溶液の色調は肉眼で区別できる程度に変化する。したがって，花色の微細変異を考えるとき，花弁の細胞液の pH のわずかな変化もみのがせない要素といわなければならない。

この色調の変化は，透過曲線の上では，pH が高くなるに従って S-字曲線の曲率が小さくなる傾向を示す。しかし，花弁内の正確な pH や，その変異の正確な幅が測定できない現状では，透過曲線の形状から酸性度を加味して色調変異を考察しても意味がないことになる。このように，花弁の色素層の酸性度と花色の微細変異を，より具体的に関係づけることは今後に残された問題の一つといえよう。

4·10 バラ花弁にみられるブルーイング現象

すでに Bayer(1958)が指摘したように，一般にアントシアニンによる花色は開花が進むにつれて赤の色調が弱まり青の色調が強まる傾向にある。赤色系栽

培バラの品種の中には特にこの傾向の強いものがあり，著しく美観をそこない，花の鑑賞的価値を低下させる場合がある．このため，バラの場合は「ブルーイング bluing」といわれ，園芸学上古くから注目されてきた．しかし，この発生原因については二三の報告がなされているだけで，まだ不明の点が多く残されている．バラのブルーイングの発生機構を究明することは花卉園芸学上有意義であるばかりでなく，花弁の青色発現の一因としても検討しなければならない問題で，今後に期待したい．ここでは，将来の参考のためにこれに関する二三の知見を紹介する．

(a) タンニン欠乏によるとする研究　これは Currey(1927)が唱えたもので，バラのブルーイングの発生原因についての報告では最も古いものであろう．この研究では，ブルーイングを起こしやすいバラの品種 Hadley と起こしにくい品種 Lady Maureen Stewart とを用いて色素，灰分およびタンニンの定性，定量を行なった．花色素は両品種とも同一種類のアントシアニン(シアニジン配糖体)で，量的には Hadley のほうが他方よりやや少ないという結果が得られている．このことからブルーイングの原因をアントシアニンの種類に求めることはできない．鉱物質は，Hadley では乾燥花弁中 3.09%，Lady Maureen Stewart では 3.35% で両者の間には大差なく，また個々の無機物の種類や含量にも両品種間ではほとんど差異がみられていない．このことから，鉱物質もブルーイングの発生原因ではないと Currey は述べている．次にタンニンの含量を比較すると，両品種間では明らかに差があり，前者のほうが少ないという結果が得られている(表 4・31)．

表 4・31　赤色系バラの栽培品種 Hadley と Lady Maureen Stewart の花弁におけるタンニン含量(Currey, 1927)

花　　　　　　　　　　　　　弁	タンニン含量[%]
Hadley*	
ブルーイングが発生しているもの	6.33
ブルーイングが発生していないもの	7.58
Lady Maureen Stewart**	11.62

　*　ブルーイングが発生しやすい品種．
　**　ブルーイングが発生しにくい品種．

Currey はこの結果に基づいて，タンニンはアントシアニンを青色化または脱色から保護し，アントシアニンの赤色を安定化(オキソニウム塩を形成することによる)させる役割をもつものと考えた。そして，このタンニンが花弁内に欠乏するとこの保護作用がなくなり，ブルーイングが起こると結論している。しかし，Currey はシアニン配糖体が青色を呈する直接の原因については明らかにしていない。

(b) 花弁細胞液の pH 上昇によるとする研究　Currey の研究から 30 年経過した 1957 年に Weinstein は赤色系バラの 1 品種 Better Times を用いて切花におけるバラの花の老化に伴う化学成分の変化を研究したが，その中でブルーイングの成因についても触れている。同氏はまず花弁のアントシアニン(シアニン)とタンニンとを定量した(図 4·31)。それによれば，切花後 96 時間目まで

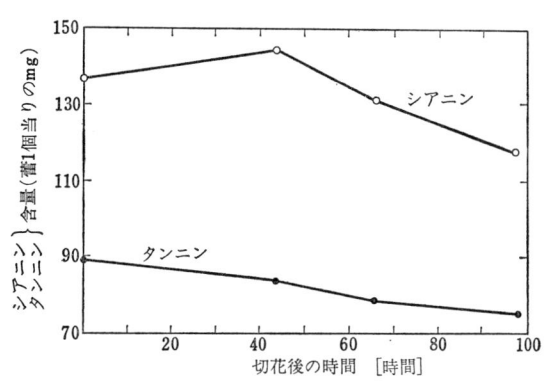

図 4·31　切花後のバラ花弁(Better Times)におけるシアニンとタンニンの量的変化(Weinstein, 1957)

は，シアニン/タンニンの量的比率は 1.54〜1.70 で大きな変化がみられないが，ブルーイングは切花後 96 時間目にはすでに起こっている。このことから，Weinstein はタンニンのブルーイング発生における役割に否定的な見解を提出している。そして，それにかわるブルーイングの原因として花弁組織液の pH 上昇を考えた。Better Times の花弁中の遊離アンモニア——ある種のアミノ酸の脱アミノ作用により生じる——の量は Weinstein の測定(図 4·32)によれば，切花後 96 時間目には切花初期の 20 倍またはそれ以上に増加する。同氏は，

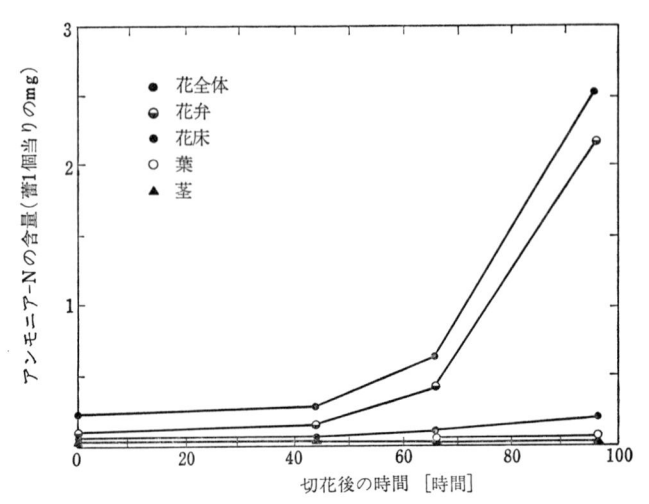

図 4·32 切花後のバラ花弁(Better Times)におけるアンモニア性窒素の量的変化(Weinstein, 1957)

この遊離アンモニアが花弁の色素層の pH を上昇させてブルーイングを起こさせる原因と考えた。

(c) タンニンを主体とする特殊な細胞内構造によるとする研究　Yasuda (1970)は，ブルーイングの起こっているバラ花弁に組織化学的検討を加えた結果，色素層(おもに上面表皮)の細胞内にタンニン物質を主体とする特殊な細胞内構造が出現し，これがブルーイングの重要な原因をなしていることを明らかにした。

ブルーイングの現われている花弁の上面表皮を顕微鏡で観察すると，ブルーイングには次の2型があることがわかる。一つは表皮細胞の液胞内に青色の球状または塊状のもの———一応球状体とよんでおく———が生ずる場合(図 4·33(a), (b)の矢印)，他は細胞液全体が青色を呈している場合である。後者の型は花が半ば腐った状態となり花としての価値がすでに失われた場合にみられるが，一般にブルーイングといわれているものではむしろ前者の型が多くみられる。そこで Yasuda は，前者の型の主体である青色の球状体に組織化学的試験を試みた。

生の上面表皮で青色球状体を詳しく観察すると，球状体がかなり発達した

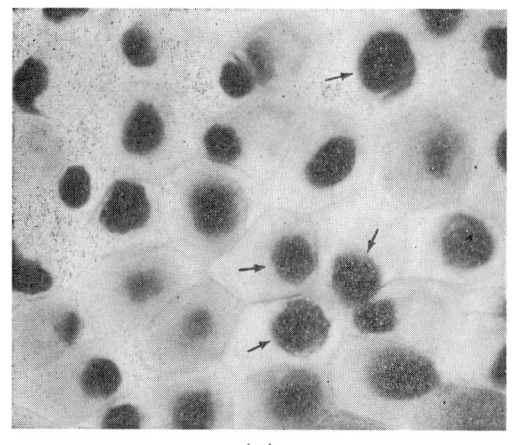

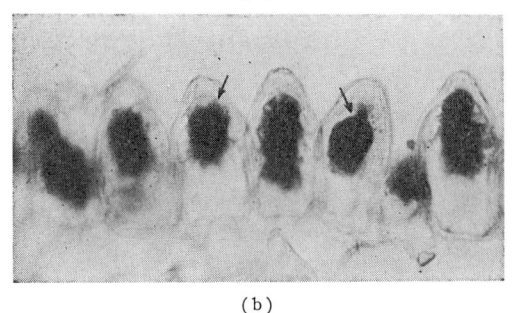

(a) 上面表皮をはがしたもの
(b) 上面表皮の凍結ミクロトームで切片(厚さ 30 μ)
図 4・33 ブルーイングが十分に発生している赤色系バラ(cl-Crimson Glory)花弁の上面表皮。矢印は青色球状体の代表的なものを示す(Yasuda, 1970)

液胞はほとんど無色で，球状体の部分だけが青色であるが，あまり発達していない球状体を含む液胞は赤色(アントシアニンによる)を呈する。液胞がすでに無色となり，球状体の部分だけが青色となった上面表皮に n-塩酸を作用させると，球状体の青色は赤色に変わり，やがて赤色のものが球状体から溶出して液胞は赤色になる。このとき，球状体は肉眼ではほとんどみえなくなる。このことから，青色の球状体にはアントシアニンが関与していると思われる。なお，球状体の青色はアントシアニンのアルカリ性色とは考えられない。なぜならば，前述したように，中程度にブルーイングが現われている花弁では，青色の球状

体を含む細胞液が明らかにアントシアニンの酸性色(赤色)を呈しているからである。

表皮細胞を1％塩酸性メタノールで処理すると，青色球状体は脱色される。この脱色した球状体は，クロム酸で褐色に，塩化鉄(III)で緑青色に，またメチレンブルーで青色に染まる。また，表皮を Kaiser 氏液†で固定しても青色球状体は脱色される。これにトルイジンブルーを作用させると球状体は青色に染まる(図4・34)。クロム酸，塩化鉄(III)，メチレンブルーなどは植物組織中のタンニン物質を検出する試薬であり，また Kaiser 氏液で固定後トルイジンブルーで染色する方法は Toriyama (1952, 1954) がオジギソウの運動細胞におけるタンニン物質検出に推奨した方法である。したがって，ここに述べた組織化学的諸反応がすべて肯定的の結果を示したことから，青色球状体に一種のタンニン物質が関係していることはほぼ確実である。

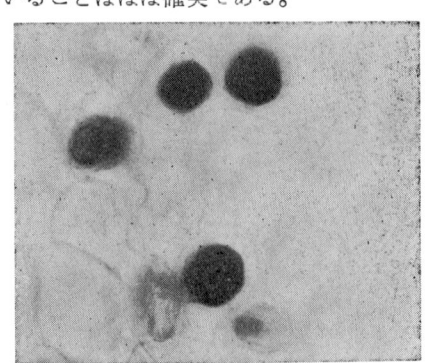

図 4・34 ブルーイングが十分に発生している赤色系バラ(cl-Crimson Glory)花弁の上面表皮を Kaiser 氏液で固定，トルイジンブルーで染色したもの (Yasuda, 1970)

1％塩酸酸性メタノールで脱色した上面表皮を十分水洗し，シアニン溶液を作用させると赤色を呈するにすぎないが，シアニン溶液と硫酸鉄(III)溶液とを同時に作用させると明らかに青色を呈する。この場合，硫酸鉄(III)溶液だけではわずかに緑青色を示すだけである。鉄塩のかわりにマグネシウム，カルシウム，アルミニウムなどの塩類をそれぞれシアニンとの共存下で作用させても，

† Kaiser 氏液　塩化水銀(II)10 g＋氷酢酸 3 ml＋蒸留水 300 ml。

表 4·32 1％塩酸性メタノールで脱色した球状体*にシアニンおよび各種の金属イオンを作用させたときの呈色(Yasuda, 1970)

試　　験　　液**	球状体の呈色
シアニン(100 μg/ml)	赤　色
1％硫酸鉄(Ⅲ)	淡緑青色
1％硫酸マグネシウム	無　色
1％塩化カルシウム	無　色
1％塩化アルミニウム	無　色
シアニン＋硫酸鉄(Ⅲ)	青　色
シアニン＋硫酸マグネシウム	赤　色
シアニン＋塩化カルシウム	赤　色
シアニン＋塩化アルミニウム	赤　色

＊　使用品種は cl-Crimson Glory で，ブルーイングが十分に現われた花弁のもの。
＊＊　試験液の溶媒は 0.1 N-リン酸＋0.1 N-リンゴ酸(1:1)の混液を水酸化ナトリウムで pH 3 に調整したものである。

脱色した球状体は青色を示さない(表 4·32)。このことから，バラのブルーイング花弁の上面表皮細胞にみられる球状体の青色発現には少なくともシアニン，タンニン，鉄の協同作用が必要であると考えられる。

さて，このタンニン物質は細胞内構造上どのようなものに属するのであろうか。この問題は青色発現には直接関係がないし，またまだ具体的にはっきりし

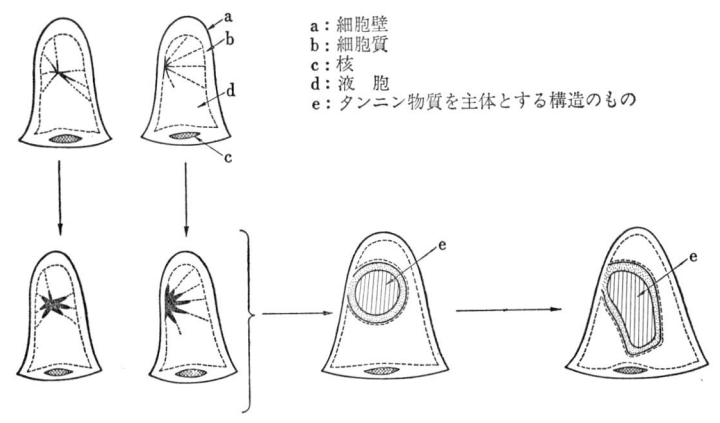

a：細胞壁
b：細胞質
c：核
d：液胞
e：タンニン物質を主体とする構造のもの

図 4·35　赤色系バラのブルーイング花弁の上面表皮細胞にみられる球状体の発達模式図(Yasuda, 1971)

たことはわかっていないので詳細は省略するが，Yasuda(1970, 1971)が検討したところでは，図4・35の模式図に示した発生過程で球状体ができあがるものと思われる。すなわち，まず花弁の上面表皮細胞の細胞質内にタンニン物質が放射状に現われ，それがしだいに発達して星状を経て球状となり，液胞内に突きでてくる。この球状体はタンニン物質を主体としていること，発生の起源が細胞質内にあること，発達した球状または塊状のものは細胞質様のものでおおわれていることなどから，Toriyama(1952, 1954)がオジギソウの運動細胞で観察したタンニン液胞に酷似している。

タンニン物質がバラ花弁の上面表皮細胞内でどのような構造で存在するかはまだ検討する余地があるが，前に述べた幾つかの細胞化学的試験結果に基づいて，バラ花弁のブルーイングの発生機構を考察すると次のようになる。まず，上面表皮細胞にタンニン物質がなんらかの細胞内構造として発生する。すでに液胞内に存在していたアントシアニン(シアニン)がこれに吸着され，さらに鉄(すでに花弁に含まれていたものもあるが，蒸散流により後から蓄積されたものもあると考えられる)が作用して青色を呈する。最近のYasuda(1971)の観察によれば，この球状体から鉄が検出されている。

ここに述べたように，アントシアニン花弁の青色化に細胞内構造が関係していることは，バラ花弁のブルーイングの発生原因の解明に役立つだけでなく，花色変異の機構解明の上にも一つの側面を提供したことになるであろう。

4・11 花弁の吸収スペクトル

いままで花色変異の機構についての研究を幾つか紹介してきたが，多くは花弁の搾汁や抽出液，または種々の化学的操作により得られた色素結晶などに基づいて行なわれたものである。最近，生の花弁の細胞液の吸収スペクトルを直接測定することにより，細胞内での色素の状態を考究する試みがなされている。ここでは，その測定方法，測定結果，それに関する二三の知見などを紹介する。

(a) オパールガラス透過法とその実験例　これはオパールガラスが平行光線を散乱光線として透過させる性質(図4・36)を利用して，懸濁液あるいは半透

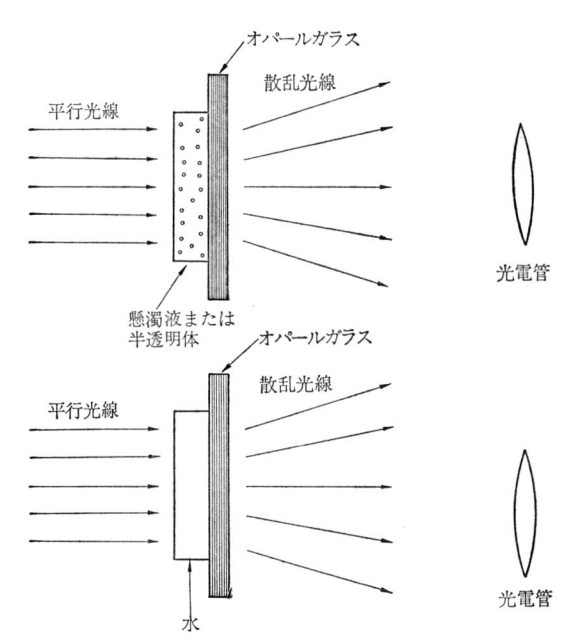

図 4·36 懸濁液または半透明体の吸収スペクトル測定における
オパールガラス透過法原理図 (Shibata, 1958)

明体の吸収スペクトルを鮮明に測定する方法である——詳しい原理は Shibata (1958, 1959) を参照のこと。可視部のスペクトル測定の場合，半透明のパラフィン紙は，オパールガラスの代用となる。

　この方法で花弁の吸収スペクトルを測定するには，花弁をそのままか，あるいは色素を含んでいる表皮をはがしたものをスライドガラスにつけ（スライドガラスには水をマウントしておく），その上をオパールガラスの薄板でおおい，分光光度計の試料保持器にセットする。後は通常の吸収スペクトルの測定方法と同じである。この場合の対照には，スライドガラスにオパールガラスだけをつけたものを使用する。花弁が比較的薄いときは，オパールガラスは1枚でよいが，花弁が厚いときや濃厚な色調のときは2～3枚重ねて使用する。また，毛や突起物がある花弁を使用するときは，あらかじめ50％グリセリン（ごく少量のトゥイーン80を含む）か約0.8％のショ糖液に浸してからスライドガラス

表 4·33 生の花弁の吸収スペクトル(Saito, 1967)

植　　　　物*	最大吸収波長 [mμ]		花色	おもなアントシアニジン型
A型				
Centaurea cyanus L.(ヤグルマギク)	550	660	薄紫色	シアニジン
	542	664	桃色	ペラルゴニジン
	530	668	赤色	ペラルゴニジン
	522	666	赤色	ペラルゴニジン
Chrysanthemum morifolium Ramat. var. sinense Makino(キク)	542	675	エビ茶色	シアニジン
Callistephus chinensis Nees(エゾギク)	544	672	紫赤色	ペラルゴニジン
Antirrhinum majus L.(キンギョソウ)	554	664	赤色	シアニジン
Primula sieboldi E. Morren (サクラソウ)	560	664	薄桃色	ペラルゴニジン
	543	664	桃赤色	ペラルゴニジン
Primula polyanthus Hort.	544	668	桃赤色	ペラルゴニジン
	543	668	赤色	ペラルゴニジン
Pelargonium inquinans Ait. (テンジクアオイ)	500	647	スカーレット	ペラルゴニジン
Rosa "Hybrid Tea" (バラの交配種 H. T. 種)	542	664	桃色	ペラルゴニジン
	540	665	桃色	ペラルゴニジン
	530	662	赤色	シアニジン
	528	666	赤色	{シアニジン / ペラルゴニジン}
Chaenomeles japonica Lindl. (クサボケ)	512	663	橙赤色	ペラルゴニジン
Matthiola incana R. Br. (アラセイトウ)	540	666	暗赤色	ペラルゴニジン
B型				
Centaurea cyanus L.(ヤグルマギク)	535		桃色	ペラルゴニジン
	530		暗赤色	シアニジン
Dahlia variabilis Desf.(ダリア)	570〜580		紫赤色	シアニジン
Sinningia speciosa Benth. et Hook. fil.(グロキシニヤ)	560		暗紫色	デルフィニジン(?)
Pharbitis nil Choisy(アサガオ)	570〜580		青色	ペオニジン
Primula obconica Hance.	535		赤色	ペラルゴニジン
Primula malacoides Franch (オトメザクラ)	510〜530		青赤色	ペラルゴニジン
Pelargonium inquinans Ait. (テンジクアオイ)	520		橙赤色	ペラルゴニジン
Viola tricolor L.(パンジー)	560		紫色	デルフィニジン
	535		紫色	デルフィニジン
	510〜520		赤紫色	デルフィニジン
	490		赤紫色	デルフィニジン
Lathyrus odoratus L.(スイートピー)	540		薄桃色	ペラルゴニジン
	530		スカーレット	シアニジン

植物				色	色素
Rosa "Hybrid Tea" (バラの交配種 H. T. 種)	520			桃橙色	ペラルゴニジン
Hydrangea macrophylla Seringe var. otaksa Makino(アジサイ)	570〜580			青　色	デルフィニジン
	545			紫赤色	デルフィニジン
Dianthus chinensis L.(セキチク)	560			紫赤色	シアニジン
Tulipa gesneriana L.(チューリップ)	505			スカーレット	ペラルゴニジン
Iris hollandica Hort.	560			濃青	マルビジン
				紫色	デルフィニジン
Iris ensata Thunb. var. *hortensis* purple Makino et Nemoto (ハナショウブ)	534			赤紫色	マルビジン
C型					
Senecio cruentus DC.(サイネリア)	543	574	622	紫青色	デルフィニジン
	520	549	585	紫青色	シアニジン
Stokesia laevis Greene(ルリギク)	(545)	565	605	青紫色	シアニジン
Platycodon grandiflorum A. D. C. (キキョウ)	540	570	620	青紫色	デルフィニジン
Campanula lasiocarpa Cham. (イワギキョウ)	540	570	615	青紫色	デルフィニジン
Lobelia erinus L.(ロベリヤ)	573	615	660	濃青色	デルフィニジン
Saintpaulia ionantha Wendl.	(545)	565	605	青紫色	シアニジン
Gentiana scabra Bunge var. *baergeri* Maxin.(リンドウ)	547	577	614	青　色	デルフィニジン
Eustoma russellianum Griser	(545)	565	605	赤紫色	デルフィニジン
Primula polyanthus Hort.	549	579	658	赤紫色	デルフィニジン
Clematis florida Thunb.(テッセン)	545	570	615	赤紫色	デルフィニジン(?)
Aconitum metajaponicum Nakai	538	566	610	紫青色	デルフィニジン
Aconitum japonicum Thunb. (ヤマトリカブト)	538	566	610	紫青色	デルフィニジン
Iris ensata Thunb. var. *hortensis* Makino et Nemoto(ハナショウブ)	545	582	636	青紫色	デルフィニジン
Tradescantia reflexa Rafin (ムラサキツユクサ)	545	580	620	青紫色	デルフィニジン
D型					
Centaurea cyanus L.(ヤグルマギク)	575		660	青　色	シアニジン
Lithospermum zollingeri A. D. C. (ホタルカズラ)	580		(664)	青　色	デルフィニジン
Myosotis scorpioides L. (ワスレナグサ)	592		(670)	青　色	デルフィニジン
Nemophila insignis Benth.	590		614	青　色	デルフィニジン
Lupinus hirsutus L.	556		640	紫青色	デルフィニジン
Iris ensata Thunb. var. *hortensis* Makino et Nemoto(ハナショウブ)	530		640	エビ茶色	マルビジン
Iris xiphium L.(スペインアヤメ)	556		670	赤青色	デルフィニジン
Commelina communis L.(ツユクサ)	592		672	青　色	デルフィニジン

* 和名は「牧野　新日本植物図鑑」による。

につけるとよい。

Saito(1967)は，この方法で51種類の植物について生の花弁の吸収スペクトルを測定している。得られた結果は表4・33に，また代表的な吸収曲線は図4・37，4・38，4・39，4・40にそれぞれ紹介した。同氏は，生花弁の吸収曲線をピークの数，その波長などからA型，B型，C型およびD型に分けている。これらの型を同氏の記載に従って説明しよう。

［A型］　この型では，最大吸収波長が500～540 mμ と 660～670 mμ との2箇所にある。このピークの大きさは，前者は大きいが後者は小さい(図4・37)。500～540 mμ に現われるピークは単離された色素のものにだいたい一致するが，660～670 mμ のピークはジェヌインシアニジンやジェヌインペラルゴニジンにはみられない。したがって，この型に属する花色は少なくともジェヌインアントシアニジンだけによるとはいえないであろうと同氏は述べている。

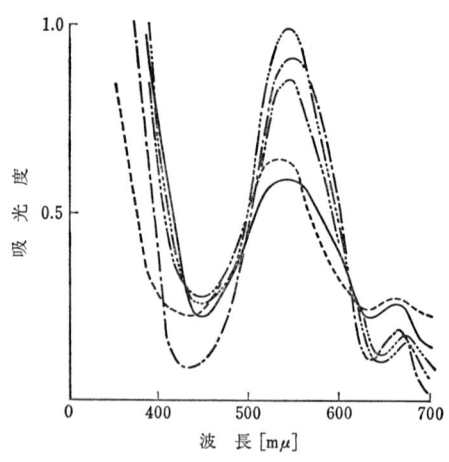

―――― *Rosa* "Hybrid Tea" (桃色)
-------- *Centaurea cyanus* L.(赤色)
―・―・― *Primula sieboldi* E. Morren(桃赤色)
―・・―・・― *Chrysanthemum morifolium* Ramat. var. *sinense* Makino(エビ茶色)
――――― *Callistephus chinensis* Nees(紫赤色)

図 4・37　A型に属する代表的な花弁の吸収スペクトル (Saito, 1967)

───── Rosa "Hybrid Tea"(桃橙色)
─·─ Lathyrus odoratus L.(スカーレット)
─··─ Primula malacoides Franch(青赤色)
----- Viola tricolor L.(紫色)
──·── Tulipa gesneriana L.(スカーレット)

図 4・38　B型に属する代表的な花弁の吸収スペクトル
(Saito, 1967)

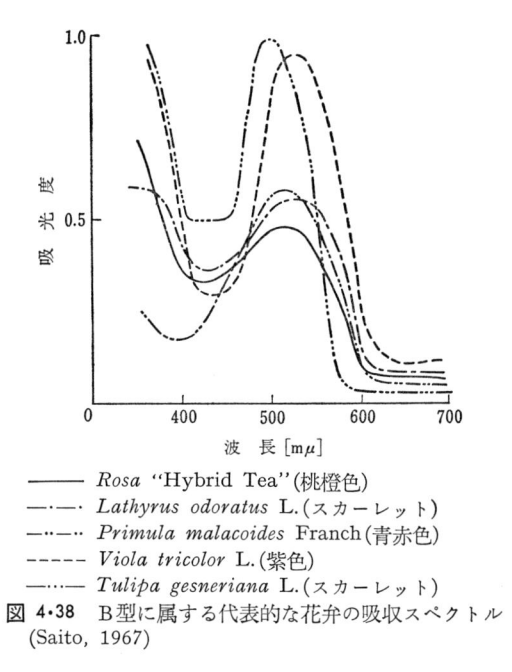

[B型]　この型の吸収曲線は，490～540 mμ に1個の最大吸収をもち，単離した色素の吸収曲線とその形状がほぼ等しい(図4・38)。たとえば，パンジーの花弁の吸収曲線は，ジェヌインビオラニンの溶液の吸収曲線と同形である。このことから，パンジーの花弁ではアントシアニンがジェヌインビオラニン(またはそのカリウム塩)として存在するのではないかと推定されている。

[C型]　この型に属する花は，紫色から青色にかけての色調を示し，可視部の吸収曲線では 520～573 mμ，549～582 mμ，582～660 mμ にそれぞれ1個ずつ，合計3個のピークが現われる。これらのピークのうち2番目のピーク(549～582 mμ)がおもで，他は「肩」として付属している(図4・39)。

[D型]　この型に属する花弁の中には，コンメリニンやプロトシアニンなどのいわゆるメタロアントシアニンを含むものがある。これらの花弁の吸収曲線は(図4・40)，530～592 mμ と 640～672 mμ とにピークをもつ。このうち最初のピークがおもである。このような吸収曲線の形は，すでに述べた単離され

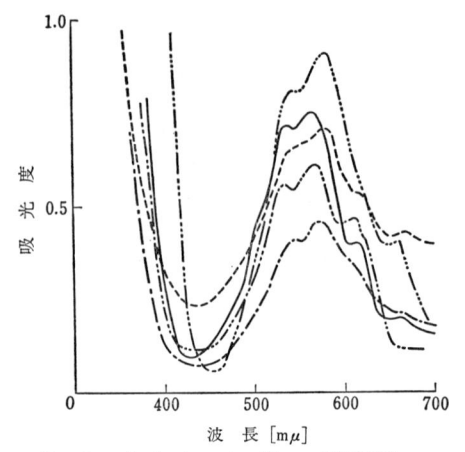

―――― *Campanula lasiocarpa* Cham. (青紫色)
―・― *Gentiana scabra* Bunge var. *baergeri* Maxin. (青色)
―‥‥ *Primula polyanthus* Hort. (赤紫色)
―‥― *Aconitum japonicum* Thunb. (紫青色)
----- *Tradescantia reflexa* Rafin. (青紫色)

図 4・39 C型に属する代表的な花弁の吸収スペクトル (Saito, 1967)

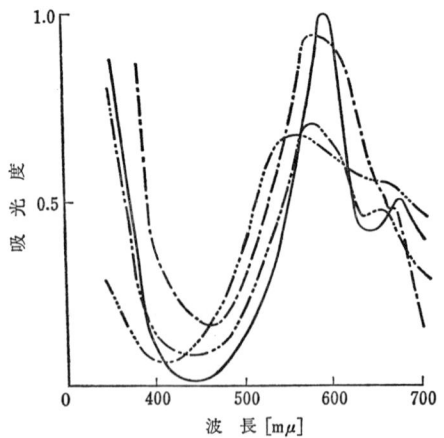

―――― *Commelina communis* L. (青色)
―・― *Lithospermum zollingeri* A. D. C. (青色)
―‥― *Centaurea cyanus* L. (青色)
―‥‥ *Lupinus hirsutus* L. (紫青色)

図 4・40 D型に属する代表的な花弁の吸収スペクトル (Saito, 1967)

たメタロアントシアニンの吸収曲線にだいたい近い。このことから Saito は，花弁の吸収曲線がこの型に属するときは，メタロアントシアニンをも考慮に入れて花色を検討するのが望ましいといっている。

(b) 特殊光電管による透過法とその実験例　普通の分光光度計に使用されている光電管は受光面が比較的小さいこと，受光面が内部にあることなどから，花弁のような半透明体のスペクトル測定には不向きである。なぜならば，普通の光電管を用いて半透明体を透過してきた光線をとらえると図 4・41(a) のようになり，受光面にはいるのは平行透過光線と一部の散乱透過光線であって，大部分の散乱透過光線はとらえられないことになる。また，この型の光電管では受光部が奥にあるため，試料を光電管に密着させても全部の散乱透過光線をとらえることはできない。

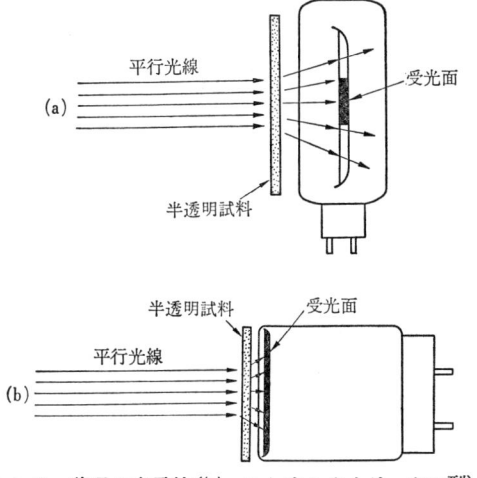

図 4・41　普通の光電管((a)，いわゆるサイド・オン型)と特殊な光電管((b)，いわゆるエンド・オン型)による半透明試料のスペクトル測定原理図

これに対して，図 4・41(b) に示す光電管では受光面が比較的大きく，しかもその受光面が平面状のガラスのすぐ内側にあるから，試料を光電管に接触させれば平行透過光はもちろん，ほとんど全部の散乱透過光もとらえることができる。マルチパーパス自記分光光度計(たとえば，島津製 MPS-50L 形)はこの種

表 4·34 ポインセチアの苞のスペクトル特性とアントシアニン含量
(Stewart ら, 1969)

ポインセチアの種類 (肉眼により色調が 薄くなる順序に配 列されている)	スペクトル特性			アントシアニン含量 [μg/cm^2]					
	最大吸 光度 [O. D.]	最大吸 収波長 [mμ]	吸収帯 の幅 [mμ]	A*	C*	B*	D*	全量	$\dfrac{(A+C)}{(B+D)}$
67— 80—1	2.25	522	54	8.9	9.7	2.5	2.2	23.3	3.9
64—530—2	2.10	522	54	8.5	4.7	6.2	2.5	21.9	1.5
Paul Mikkelsen	2.31	523	54	8.1	4.6	5.6	2.9	21.3	1.5
Ruth Ecke	1.88	526	54	6.4	2.9	3.9	1.2	14.3	1.8
66— 38—1	1.71	525	50	2.3	2.7	1.9	2.4	9.3	1.2
67—130—4	0.85	533	47	1.8	0.8	1.3	0.5	4.4	1.4
65— 52—2	0.74	530	45	0.8	0.2	1.1	1.4	3.5	0.4
64— 61—1	0.70	532	45	0.6	0.2	0.7	0.3	1.9	0.9

* A＝シアニジン-3-グルコシド，C＝シアニジン-3-ラムノグルコシド
　B＝ペラルゴニジン-3-グルコシド，D＝ペラルゴニジン-3-ラムノグルコシド

―――― 64—530—2
－－－－ Paul Mikkelsen
—・—・— 65— 52—2
……… 67—130—4

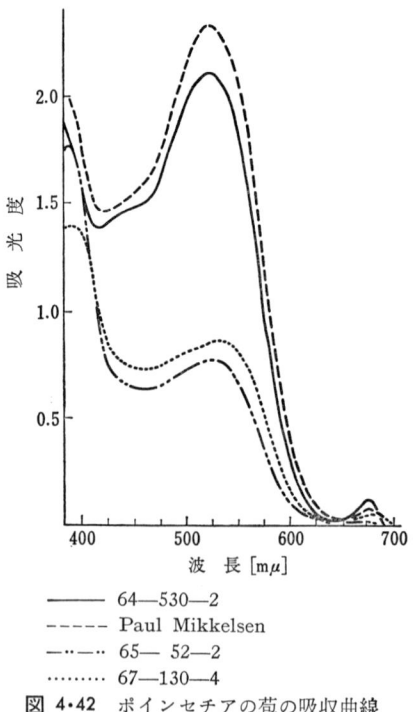

図 4·42 ポインセチアの苞の吸収曲線
(Stewart, 1969)

の光電管が使用できるように設計されている。

　Stewart ら(1969)は，この種の分光光度計を用いてポインセチアの苞の吸収スペクトル(表4・34，図4・42)，バラの花弁およびキンギョソウの花弁の吸収スペクトル(図4・43)をそれぞれ測定した。その結果から，同氏らは次の点を指摘している。

(1) ポインセチアでは，肉眼による苞の色の濃さ，アントシアニン含量およびスペクトルの最大吸光度のそれぞれの順序は，Paul Mikkelsen の場合以外では一致する。

(2) ポインセチアの苞のスペクトルでは，最大吸収波長はアントシアニン含量が低くなるに伴って長波長側に移動し，吸収帯の幅は狭くなる傾向を示す。

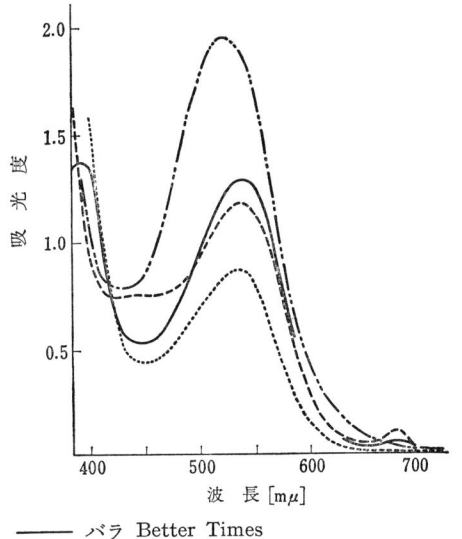

```
―――― バラ Better Times
------ キンギョソウ Potomac Rose
―・・― バラ Forever Yours    ……… バラ Briarcliff
```

図 4・43　バラおよびキンギョソウの花弁の吸収曲線
(Stewart, 1969)

(3) アントシアニン構成の相違はスペクトル特性上には現われない。このことはポインセチアのほか，バラやキンギョソウの花弁でも同様である。たとえばキンギョソウの Potomac Rose，バラの Better Times や Briarcliff では同一

の最大吸収波長(537 mμ)と同一の吸収帯幅(43 mμ)を示すが，アントシアニンの構成は異なり，キンギョソウではペラルゴニジン配糖体，バラではシアニジン配糖体である．

(c) 積分球による反射法とその測定例　　積分球を使用して花弁の反射率を測定する方法はすでに述べた．また，この方法によって得られた花弁の分光反射率曲線(反射曲線)も二三紹介した．これらの反射曲線は，花色の色彩学的検討や反射光線の分析の面からは利用価値があるが，細胞液中の色素のスペクトル特性を調べるには適当でない．なぜならば，反射曲線からは明確な最大吸収波長を求めるのが困難であるからである．

Shibata(1959)は，オパールガラス法を前に述べた積分球に適用して花弁その他の有色細胞液のスペクトルを測定している．この方法はオパールガラス反射法とよばれ，透過度が比較的低い花弁などのスペクトルがかなり鮮明に得られる(図 4・44)．

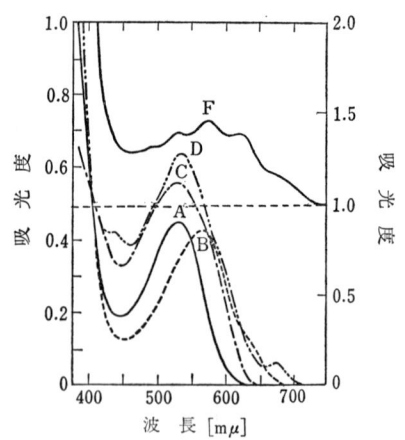

A：スイートピーの花弁(桃色)
B：スイートピーの花弁(紫色)
C：アカダイコンの根——吸光度は右側のものによる——
D：hellebore の花弁
F：ceanothus の花弁——基線は適当に上げてある——

図 4・44　オパールガラス反射法による花弁その他の吸収曲線 (Shibata, 1959)

参考文献

Ahuja, K. G., Mitchell, H. L., Carpenter, W. J., *Proc. Amer. Soc. Hort. Sci.*, **83**, 829 (1963)
Allen, R. C., *Proc. Amer. Soc. Hort. Sci.*, **28**, 410 (1932); *ibid.*, **32**, 632 (1935)
Allen, R.C., Contrbs. Boyce Thompson Inst. **13**: 221 (1943)
Arisumi, K., 九大農芸誌, **21**, 169 (1964)
Asen, S., Siegelman, H. W., Stuart, N. W., *Proc. Amer. Soc. Hort. Sci.*, **69**, 561 (1957); *ibid.*, **73**, 495 (1959)
Asen, S., Siegelman, H. W., *Proc. Amer. Soc. Hort. Sci.*, **70**, 478 (1957)
Asen, S., Jurd, L., *Phytochemistry*, **6**, 577 (1967)
Bate-Smith, E. C., Harborne, J. B., *Nature*, **198**, 1307 (1963)
Bayer, E., *Chem. Ber.*, **91**, 1115 (1958)
Bayer, E., Nether, K., Egeter, H., *Chem. Ber.*, **93**, 2871 (1960)
Bonner, J., "Plant Biochemistry," p. 427, Academic Press, New York (1952)
Bopp, M., *Z. Naturforschg.* **13b**, 669 (1958)
Currey, G. S., *J. Proc. Roy. Soc. N. S. Wales*, **61**, 307 (1927)
Forsyth, W. G. C., Simmonds, N. W., *Proc. Roy. Soc.*, **B 142**, 549 (1954)
Gascoigne, R. M., Ritchie, E., White, D. R., *J. Roy. Soc. N. S. Wales*, **82**, 44 (1948)
Halevy, A. H., Zieslin, N., *Floriculture Sympo. Inter. Soc. Hort. Sci.* p. 1 (1968)
Harborne, J. B., *Experientia*, **17**, 72 (1961)
Harborne, J. B., Sherratt, H. S. A., *Biochem. J.*, **78**, 298 (1961)
Harborne, J. B., *Arch. Biochem. Biophys.*, **96**, 171 (1962)
Harborne, J. B., *Phytochemistry*, **2**, 327 (1963)
Harborne, J. B., (Goodwin, T. W. ed.), "Chemistry and Biochemistry of Plant Pigments", p. 247, Academic Press, New York (1965)
Hayashi, K., Isaka, T., *Proc. Japan Acad.*, **22**, 256 (1946)
Hayashi, K., Abe, Y., *Misc. Rep. Res. Inst. Nat. Resour.*, Tokyo **29**, 1 (1953)
Hayashi, K., Abe, Y., Mitsui, S., *Proc. Japan Acad.*, **34**, 373 (1958)
Hayashi, K., Saito, N., Mitsui, S., *Proc. Japan Acad.*, **37**, 393 (1961)
Hayashi, K., (Geissman, T. A. ed.), "Chemistry of Flavonoid Compounds", p. 248, Pergamon Press, Oxford (1962)
Inoh, S., "植物組織学" p. 567, 内田老鶴圃新社 (1964)
Jurd, L., Asen, S., *Phytochemistry*, **5**, 1263 (1966)
Lawrence, W. J. C., *Nature* **129**, 834 (1932)
Lawrence, W. J. C., Price, J. R., Robinson, G. M., Robinson, R., *Biochem. J.*, **32**, 1661 (1938)

Magistad, O. D., *Soil Sci.*, **20**, 181(1925)
Mitsui, S., Hayashi, K., Hattori, S., *Proc. Japan Acad.*, **35**, 169(1959)
Mitsui, S., Hayashi, K., Hattori, S., *Bot. Mag. Tokyo*, **72**, 325(1959)
Pecket, R. C., Selim, A. R. A. A., *Nature*, **195**, 620(1962)
Robinson, G. M., Robinson, R., *Biochem. J.*, **25**, 1687(1931)
Robinson, R., Robinson, G. M., *J. Amer. Chem. Soc.*, **61**, 1605(1939)
Robinson, G. M., *J. Amer. Chem. Soc.*, **61**, 1606(1939)
Saito, N., Hayashi, K., *Sci. Rept. Tokyo Kyoiku Daigaku*, **B 12**, 39(1965)
Saito, N., Mitsui, S., Hayashi, K., *Proc. Japan Acad.*, **37**, 485(1961)
Saito, N., *Phytochemistry*, **6**, 1013(1967)
Scott-Moncrieff, R., *J. Genet.*, **32**, 117(1936)
Shibata, K., Shibata, Y., Kashiwagi, I., *J. Amer. Chem. Soc.*, **41**, 208(1919)
Shibata, K., Hayashi, K., Isaka, T., *Acta Phytochim.*, **15**, 17(1949)
Shibata, K., *J. Biochem.*, **45**, 599(1958)
Shibata, K., (Glick, D. ed.), "Methods of Biochemical Analysis 7", Interscience, New York(1959)
Shisa, M., Takano, T., *J. Jap. Hort. Sci.*, **33**, 140(1964)
Stewart, R. N., Asen, S., Norris, K. H., Massie, D. R., *Amer. J. Bot.*, **56**, 227 (1969)
Takeda K., Mitsui, S., Hayashi, K., *Bot. Mag. Tokyo*, **79**, 578(1966)
Takeda, K., Yamada, A., Hayashi, K., *Proc. 33rd Ann. Meeting Bot. Soc. Japan*, p. 58(1968)
Toriyama, H., 科学, **22**, 543(1952)
Toriyama, H., *Cytologia*, **19**, 29(1954)
Turner, P. E., *Soil Sci.*, **32**, 447(1931)
Valadon, L. R. G., Mummery, R. S., *Phytochemistry*, **6**, 983(1967)
Valadon, L. R. G., Mummery, R. S., *Biochem. J.*, **109**, 479(1968)
Weinstein, L. H., *Contribs. Boyce Thompson Inst.*, **19**, 33(1957)
Willstätter, R. Everest, A. E., *Liebigs, Ann.*, **401**, 189(1913)
Willstätter, R., Zollinger, E. H., *Liebig's Ann*, **412**, 195(1917)
Yasuda, H., *J. Fac. Lib. Art. Sci. Shinshu Univ.*, **14**, 31(1964); *ibid.*, **15**, 15 (1965)
Yasuda, H., *Bot. Mag. Tokyo*, **80**, 86, 357, 459(1967); *ibid.*, **81**, 377(1968); *ibid*, **82**, 308(1969); *ibid.*, **83**, 233(1970); ibid., **84**, 256(1971)
Yasuda, H., *Proc. 33rd Ann. Meeting Bot. Soc. Japan*, p. 57(1968)
Yasuda, H., *Proc. 34th Ann. Meeting Bot. Soc. Japan*, p. 45(1969)
Yasuda, H.(朝日バラ協会篇), 朝日バラ年鑑, p. 21(1969)
Yasuda, H., 日本植物生理学会講演要旨集, p. 162(1971)
Yazaki, Y., Hayashi, K., *Proc. 33rd Ann. Meeting Bot. Soc. Japan*, p. 58(1968)

5章　花色の遺伝生化学

　花色をいわゆる形質の一つとしてとらえ，それと遺伝子との関係を取り扱えば普通の意味の遺伝学の範囲にはいる。しかし花色を花に含まれている色素の種類，色素含量の高低あるいは色素の生合成過程の差異などとしてとらえ，それらと遺伝子との関係を研究すれば，それは遺伝生化学の分野にはいる。ここでは，花色を後者の意味で取り扱う。遺伝生化学にはこのほかに遺伝情報の元帳である DNA，それを読み取る m-RNA，タンパク質合成に必要なアミノ酸を運ぶ t-RNA，その合成の場となるリボソームなどの相互関係を取り扱ういわゆる分子遺伝学の分野もある。花色の母体である色素の生成においても，他の生体成分の場合と同じく，やはりこの遺伝情報伝達の手順が踏まれているであろうことは，現在すでに疑う余地がない。たとえば，3・2 節(p. 109)で述べたように，ある種の核酸塩基の類似体がアントシアニン生成を著しく阻害することから，アントシアニン生成にある種の不安定な核酸(RNA)の関与が推定されている。また，ある植物の DNA の種類を人為的に変えると花色も変わってくる実験例[†]もあげられている。しかし，本章ではこの方面のことは省略し，もっぱら色素生成と遺伝子との関係について説明する。

　花色を単に「色」として取り扱う普通の意味の遺伝的研究はすでに 19 世紀

[†] これは Hess(1969) が行なったもので，白色系のペチュニアの発芽種子を赤色系のものから抽出した DNA で処理すると，本来の白色系の形質が失われて赤色系に変化する。ここに生じた新しい株は，挿木繁殖によっても同様に赤色の花をつけるし，また自家授粉により F_2 まで調べたところでも赤色の花をつける性質が固定される。

には始められていたが，今世紀にはいり，色素の化学が進歩するにつれて，花色の遺伝を生化学的に説明しようとする研究が盛んになった。この分野で初期の頃に活躍した人としては Onslow, Scott-Moncrieff らをあげることができる。同氏らはおもにフラボノイドの遺伝を研究したが，これらの研究成果は今日の花色遺伝生化学の基礎になっているばかりでなく，後になって Beadle(1945) の1遺伝子-1酵素説 one gene-one enzyme theory† の基礎にもなった。

近年目ざましい進歩をとげた色素の生合成の研究成果は，花色の遺伝の生化学的説明に多くの資料を提供し，この分野の発展に大きく貢献した。特に，フラボノイドを母体とする花色についての研究が多い。したがって，ここではフラボノイドの遺伝生化学を中心にして説明する。

花色の遺伝生化学についての数多くの知識をまとめる方法に2通りが考えられる。一つは植物の種類ごとにまとめる方法で，他は生合成経路の段階ごと，あるいは花色変異の要因ごとにまとめる方法である。どのまとめ方も花色の遺伝生化学の全容を理解するうえに必要であるので，本章では植物各論，色素の種類および花色変異の要因などについての各論に分けて述べる。概していえば，花色の遺伝生化学的研究は比較的初期の頃は植物各論的に進められたが，最近では生合成経路の各段階について行なわれている傾向にある。

植 物 各 論

チュウカザクラ *Primula sinensis* Lindl($2n=24$)

チュウカザクラの遺伝子分析は Bateson および Gregory(1903)により行なわれたが，両氏の分析結果を $2n$ 型についてまとめたのは Gregory(1911)，Gregory ら(1923)である。さらに Dewinton ら(1933)は，$2n$ 型の各遺伝子を実験的に確かめた。これらの文献に記載されている遺伝子はかなりの数にのぼっているが，花色に関係あるものだけを抜きだしてみると次のとおりである。

---

† 1遺伝子-1酵素説。一つの酵素の化学的，物理的性質は一つの遺伝子によって決定されるという仮説で，生体内の物質代謝と遺伝子との関係を説明するための重要な考え方である。

(a) 花色を質的に変化させる遺伝子

K はアントシアニンまたはその前駆物質の酸化程度を高める。

B はアントシアニン生成を弱め，そのかわりにフラボンの生成を盛んにする。その結果，アントシアニンはフラボンにより青色効果を受ける。

R は細胞液の pH を下げ（細胞液中の酸の生成を促がす），花色を青色調から赤色調に変える。

(b) 花色の濃淡に関係する遺伝子

V は植物全体のアントシアニンの生成を盛んにし，また花ではフラボンの生成も促がす。

J は **V** と同様の作用があるが，花の中心部ではその現われ方が弱い。

D は花の周辺部のアントシアニン生成を抑える。フラボンには作用しない。

G は花の中心部のアントシアニン生成を抑える。フラボンには作用しない。そのほか **I** および **L** も色素生成を抑える遺伝子と考えられるが，その作用は不明である。また，**E** と **H** は色素の分布に関係し部分的に花の色を濃くする作用がある。

Scott-Moncrieff(1936)はこれらの遺伝子と花色との関係をさらに詳しく検討し，表 5・1 にまとめた結果を得ている。以下，同氏の説明の概略を述べる。

(a) **K, B, R** の相互作用

K はペラルゴニジン-3-モノシドをプリムリン（マルビジン-3-モノシド）に変化させる。この **K** は優性遺伝子であるので，劣性遺伝子 **k** を含む種類ではペラルゴニジン配糖体が主色素となる。したがって，**K** はアントシアニジン骨格 B 環の酸化とメチル化を支配する（図 5・1）。

B 型ではコピグメントとしてフラボン色素を含むが，その劣性遺伝子をもつ **b** 型ではフラボンを含まない。遺伝子 **B** によって生成したフラボンがアントシアニンにコピグメンテーション効果を与えると花色は青色になるが，これに花弁の細胞液の pH を下げる遺伝子 **R** が関係すると花色は複雑に変化する。たとえば，同じ **KB** 型でも，**R** を含むものは花色はマゼンタ，**r** を含むものは青色を示す。これは，**r** により pH が上昇し **B** によるコピグメンテーション効果

表 5・1 チュウカザクラの遺伝子型と花弁の生化学的分析 (Scott-Moncrieff, 1936)

遺伝子型	花 色	アントシアニン	コピグメント	pH 低	pH 中	pH 高
(1) ddGVEHJIPdzdz 型における K, B, R 間の相互作用						
KBR	マゼンタ	プリムリン*	＋	5.2		
KBr	青 色	プリムリン	＋			6.05
KbR	赤 色	プリムリン	－	5.3		
Kbr	スレート色	プリムリン	－			6.15
kBR	白～薄青色	ペラルゴニジン-3-モノシド	＋	5.35		
kBr	白 色	ペラルゴニジン-3-モノシド	＋			6.1
kbR	コーラルピンク	ペラルゴニジン-3-モノシド	－	5.45		
kbr	非常に薄いコーラル	ペラルゴニジン-3-モノシド	－			5.9
(2) RJIdzdz 型における R に対する K, D, G, V, E, P の相互作用						
KbRddGvEP	桃色(蕾は白色)	プリムリン	＋	5.4		
kbRddGvEP	白 色	ペラルゴニジン-3-モノシド	＋	5.4		
KbRddGVeP	赤 色	プリムリン	－	5.5		
KbRDDGVEP	白色(または薄い桃色)	プリムリン	－			6.0
KbRDdGVEP	薄 桃 色	プリムリン	－		5.6	
KbRDDgVEP	白色(中心桃色)	プリムリン	－		5.65	
KBRDDGVEP	白 色	プリムリン	＋			5.95
KBRDdgVEP	薄いマゼンタ	プリムリン	＋	5.3		
KBRDdGvEP	白 色	プリムリン	＋			6.1
KbRddGVEp	赤 色	プリムリン	－	5.3		
(3) ddGVEHJIP 型における DzDz および Dzdz の K, B, R に対する相互作用						
VKBRDzDz	マゼンタ	プリムリン＋ペラルゴニジン-3-モノシド	＋	5.3		
VKBrDzDz	紫 青 色	プリムリン＋ペラルゴニジン-3-モノシド	＋			6.0
VKbRDzDz	赤 色	プリムリン＋ペラルゴニジン-3-モノシド	－	5.25		
VKbrDzDz	桃色を帯びたスレート色	プリムリン＋ペラルゴニジン-3-モノシド	－			＋
VkBRDzDz	ローズピンク	ペラルゴニジン-3-モノシド	＋	5.45		
VkBRDzdz	薄いローズピンク	ペラルゴニジン-3-モノシド	＋	＋		
VkBrDzDz	フジ色がかった桃色	ペラルゴニジン-3-モノシド	＋			6.0
VkBrDzdz	白 色	ペラルゴニジン-3-モノシド	＋			＋
VkbRDzDz	橙色(Dazzler)	ペラルゴニジン-3-モノシド	－	5.45		
VkbRDzdz	薄い橙色	ペラルゴニジン-3-モノシド	－	5.4		
VkbrDzDz	薄いコーラル	ペラルゴニジン-3-モノシド	－			6.15
VkbrDzdz	薄いコーラル	ペラルゴニジン-3-モノシド	－			＋
vkbRDzDz	薄いコーラル	ペラルゴニジン-3-モノシド	＋	5.15		

* プリムリンはマルビジン-3-ガラクトシド，ただし，後に Harborne ら(1961)によりマルビジン-3-グルコシドと訂正された。

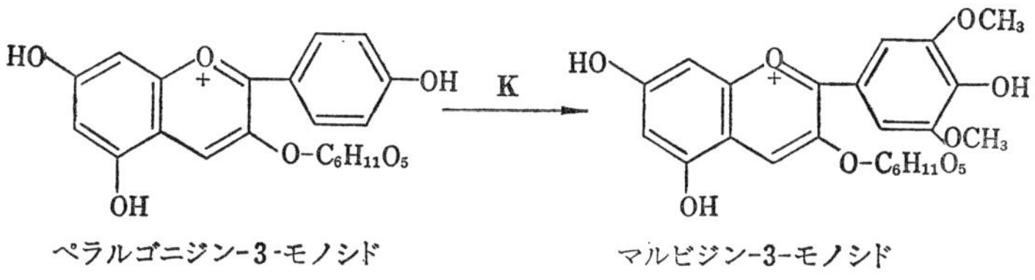

ペラルゴニジン-3-モノシド　　　　マルビジン-3-モノシド

図 5・1　チュウカザクラにおける遺伝子 K によるアントシアニジンの B 環の酸化とメチル化

が強く現われるためと推測される。Kb 型では R をもつものは花色は赤色，r では pH が上り灰色となる。

(b)　R に対する K, D, G, V, E, p の作用

DD 型では，アントシアニン生成はほとんど抑えられ，白色あるいはわずかに桃色（特に花の中心部）の花となる。また，この遺伝子型では細胞液の pH を下げる作用のある R 遺伝子の発現が抑えられる。したがって，DD 型では R 遺伝子があっても細胞液の pH は比較的高い値を示す。Dd 型では DD 型よりこれらの作用が弱く，dd 型との中間的な現われ方をする。

G はアントシアニンの生成を抑制する遺伝子で，特に花の中心部でその作用が著しい。したがって，D（花の周辺部のアントシアニン生成を抑制する遺伝子）との共存では，花全体が白色になる。また，Dg 型では花の中心部にわずかに桃色が残ることがある。G は D との共存で，R の発現を抑える作用もある。

(c)　DzDz および Dzdz の K, B, R に対する作用

Scott-Moncrieff によれば，遺伝子 Dz は橙色系の新品種「Dazzler」——kbR 型の突然変異と考えられる——から導入された遺伝子で，ペラルゴニジン-3-モノシドの生成にあずかっている。Dz によるペラルゴニジン配糖体の生成は，k とは無関係に行なわれる。したがって，K 型で DzDz をもつものでは K と Dz の両方の作用が現われ，プリムリンとペラルゴニジン-3-モノシドとを生ずる。Dzdz 型では，ペラルゴニジン-3-モノシドの生成は弱い。k 型で Dz をもつものではペラルゴニジン-3-モノシドしか生じないことはもちろんである。

Harborne ら(1961)はチュウカザクラの花色素を再検討し，Scott-Moncrieff (1936)が記載したペラルゴニジンとマルビジンのほかに，次の4種のアントシ

アニジンを新たに付け加えている：シアニジン，ペオニジン，デルフィニジン，ペツニジン。また，配糖体型は 3-グルコシド，3-グルコシルグルコシド，3-グルコシルグルコシルグルコシドの 3 型があることが明らかにされ，これらと前記の 6 種のアントシアニジンとから 15 種のアントシアニンが存在することがわかった。フラボノール配糖体としてはミリセチン-3-グルコシド，クェルセチンおよびケンフェロールの 3-グルコシルグルコシドと 3-グルコシルグルコシルグルコシド，ジヒドロフラボノール-7-グルコシド（シネンシン）が見出されている。

Harborne らは，これらの色素と遺伝子との関係を次のように説明している。

(a) **K** の作用

KK 型には，アントシアニジンとしてはマルビジン，ペツニジン，デルフィニジンが含まれ，フラボノールとしてはミリセチン，クェルセチン，ケンフェロールが含まれている。また，**kk** 型では 3′-，4′-，5′-のすべての位置に水酸基（一部はメチル化されている場合もある）がついているアントシアニンは存在しない。すなわち，**kk** 型に含まれているのはペラルゴニジン，ペオニジン，シアニジンである。**kk** 型のフラボノールは，クェルセチンとケンフェロールの 2 種類が発見されていた。

これらのことから Harborne らは，遺伝子 **K** はアントシアニジンとフラボノールとに共通の前駆物質の 5′-位に水酸基を導入する遺伝子と考えた。また，同氏らの見解によれば，メチル化されたアントシアニジン生成には未鑑定の別の遺伝子が支配しているということである。

(b) **Dz** の作用

表 5・2 から明らかなように，**kkDzDz** 型と **kkdzdz** 型とではフラボノールとシネンシンの含量には大きな差異はみられないが，アントシアニンの含量にはかなりの差異がみられ，**Dz** 型のほうが **dz** 型より 3 倍程度含量が高い。このとき，両型ともアントシアニンの種類は同じで，ペラルゴニジン配糖体である。このように，**Dz** にはアントシアニンの種類には関係なく，その含量だけを高める作用がある。

表 5・2 チュウカザクラの花弁における **DzDz** と **dzdz** との色素含量の差異 (Harborneら，1961)

色　　　　素	色素含量(生花弁1g当りのmg)	
	kkDzDz 型	kkdzdz 型
アントシアニン*	3.2	1.0
フラボノール**	0.67	1.7
ジヒドロフラボノール***	7.2	7.2

* ペラルゴニジン-3-ジグルコシドとして測定。
** ケンフェロール-3-ジグルコシドとして測定。
*** シネンシンとして測定。

(c) **B** の作用

遺伝子 **B** は Scott-Moncrieff(1936)やそれ以前の研究者達が明示したように，フラボン色素の生成を促進する作用がある。その結果，アントシアニンの赤色はコピグメンテーション効果を受けて青色に変わる。Harborneらはこれをさらに具体的に検討し，表5・3の結果を得た。それによると，**B**型におけるフラボノール配糖体/アントシアニンの含量比は **b** 型における含量比より約3〜5倍大きい。結局，遺伝子 **B** はこの含量比を大きくする作用があるわけであるが，この含量比が大きいということは，アントシアニン(この場合は主としてマルビジン-3-グルコシド)がそれだけ大きいコピグメンテーション効果を受けることになる。

表 5・3 チュウカザクラにおける遺伝子型とコピグメンテーション効果との関係 (Harborneら，1961)

遺伝子型*	花　色	実験株数	花弁抽出液** 最大吸収波長 [mμ]	フラボノール配糖体/アントシアニン の含量比
Kbdzch	エビ茶色	5	516	1.1
KBdzch	フジ色	3	520	2.8
Kbdzch	エビ茶色	4	516	1.1
KBdzch	フジ色	4	521	4.9

* ch はある種の形態を支配する遺伝子。
** 0.3 N-塩酸にて抽出したもの。

このコピグメンテーション効果の大小は，花弁の0.3 N-塩酸抽出液の最大吸収波長からうかがうことができる。これと同じ程度のスペクトル移動は，マルビジン-3-グルコシドにケンフェロール配糖体を加えても起こる。

キンギョソウ (Snapdragon) *Antirrhinum majus* L.

原種のキンギョソウの花色はマゼンタであるが，Wheldale(1907)によればこれには少なくとも7個の遺伝子が関係していると考えられる。その後，Wheldale(1913, 1914)と Wheldale ら(1913, 1914)により遺伝子型と色素との関係がさらに詳しく検討された。これらの初期の研究から Y, I, R, B の4個の遺伝子と色素構成との関係が明らかにされた。その大要は次のとおりである。

Y は花冠の筒部に淡黄色の色素を，また花冠の唇部に濃黄色の色素を生成させる遺伝子である。黄色花をつける種類の遺伝子型は，YY(y)iirrB(b)B(b)で代表される。

I は花冠の筒部と唇部とに淡黄色の色素を生じさせ，また唇部(上部のものを除く)での黄色の色素生成を抑制する遺伝子である。淡黄色の花をつける代表的な遺伝子型は，YY(y)II(i)rrB(b)B(b)である。

R は花冠全体にアントシアニンを生じさせる。I が劣性型 i のとき(例：YY(y)iiRR(r)bb)，赤色のアントシアニンに黄色の色素が混和されて，花色はブロンズ色となる。また I 型(例：YY(y)II(r)bb)では花色はバラ色となる。

B はアントシアニンの色調を赤色から青赤色またはマゼンタに変える遺伝子である。もし I が劣性型のとき(例：YY(y)iiRR(r)BB(b))，花色はクリムソンとなる。

Geissman ら(1954)は P, M, Y の3個の遺伝子[†]と色素との関係を研究し，遺伝子型とフラボノイドアグリコンとの関係について表5·4の結果を得た。同氏らはこの表から，3個の遺伝子の作用について次のように述べている。

P が存在すれば，アントシアニジンとしてシアニジンとペラルゴニジンが，またフラボノールとしてクェルセチンとケンフェロールが生成する。

[†] Geissman らが用いた遺伝子記号は，Wheldale(1913)などが使用したものと異なる。両氏の記号の関係は次のとおりである。

    Wheldale   Geissman
    B ⟶ M
    I ⟶ Y
    D ⟶ P

表 5・4 キンギョソウにおける遺伝子型とフラボノイドアグリコンとの関係(Geissman ら, 1954)

遺伝子型	花色	シアニジン	ペラルゴニジン	ルテオリン	アピゲニン	クェルセチン	ケンフェロール	アウロイシジン
PPMMYY	マゼンタ	+		+	+	+		+
PPMMyy	橙赤色	+		+	+	+		+
PPmmYY	桃色		+		+		+	+
PPmmyy	黄橙色		+		+		+	+
ppMMYY	ゾウゲ色			+	+			+
ppMMyy	黄色			+	+			+
ppmmYY	ゾウゲ色				+			+
ppmmyy	黄色				+			+

したがって，遺伝子 P は，アントシアニジンとフラボノールとに共通の生成系に作用すると考えられる。生成系のどの段階に作用しているかは具体的にはまだ不明であるが，アントシアニジンとフラボノールとがともに 3-位の炭素原子に水酸基が結合していることから，$C_6-C_3-C_6$ 骨格中の中央の $-C_3-$ 構造の 3-C に酸素原子を導入させる作用があるだろうと推定されている。

M をもつ種類ではシアニジン，クェルセチン，ルテオリンが生成されるが，劣性の m をもつ種類ではペラルゴニジン，ケンフェロールが生じる。このことから M は，ペラルゴニジンとケンフェロールの B 環の酸化状態を支配する遺伝子と考えられる。しかし，M 型でも少量のアピゲニンがルテオリンに混在しているし，また反対に m 型でも少量のルテオリンがアピゲニンに混在している。この原因はまだ不明であるが，一つには M 遺伝子によって合成される酵素系の基質に対する特異性の問題とも考えられるし，また Jorgensen ら(1955)のいうように，アピゲニンとルテオリンとに共通の前駆物質を競争的に使用し合う結果かもしれない。

Y は，優性型(Y)も劣性型(y)もともにアウロンの一種アウロイシジンを生成させる遺伝子である。Y と y はこのように色素生成の上では定性的に区別がない。しかし，定量的には区別があり，Y ではアウロイシジンの生成は少なく y では多い。また，Y や y のアウロン生成は花に限られる。この点，前述の P や M が花以外に葉や茎などにも色素を生成させるのと異なる。

Jorgensen ら(1955)はキンギョソウにおける遺伝子型とアントシアニンまた

はアウロンの含量との関係を調べた。その結果は次のように要約される。

P—型についてみると，**PP** では **Pp** よりアントシアニン量ははるかに高い。**pp** 型ではアントシアニンは生成されない。

M—型では，アントシアニン含量は **MM**（アントシアニンはシアニジン配糖体）⟶**Mm**（アントシアニンは **MM** 型のものと同じ）⟶**mm**（アントシアニンはペラルゴニジン配糖体）の順序で減少する。

Y—型についてみると，アントシアニン含量は **YY** 型が最も高く，**Yy** 型はこれにつぎ，**yy** 型が最も低い。**Y** と **y** は本来アウロンの生成にあずかる遺伝子であるが，アントシアニンの生成にも影響を与える。

以上の三つの場合を総合すると，アントシアニン含量は劣性の遺伝子の数が増加するにつれて減少する傾向がある。遺伝子型と花のアントシアニン含量との関係の一例は次のとおりである――（　）内は一定量の花から得た一定量の抽出液の最大吸光度。

PPMMYY(1.53)⟶**PPMmYY**(1.03)⟶**PPMmYy**(0.628)⟶**PpMmYy**(0.583)⟶**PpMmyy**(0.348)⟶**Ppmmyy**(0.045)⟶**ppmmyy**(0)

アウロンの含量は **yy** 型では **YY** 型と **Yy** 型よりも高いことはもちろんであるが，この含量も **P** や **M** の遺伝子によって左右される。たとえば，**Pp**—**yy** 型では，**Ppmmyy**(0.766)⟶**PpMmyy**(0.550) の関係がある――（　）内の数値は，抽出したアウロンに Al^{3+} を加えたときの最大吸光度。また，**YY** 型では **Yy** 型よりアウロン含量は低い（例：**ppMmYY**=0.099，**ppMmYy**=0.152）。結局，アウロン含量と遺伝子型との関係はアントシアニンの場合の逆で，優性の遺伝子の数が増加するにつれてアウロン含量は低くなる。

Jorgensen ら(1955)は，以上述べた遺伝子型とアントシアニンおよびアウロンの含量との関係から，個々の遺伝子がフラボノイド生合成経路のどの段階に作用しているかについて図 5・2 のように推測した。

キンギョソウには有色の花をつける種類のほかに，純白の花をつけるアルビノ型（白子）がある。白色花といっても，非アルビノ型ではクリーム色かゾウゲ色の色素を含み，唇部と筒部の入口には痕跡のアントクロール色素を含む。こ

```
                                          ァピゲニン
                                     p ↗
                                   4
                              m ↗   ↘ P
    N      Y              前駆物質(2)            ケンフェロール
  ──→ 前駆物質(1) ──→                              ペラルゴニジン
            │               M ↘
            │y                   3,4  ─p→ ルテオリン
            ↓                     ↘ P
        アウロイシジン                      クェルセチン
                                          シアニジン
```

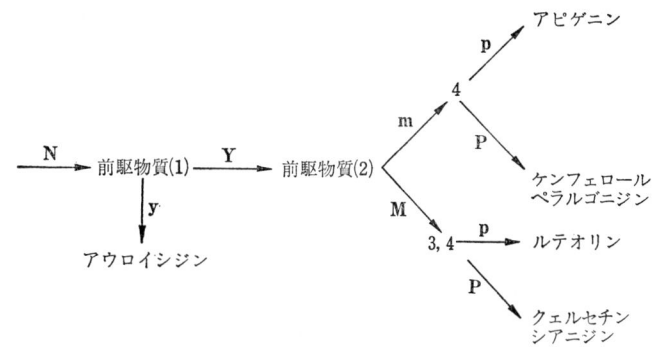

図 5・2 キンギョソウの花のフラボノイド生合成経路における遺伝子の作用箇所の予想図(Jorgensen, 1955)

れに対してアルビノ型では淡黄色の色素さえも含まない。遺伝子型は -mm-nn である。いいかえれば、アルビノ型は C_6-C_3-C_6 骨格をもつフラボノイドを含まない種類である。Geissman ら(1955)は、アルビノ型の花から p-クマル酸とカフェー酸(いずれもエステルとして存在)を検出している。したがって、アルビノ遺伝子 N は C_6-構造の化合物と C_3-C_6-構造の化合物とが縮合してフラボノイド骨格を形成する直前に作用するものと考えられる(図5・2)。

Harborne(1963)はキンギョソウの花に含まれているフラボノイドの配糖体型の研究をまとめているが(表5・5)、それによると各色素群の間には配糖体型にそれぞれ特徴がみられる。しかし、配糖体型と遺伝子との関係はまだよくわかっていない。

ヒナゲシ *Papaver rhoeas* L.

ヒナゲシの遺伝学的研究は Newton(1929)によって始められ、その後 Philp(1933)に受けつがれた。両氏らの研究結果によれば、ヒナゲシの花色に関係している遺伝子は **C, P, B, T, W, F, I, E** の8個である。ついで、Scott-Moncrieff(1936)は遺伝子型と色素構成、花弁細胞液の pH などとの関連性を詳細に研究し、表5・6の結果を得た。同氏はこの結果に基づいて、上記の8個の遺伝子の生化学的作用、各遺伝子間の相互作用をおおよそ次のように考えた。

E の遺伝子をもつ花の色素はシアニジン型かシアニジンとペラルゴニジンの

表 5·5 キンギョソウの花における遺伝子型とフラボノイドの配糖体型 (Harborne, 1963)

フラボノイド配糖体型		遺伝子型	文献*
アントシアニジン	シアニジン-3-ルチノシド	P-M-	(1)
	ペラルゴニジン-3-ルチノシド	P-mm	(2)
フラボノール	クェルセチン-3-グルコシド	P-M-	(3)
	クェルセチン-3-ルチノシド	P-M-	(4)
	ケンフェロール-3-グルコシド	P-mm	(5)
	ケンフェロール-3,7-ジグルコシド	P-mm	(5)
フラボン	アピゲニン-7-グルクロニド	非アルビノ型	(6)
	アピゲニン-7,4'-ジグルクロニド	〃	(5)
	ルテオリン-7-グルクロニド	-M-	(5)
	クリソエリオール-7-グルクロニド	-M-	(5)
アウロン	アウロイシジン-6-グルコシド	非アルビノ型	(3)
	ブラクテアチン-6-グルコシド	〃	(5)
フラバノン	ナリンゲニン-7-グルコシド	P-m-	(6)
	ナリンゲニン-7-ラムノシルグルコシド	P-m-	(6)
ケイ皮酸	p-クマロイルグルコシド	アルビノ型	(7)
	カフェオイルグルコシド	〃	(7)
	フェルロイルグルコシド	〃	(7)

* (1) Scott-Moncrieff(1930) (2) Harborne(1957) (3) Jorgensens(1955) (4) Fincham(1962) (5) Harborne(1963) (6) Seikel(1955) (7) Harborne(1961)

混合型かである。劣性型の e をもつ花に含まれるアントシアニンは全部ペラルゴニジン型で，シアニジン型のものはみられない。このことから，E はペラルゴニジンをより酸化程度の高いシアニジンに変化させる作用があるものと考えられる。

P は，アントシアニンをアシル化する遺伝子である。ただし，花弁基部の斑絞(blotch)のアントシアニンに対してはこのアシル化の作用は現われない。劣性型の p では花弁全体にアシル化されないアントシアニンを含む。したがって，E とともにあればアシル化シアニジン配糖体とアシル化ペラルゴニジン配糖体とが生じるが，e との共存ではアシル化ペラルゴニジン配糖体だけが出現する。また，P はこのほかに細胞液の pH を低くめる作用もある。

T と F の両遺伝子は，それぞれ E とは無関係にペラルゴニジン配糖体をつくる作用がある。

B はアントシアニンの生成を高める作用がある。この作用は E との共存では

表 5·6 ヒナゲシの遺伝子型と花弁の生化学的分析結果(Scott-Moncrieff, 1936)

遺伝子型	花色		アントシアニジン		コピグメント	pH	
	花弁	基部	花弁	基部		花弁	基部
(a)							
ECPbtif	桃色	白色	AC++	・	++	5.0	5.7
btIf	ローズピンク	白色	AC+	・	・	5.1	5.6
Btif	クリムソン	黒色	AC++++	C	+	4.8	5.6
BtIf	クリムソン・マゼンタ	黒色	AC+++	C	・	5.1	・
bTif	カーミン	白色	AP++AC+	・	++	5.0	5.7
bTIf / bTIF	} 淡いスカーレット	白色	AP+++AC±	・	・	5.0	・
btiF	ローズクリムソン	白色	AP++AC+	・	++	4.8	・
btIF	スカーレット	白色	AP++AC+	・	・	4.9	5.7
BtiF?	サクランボ色	黒色	AP+AC+++	C	+	・	・
BTIf	スカーレット	黒色	AP+++AC+	C	・	4.8	・
ECpbtif	フジ色	白色	C++	・	++	5.8	・
btIf	薄フジ色	白色	C+	・	・	5.9	・
Btif	ブドウ酒色	黒色	C++++	C	+	5.7	5.6
BtIf	淡いブドウ酒色	黒色	C+++	C	・	・	・
bTif	暗紫色	白色	P++C+	・	++	5.7	・
bTIF / btiF	} 暗いフジ色	白色	P++C+	・	++	5.8	・
btIF	赤紫色	白色	P++C+	・	・	・	・
BtiF	褐色を帯びたブドウ酒色	黒色	P+C+++	C	+	・	・
BTIf	赤紫色	黒色	P+++C+	C	・	5.72	・
(b)							
eCPbtif	サーモン	白色	+	・	++	・	・
btIf	サーモン	白色	+	・	・	・	・
Btif	サーモン	褐色	+	P	++	5.1	5.6
BtIf	サーモン	褐色	+	P	・	・	・
btiF	赤色	白色	+++	・	++	5.2	・
btIF	黄色を帯びたスカーレット	白色	++	・	・	5.3	・
BtiF	赤色	褐色	+++	P	++	・	・
BtIF	黄色を帯びたスカーレット	褐色	++	P	・	・	・
eCpbtif	ライラック	白色	+	・	++	・	・
btIf	薄いライラック	白色	+	・	・	・	・
Btif	ライラック	褐色	+	P	++	5.8	5.8
BtIf	薄いライラック	褐色	+	P	・	・	・
btiF	にぶいカーミン	白色	+++	・	++	5.8	5.8
btIF	赤紫色	白色	++	・	・	・	・
BtiF	にぶいカーミン	褐色	+++	P	++	・	・
BtIF	赤紫色	褐色	++	P	・	・	・

Cはシアニジン，Pはペラルゴニジン，Aはアシル化を表わす．+は色素の相対量を表わす．

顕著に現われるが，eとの共存ではあまり顕著ではない。

I はアントキサンチン型のコピグメントの生成を抑える作用がある。劣性型のiではコピグメントの生成が促進されるが，Bとの共存では(特にE型の場合)アントシアニンの生成がかえって促進される。これは，iによって生成したアントキサンチンが，アントシアニン生成に使われるためと考えられる。

W は色素の分布を支配する遺伝子で，これがあると花弁のふちが白色になる。しかし，この遺伝子の生化学的作用は不明である。

C は T や F, B によるアントシアニン生成のための共通の前駆物質を増加させる作用があるが，詳しくはわかっていない。

ダリア Dahlia

ダリアはかなり古くから(17世紀初期)多くの育種家によって改良が進められてきた。したがって，現在の園芸品種は，遺伝的には非常に複雑になっている。しかし，Lawrence(1929)によれば，ダリアの花色は *Dahlia variabilis* 以外は次の2グループに分けることができる。

グループI　ゾウゲ色-マゼンタ系で *D. merckii, D. maxoni, D. excelsa, D. lehmanni, D. maximiliana, D. imperialis, D. dissecta, D. platylepis, D. pubescens, D. scapigera* が原種になっている。

グループII　黄色-橙色-スカーレット系で，*D. coccinea, D. coronata, D. gracilis, D. tenuis* が原種である。

D. variabilis の花色は特殊で，グループIとIIの両方の特徴をもつ。細胞学的な検討から，このものは両グループに属する種の間で交配されてできたと考えられる。

Lawrence(1935)は，*D. variabilis* の交配実験から，ダリアの花色に関係する遺伝子の作用を次のように説明している。

Y は黄色のフラボノイドの生成を支配する遺伝子で，この遺伝子をもつ種類の花は黄色である。

I は淡黄色のフラボノイドの生成に関係する遺伝子である。

A, B はともにアントシアニンをつくる遺伝子であるが，A 型では低い含量

の，また B 型では高い含量のアントシアニンが生成される。生成されるアントシアニンの種類はシアニンかペラルゴニンかであるが，両者のうちのどちらが生じるかは A，B 以外の遺伝子が関係すると考えられている。

H は Y の作用を抑える遺伝子で，Y と共存するとき，黄色のフラボノイドの生成が抑制される。

Lawrence ら(1935)は，これらの遺伝子の相互作用を次のように説明している。

(a) Y が存在するとき，I の作用は抑えられる。

(b) Y が A と共存するとき，シアニンの生成が抑えられる。したがって，この型では主としてペラルゴニンが生ずる。シアニンの生成は，Y と H の抑制作用の程度に逆比例して増加する。

(c) I が A か B のどちらかと共存すると，ペラルゴニジン型のアントシアニンの生成が抑えられる。

これらの遺伝子は 4 染色体性(tetrasomic)として行動する。そして，各遺伝子の数により累加的にその発現が強められる。したがって，個々の遺伝子の組合せ以外に，遺伝子型の中で占めるある遺伝子の数の割合によっても，その作用の現われ方が異なる。たとえば，BbbbIIii 型ではシアニンが生成するが，BbbbIIIi 型と BBbbIIii 型ではペラルゴニンが出現する。

Bate-Smith(1948)，Bate-Smith ら(1951, 1954, 1955)によるダリアの花色素の分析結果によれば，Y 型に含まれる黄色のフラボノイドはブテイン(カルコン類)とスルフレチン(アウロン類)で，これらはいずれもフラボノイド骨格の 5-位に水酸基をもたないものである。これに対してゾウゲ色の色素はフラボン類とフラバノン類であることから，Bate-Smith ら(1955)は遺伝子 Y がフラボノイド骨格の 5-位の酸化を抑制する作用をもつだろうと考えた。

ニオイアラセイトウ(Wall flower) *Cheiranthus cheiri* L.

ニオイアラセイトウの花色の遺伝学的研究は Gairdher により始められたが，色素構成と遺伝子との関係を本格的に研究したのは Scott-Moncrieff(1936)である。同氏の研究結果をまとめると，個々の遺伝子の作用は次のとおりである。

CとR、はアントシアニンを生成させる作用をもっているが、アントシアニンの種類を決定する作用はない。この両遺伝子の生化学的作用はまだよくわかっていないが、フラボノイド生合成経路中のある種の中間体から反応をアントシアニン合成に向かわせる作用をもつものと考えられる。

Pはアントシアニンの種類を決定する遺伝子である。優性のP型はシアニンを含み、劣性のp型はペラルゴニンを含む。したがってPはアントシアニジン骨格のB環の3'-位を酸化する作用があると考えられる。

Yはプラスチド性色素を生成させる遺伝子で、優性のY型の花色は濃黄色となる。劣性のy型の花色は薄いレモン色で、これはクェルセチンなどのフラボノールによると考えられる。

スイートピー(Sweet pea) *Lathyrus odoratus* L.

スイートピーの花色を支配している遺伝子は Punnett(1925, 1932, 1936)の研究により11個あることが明らかにされている。Beale ら(1939)はこれにさらに2個の遺伝子を追加したので、花色には次の13個の遺伝子が関係していることになる: E, H, M, D, R, R', C, C', K, Co, Dw, Sm, Br。

一方、スイートピーの花色の遺伝生化学的研究はすでに Stone, Dark, Faberge, Scott-Moncrieff, Beale らにより1931年から1939年にかけてその基礎がほぼ完成されている。これらの研究結果から、個々の遺伝子の作用を要約すれば次のとおりである。

CとRは補足遺伝子 complementary genes で、ともにアントシアニンの生成にあずかっている。C'とR'は、CとRに対して複対立遺伝子 multiple genes の関係にある。

KとMの2個の遺伝子も補足遺伝子の関係にあり、ともに翼弁でのアントキサンチン型コピグメントの生成にあずかっている。ただし、アントシアニンの量には影響を与えない。

Coはコピグメントの生成を翼弁では部分的に抑制し、旗弁では全面的に抑制する作用をもつ。そのかわり、アントシアニンの生成は促進される。

Dは Scott-Moncrieff(1936)によれば、アントシアニンのメチル化にあずか

る遺伝子とされているが，Beale ら(1939)はこれを否定し，**D** は花弁細胞液の pH を低くする遺伝子であるという。すなわち，優性の **D** 型では pH は 5.34，劣性の **d** 型では pH は 5.93(いずれも種々の遺伝子型の平均値)である。

E と **Sm** はともにアントシアニジンの酸化に関係している遺伝子で，それぞれの遺伝子の優性型，劣性型の組合せにより種々の色素構成が現われる。すなわち，**esm** 型ではアントシアニンはペラルゴニジン型であり，**eSm** 型ではシアニジン型，また **Esm** 型か **ESm** 型のときはデルフィニジン型となる(図 5・3)。

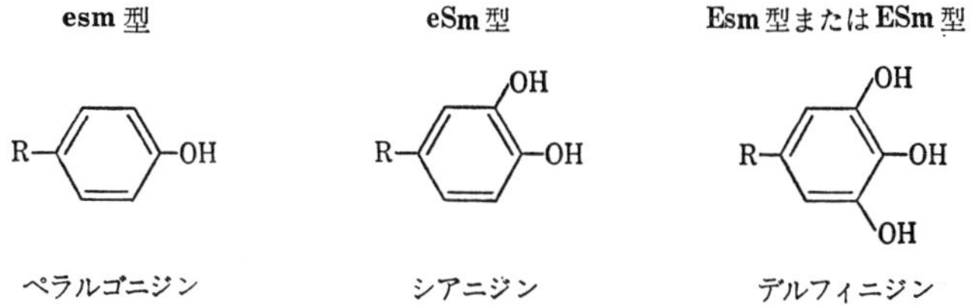

図 5・3 スイトピーの花弁におけるアントシアニジン型と遺伝子 **E**, **Sm** の優性型，劣性型との関係(Beale ら，1939)

Dw は翼弁のアントシアニンとコピグメントの生成に関係する遺伝子で，優性型ではアントシアニンが減少し，そのかわりにコピグメントの量が増加する。劣性の **dw** ではこの逆となるから，翼弁は旗弁よりも赤色を呈し，色調も濃厚になる。

Br はコピグメントの生成を減少させ，そのかわりにアントシアニンの生成を高める。

H は花形を支配する遺伝子であるが，旗弁のコピグメントの生成を促し，青色効果を与える作用もある。

ストレプトカルプス(交配種) Streptocarpus (hybrid)

Scott-Moncrieff(1936)によれば，普通栽培品種として知られているストレプトカルプスは *Streptocarpus dunnii*(主色素としてシアニジン-3-ペントース配糖体を含む)と *S. rexii*(主色素としてマルビジン-3,5-ジモノシドを含む)との交配種である。このストレプトカルプスの遺伝生化学的研究は Lawrence ら(1939)，Scott-Moncrieff(1939)により始められた。この研究はその後 Lawrence ら(1957)に受けつがれ，種々の遺伝子型の品種の交配実験から，遺伝子と色素生成の関係が詳細に検討された．これらの研究から，遺伝子と色素生成との関係を要約すれば次のようである．

V は本来，葉と花梗とにアントシアニンを生成させる遺伝子であるが，次に述べる **F** 遺伝子との共存では花にもアントシアニンを生成させる．

F(以前は **A** としるされた)は **V** との共存で花にアントシアニンを生成させる遺伝子であるが，**V** も **F** もともにアントシアニンの種類決定には関係しない．また不完全な優性を示す．

R はペラルゴニジンのB環 3′-位に水酸基を導入してシアニジンにする作用をもち，優性である．

O はペラルゴニジンの 3′-位と 5′-位とに2個の水酸基を（シアニジンの場合は 5′-位に1個の水酸基を）導入してデルフィニジンを生成させる作用がある．**O** も **R** もともに配糖体型には関係しない．

D は 3,5-ジモノシドを生成させる遺伝子である．劣性型の **d** では，3-ペントース配糖体と 3,5-ジモノシドの混合物か，3-モノシドと 3,5-ジモノシドの混合物が生成する．このような **d** 型にみられる混合物の生成は，**X, Z, P, Q** などの遺伝子も関係しているのではないかと考えられているが，詳細はまだよくわかっていない．

上述のほかに，遺伝子 **I** があり，**V** および **F** によるアントシアニン生成を高める作用がある．

結局，ストレプトカルプスの花の色素生成は **V, F, I** の3個の遺伝子によりアントシアニン生成経路が開かれ，**O** と **R** とによりヒドロキシ型がきまり，**D** により配糖体型が決定される(表 5・22)．しかし，ストレプトカルプスの花色素には上記のアントシアニンのほか，ペオニジンやマルビジンのようなメチル化されたアントシアニンが含まれている．このメチル化には遺伝子 **M** の関係が考えられているが，詳しいことはまだよくわかっていない．種々の遺伝子型とアントシアニン構成の関係を表 5・7 に示す．

以上のほか，さらに遺伝子 **C** があり，コピグメンテーション効果のあるフラ

表 5・7 ストレプトカルプスにおける遺伝子型とアントシアニン構成
(Lawrence ら, 1957)

花色	遺伝子型 (すべて VVFF 型)	アントシアニン構成
青色	OORRDd OoRRDd OoRrDd	マルビジン-3,5-ジモノシドと痕跡の Fe-反応*陽性のアントシアニン
マゼンタ	ooRRDd ooRrDD ooRrDd	ペオニジン-3,5-ジモノシドとシアニジン-3,5-ジモノシド(含量が変動する)
桃色	oorrDD oorrDd	ペラルゴニジンジグリコシドと痕跡のシアニジンジグリコシド
フジ色	OORRdd OoRRdd OoRrdd OOrrdd Oorrdd	マルビジン-3-ペントースグリコシド(または3-モノシド), 痕跡の Fe-反応陽性のアントシアニン, マルビジン-3,5-ジモノシド
バラ色	ooRRdd ooRrdd	ペオニジン-3-ペントースグリコシド(または3-モノシド), シアニジン-3-ペントースグリコシド(または3-モノシド), ペオニジン-3,5-ジモノシド, 痕跡のシアニジン-3,5-ジモノシド
サーモン	oorrdd	ペラルゴニジン-3-ペントースグリコシド(または3-モノシド), ペラルゴニジンジグリコシド, (ときとして痕跡のシアニジングリコシド)

* Fe-反応陽性は o-ジヒドロキシル基をもったアントシアニンの存在を暗示する。

ボン(おそらくアピゲニン)の生成を支配していると考えられる。したがって,優性のC型では花色は青味の強いフジ色であるが, 劣性の c 型では赤味の強いフジ色となる。

Hess(1968)の研究によれば, O は R に対して必ずしも完全な上位ではなく, 不完全な上位を示すこともある。また, O は o に対して常に優性とはかぎらないで, 中間的な作用を示す場合もある。

Lawrence(1957)は, 上記の遺伝子のほかに花の斑点や線条の発現を支配する遺伝子として次の5個をあげている。

B は花筒の内側にアントシアニンによる斑点を生じさせる。

H は雌ずいのせん毛にアントシアニンを生成させる。

L は花筒の入口から奥にかけて, アントシアニンの線条を生じさせる。

Y_1 と Y_2 は花筒の先端から奥にかけて黄色の帯状の模様を生じさせる。この両遺伝子は補足的に作用する。

Harborne(1965)はストレプトカルプスのアントシアニンの配糖体型を再検討して，3-グルコシド型，3-サンブビオシド型，3,5-ジグルコシド型，3-ルチノシド-5-グルコシド型などを見出している。また，同氏(1965)はグリコシル化と遺伝子との関係を図5・4にまとめ，各遺伝子間の作用の強さは $D>X, Z>P>Q$ の順であるといっている。

$$\begin{array}{c} \text{アントシアニジン} \\ \text{前 駆 物 質} \end{array} \xrightarrow{Q} \text{3-グルコシド} \xrightarrow{X,Z} \text{3,5-ジグルコシド}$$

（Pの矢印→3-サンブビオシド、Dの矢印→3-ルチノシド 5-グルコシド）

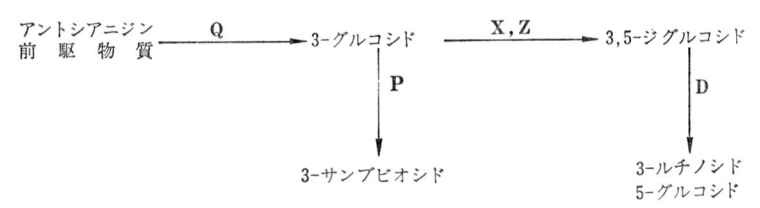

図 5・4　ストレプトカルプスにおけるアントシアニジンのグリコシル化を支配する遺伝子の作用箇所(Harborne, 1965)

アサガオ (Japanese morning glory) *Pharbitis nil*

アサガオの花色の遺伝学的研究は1916年 Takezaki により始められたが，その遺伝生化学的研究は Hagiwara(1923, 1928, 1929, 1930, 1931, 1932)により行なわれ，その基礎がほとんど完成されたとみることができる。これらの研究から，アサガオの花色発現に関与している遺伝子は **Ca, C, R, Y, Mg, A, Dy, Dk, Pr** であると考えられている。

Ca はフラボンやアントシアニン生成に必要な遺伝子で，その作用はキンギョソウの **Y** 遺伝子に似ている。**C** と **R** とは **Ca** に補足的に作用する。**Y** は黄色のフラボンを生成させる遺伝子であるが，この作用も **Ca** と **C** の助けが必要と考えられている。たとえば，CCa 型ではゾウゲ色のフラボンを生ずるが，CCaY 型では黄色のフラボンが生成される。また，**R** は **C, Ca** と共存してアントシアニンを生成させるが，この **R** の発現には後で述べる **A** や **H** の共存でさらに複雑になる。

Mg は花色を赤色から赤紫色に変える作用がある。赤色の花はペラルゴニジン-3,5-ジモノシドを含み，赤紫色の花はペオニン(ペオニジン-3,5-ジモノシ

ド)を含む。したがって, Mg はアントシアニジン骨格B環のヒドロキシル化とメチル化に関係している遺伝子と考えられる。

Dy と Dk (Hagiwara の初期の報告では, K_1, K_2 と記載された)とは花色の明色彩と暗色彩(花の地の色が灰色になる)を支配する遺伝子で, 両者は補足的関係にある。$DyDk$ 型では明色彩の花を生じ, $Dydk$ 型, $dyDk$ 型, $dydk$ 型ではすべて暗色彩の花となる。

A(A_1 と A_2)は R の作用を強める遺伝子と考えられている。Pr はある種の金属がアントシアニンに作用することに関係しているものと推定されているが, 詳しいことは不明である。また, 遺伝子 H も発見されており, A_2 の作用を抑制する作用をもつ。たとえば, H 型では A_2 の作用が抑制される結果, R の作用が現われない。したがって, 花は白色となる。

バラ (Rose) *Rosa hybrida*

バラの栽培の歴史は非常に古く, 古代にまでさかのぼることができ, 人類の文化史とともに歩んできたともいわれている。この長い栽培の歴史の間に, 野生のバラは人工的に改良されて幾つかの系統が出現し, この系統に別の野生種が自然的あるいは人為的に交配されて品種系統の数はますます増大し, さらに各系統間で交配が行なわれて新しい品種系統がつくられ, 非常に複雑な発達をしてきた。この品種系統の出現は Hurst(1941), Wylie(1954)によりまとめられている。詳細は省略するが, これらの記載に基づけばおおよそ図 5・5 に示すような系統図を得ることができる。これからもわかるように, 栽培バラの起源は多元的で, その遺伝子型は非常に複雑になっていると考えられる。このことは, バラの遺伝学的研究を困難にしてきた大きな原因で, バラの花色の豊富さに比べて本格的な遺伝生化学的研究が長いこと手つかずにおかれてきた理由である。

1963年から1964年にかけて Arisumi は, バラの野生種および各系統の代表的な品種の花色素に広範囲な検討を加え, 複雑をきわめる栽培バラの花色の遺伝生化学の基礎を築いた。まだ色素構成と遺伝子との関係を具体的に解明するには至っていないが, 今後のこの方面の研究に一つの手掛かりを与え, 育種の

方向性にも貴重な資料を提供している。この点同氏の業績は高く評価されなければならない。以下にその研究内容の概略を紹介する。

(a) ハイブリッド ティーおよびその祖先の諸系統のアントシアニン構成

表5・8は，主としてハイブリッド ティーに至る各系統(原種に近いものも含

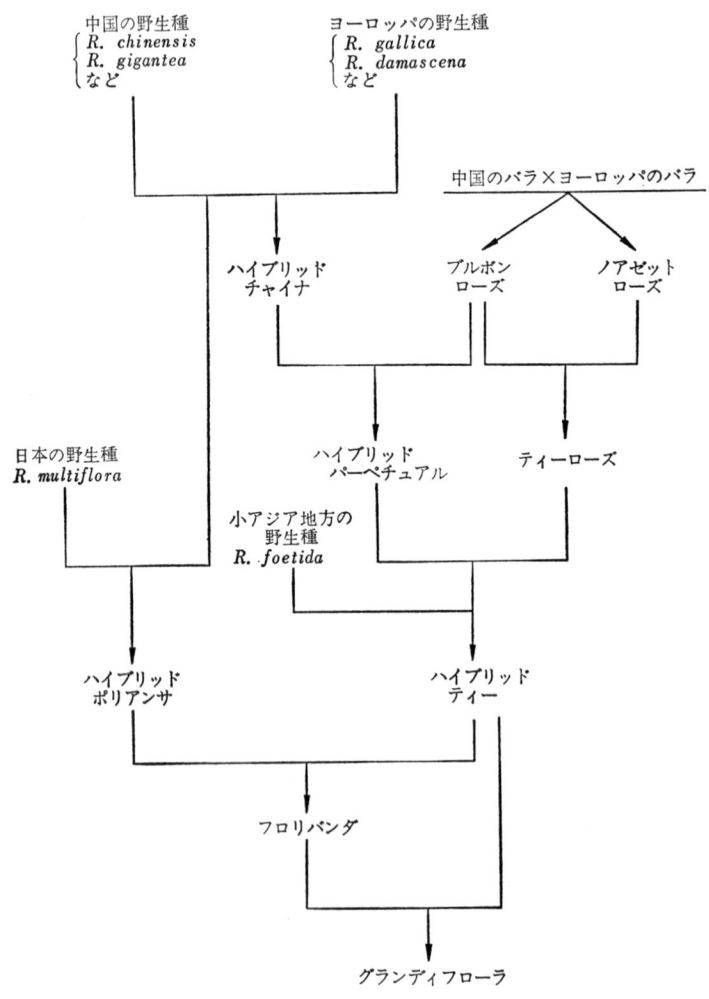

図 5・5 栽培バラの各品種の系統関係

表 5・8 バラのハイブリッド ティーとその先祖の系統における種々のアントシアニンの出現頻度(Arisumi, 1963)

系統	各系統における種々のアントシアニンの出現頻度*[%]					
	シアニン	クリサンテミン	ペラルゴニン	カリステフィン	ペオニン	ペオニジン-3-モノシド
ガリカ系古代バラ	100	10	—	—	2.5	—
ブルボン	100	—	—	—	—	—
ハイブリッド パーペチュアル	100	23.8	—	—	—	—
ハイブリッド ティー	100	31.9	4.4	1.6	0.8	—
ティー	100	100	—	—	—	—
ノアゼット	100	—	—	—	—	—
シネンシス系古代バラ	100	100	—	—	14.3	—

* それぞれのアントシアニンが検出された品種数／全調査数×100。

表 5・9 バラのハイブリッド ティーおよびフロリバンダと，それらの先祖におけるアントシアニンの配糖体型の比較(Arisumi, 1963)

系統	種々のアントシアニン配糖体型をもつ品種数					調査した品種の総数
	0	1	2	3	4*	
ガリカ系古代バラ	36	4	—	—	—	40
ハイブリッド パーペチュアル	16	5	—	—	—	21
ハイブリッド ティー	103	24	7	8	2	144
ティー	—	—	2	2	2	6
シネンシス系古代バラ	—	—	—	2	5	7
フロリバンダ	8	5	5	11	22	51
ポリアンサ	10	1	—	—	—	11

* 0は3,5-ジモノシドだけの場合，1〜4にいくに従って3-モノシドの量が3,5-ジモノシドに対して多くなることを示す。

む)における種々のアントシアニンの出現頻度を示したものである。これからわかるように，シアニンはここにあげた系統全部に普遍的に検出される。シアニンについで出現頻度の高いアントシアニンはクリサンテミンであるが，普遍的に存在するとはいえない。ペラルゴニジン型やペオニジン型のアントシアニンは，まれにしか見つかっていない。

表5・9は，上記の各系統について，3,5-ジモノシド型と3-モノシド型の相対量——ペーパークロマトグラム上でスポットの濃淡により見かけ上の比較をしたもの——をまとめたものである。これによれば，ガリカ系(ヨーロッパ系)では3,5-ジモノシド型が優位を占めているが，シネンシス系(中国系)では3-モノ

表 5・10 バラのハイブリッド ティーおよびフロリバンダと，それらの先祖の系統におけるカロチノイド含有品種の出現頻度(Arisumi, 1963)

系　　　　統	種々のカロチノイド含量の品種の出現頻度[%]				
	－	＋	＋＋	＋＋＋	＋＋＋＋*
ガリカ系古代バラ	100	—	—	—	—
ブルボン	100	—	—	—	—
ハイブリッド パーペチュアル	100	—	—	—	—
ハイブリッド ティー	30.9	24.6	20.4	14.1	10
ティー	60	40	—	—	—
ノアゼット	100	—	—	—	—
シネンシス系古代バラ	86	14	—	—	—
フロリバンダ	62.5	16.3	10	6.3	10
ポリアンサ	100	—	—	—	—

* －は存在しないことを意味し，＋～＋＋＋＋は含量の増大を意味する．

シドが優位を占めている．また，ハイブリッド パーペチュアルはガリカ系に，ティーはシネンシス系にそれぞれ近いこともわかる．ハイブリッド ティーはだいたいガリカ系に近いとみることができる．

各系統におけるカロチノイド色素の出現頻度は，ハイブリッド ティー以外は0である(表5・10)．ただし，シネンシス系の古代バラやティーではまれに出現する場合がある．栽培バラにカロチノイドが含まれるようになったのは *R. foetida* の導入以後のハイブリッド ティー(いわゆる近代ハイブリッド ティー)で，初期のハイブリッド ティーにはカロチノイドは含まれない．

(b) フロリバンダおよびその先祖の系統のアントシアニン構成　フロリバンダは，ハイブリッド ポリアンサとハイブリッド ティーの両系統から生まれたものである(図5・5)．アントシアニン構成では，ペラルゴニンの出現頻度が高い(表5・11)．このことは，ハイブリッド ティーにはみられない点で，フロリバンダがむしろポリアンサ系に近いことを思わせる．また，グルコシド型をみると，フロリバンダでは3-モノシド型の占める割合が3,5-ジモノシド型の占める割合よりも高くなっている(表5・9)．このことは，フロリバンダがシネンシス系に近いことを思わせる．このように，フロリバンダではアントシアニジン型はポリアンサ系の影響を，配糖体型はシネンシス系の影響を受けているということができる．

フロリバンダでのカロチノイドの出現頻度は，ハイブリッド ティーの場合より低い値を示す(表5・10)。このことは，R. foetida の影響がフロリバンダにはあまり現われていないことを物語る。

表 5・11 バラのハイブリッド ティー，フロリバンダおよびポリアンサにおけるアントシアニン構成(Arisumi, 1963)

系統	種々のアントシアニン構成の品種数			調査した品種の総数
	シアニンのみ	シアニン＋ペラルゴニン	シアニン＋ペオニン	
ハイブリッド ティー	150	8	1	159
フロリバンダ	28	36	3	67
ポリアンサ	—	11	—	11

バラの花でもキンギョソウその他の花と同様，フラボノイド骨格B環の酸化程度を同じくする色素が共存する場合がある。たとえば，ペラルゴニン，カリステフィン，ケンフェロール(以上 4'-OH 型)が共存する場合，あるいはシアニン，クリサンテミン，クェルセチン(以上 3',4'-OH 型)が共存する場合などである。Arisumi(1964)はこのことを確かめるために数種の栽培バラの品種間で交配を行ない，F_1 のフラボノイド構成を調べた。それによると，クェルセチン優位種の Lydia をシアニン，ペラルゴニン，ケンフェロールを含む Alpenglühen に交配させた F_1 ではペラルゴニンの含量が低く，ケンフェロール

表 5・12 バラの Alpenglühen ♀×種々の黄色品種♂(F_1)における ペラルゴニン/シアニンの相対量(Arisumi, 1964)

ペラルゴニン/シアニンの相対量*	Alpenglühen ♀×下記品種**♂の F_1 における種々の ペラルゴニン/シアニンの相対量の出現個体数			
	Golden Rapture	McCredy's Yellow	E. J. Baldwin	Lydia
0	—	—	5	37
1	—	2	4	7
2～3	8	7	3	3
4～5	13	15	1	1
6以上	2	3	—	—
調査個体数	23	27	13	48

* 0はペラルゴニンを含まないことを示し，1以上数値が大となるに従いペラルゴニンのシアニンに対する相対量が大となることを示す。
** フラボノイド構成。
　Golden Rapture はケンフェロール優位型，McCredy's Yellow はケンフェロール優位型，E. J. Baldwin はケンフェロール・クェルセチン混合型，Lydia はクェルセチン優位型。

優位種の Golden Rapture や McCredy's Yellow を Alpenglühen に交配させた F_1 ではペラルゴニンの含量が高いという結果が得られた（表5・12）。このことから同氏は，バラにおいてもフラボノイド骨格B環のヒドロキシ型を支配する遺伝子の存在を予想できるといっている。

ポテト（Potato, tuberous Solanum）

わが国では，「Potato」は *Solanum Tuberous* をさし，「ジャガイモ」という和名が付けられている。しかし，地下に塊茎をもつ *Solanum* 属（tuberous Solanum）には野生種，栽培種を合わせるとかなりの種類があり，ここではこれらを「ポテト」と総称して説明する。Dodd ら(1955)はポテトとして次の21種をあげている。

野生種

$2n=24$　*S. chacoense, S. verrucosum, S. infundibuliforme, S. macolae, S. maglia, S. vernei*

$2n=36$　*S. vallis-mexicae*

$2n=48$　*S. acaule, S. stoloniferum, S. sucrense*

$2n=72$　*S. demissum*, 未同定種

栽培種

$2n=24$　*S. rybinii, S. stenotomum, S. yabari, S. ascasabii*

$2n=36$　*S. juzepczukii, S. chaucha, S. tenuifilamentum*

$2n=48$　*S. tuberosum, S. andigenum*

ポテトの花は特に鑑賞用に使われるものではないが，その花色の遺伝生化学は塊茎の着色と関連させながら，かなり明らかにされている。以下，この方面の代表的な研究成果を紹介する。

(a) $2n=24$ 型栽培種　これは *S. rybinii* で代表され，主として南米で栽培されている。Dodd ら(1955)の色素分析によれば，花と塊茎のアントシアニジンはシアニジン，ペラルゴニジン，ペオニジン，ペツニジンの4種で，シアニジン以外はアシル化された糖がついている。Dodd ら(1955, 1956)は，これらのアントシアニン生成に関係している遺伝子として **P, R, R^{pw}, B, I, F** をあげ

表 5・13 ポテトの $2n=24$ 栽培種における遺伝子型とアントシアニジン構成(Dodd ら, 1956)

遺伝子型	花および塊茎の色			アントシアニジン構成
P—R—I—	花	：青	色	ペツニジン, シアニジン, ペオニジン
	塊茎:	青	色	ペツニジン, ペオニジン
P—R—ii	花	：青	色	ペツニジン, シアニジン, ペオニジン
	塊茎:	白	色	なし
ppR—I—	花	：赤	色	シアニジン, ペオニジン
	塊茎:	赤	色	ペラルゴニジン, ペオニジン
ppR—ii	花	：赤	色	シアニジン, ペオニジン
	塊茎:	白	色	なし
pp$R^{pw}R^{pw}$Ii	花	：白	色	なし
	塊茎:	桃	色	ペオニジン
pp$R^{pw}R^{pw}$ii	花	：白	色	なし
	塊茎:	白	色	なし

ている。同氏らの研究によれば，これらの遺伝子の組合せと色素構成との関係は表 5・13 のとおりである。個々の遺伝子の作用は次のように説明されている。

 P はペツニジンのアシル化配糖体の生成に関係する。

 R には二つの作用がある。一つは塊茎にだけペラルゴニジンのアシル化配糖体の生成を支配し，他の一つは花にだけシアニジン配糖体の生成を支配する。このように，**R** の発現は器官によって異なる。

 R^{pw} は塊茎と花とでシアニジン型，ペラルゴニジン型のアントシアニン生成を抑制する作用があるほか，花においてはペオニジンのアシル化配糖体の生成も抑制する。したがって R^{pw} 型では花は白色となる。

 B はアントシアニンの分布に関係している遺伝子で，幾つかの複対立遺伝子から成り立つ。優性の順位は $B^d > B^c > B^b > B^a > b$ と考えられている(Dodd, 1956)。これらのうち，花の色素の分布に関係しているのは B^a, B^b, B^d で，離層にアントシアニンを生成させる作用があると考えられている。

 I の劣性ホモ型 ii では，塊茎にアントシアニンの生成がみられない。

 F の劣性ホモ型 ff では青色または赤色の斑点のある花を生ずる。

 Ac はアントシアニンのアシル化に関係する。

表 5・14 *Solanum phureja* における遺伝子

アントシアニン	赤 PPRRAcAc		紫色 PPRRacac	
	花	塊茎	花	塊茎
ペラニン	−	−	−	−
シアナニン	++	−	−	−
ペオナニン	++	++	−	−
デルファニン	+	−	−	−
ペタニン	+++	+++	−	−
ペラルゴニジン-3-ラムノシルグルコシド	−	−	−	−
シアニジン-3-ラムノシルグルコシド	++	−	++	+
デルフィニジン-3-ラムノシルグルコシド	−	−	++	++
ペツニジン-3-ラムノシルグルコシド	−	−	−	++

(b) *Solanum phureja*(栽培種)　Harborne (1960) はポテトの栽培種を用いて研究したが,同氏の得た結果は表 5・14 のとおりである.また各遺伝子の作用は,次のように考えられている.

P はアントシアニジン型を決定する遺伝子で,花と塊茎にデルフィニジンを生成させる.また,同時にフラボノールとしてミリセチンを生成させる.

R もアントシアニジン型をきめる遺伝子であるが,花と塊茎ではその作用が異なり,花ではシアニジンを,塊茎ではペラルゴニジンを生成する.

R^{pw} は **R** の対立遺伝子である.

Ac の遺伝子には次の三つの作用がある.

(1) アントシアニンを *p*-クマル酸でアシル化する.
(2) 5-位の水酸基にグルコースを結合して配糖体にする.
(3) デルフィニジン型およびシアニジン型のアントシアニジンをメチル化する. **Ac** の作用のうち,アシル化とメチル化とは完全なものではなく,**AcAc** 型でさえ花におけるシアニジン配糖体はその半分しかアシル化されない.また,メチル化は花では完全であるが塊茎では不完全である.

(c) *Solanum chacoense*　Harborne (1962) は $2n=24$ 型の野生種 *Solanum chacoense* を用いて,フラボノールのラムノシルグルコシドにさらにグルコー

型とアントシアニン構成(Harborne, 1960)

系		赤　　色　　系					
PPR^{pw}R^{pw}AcAc		ppRRAcAc		ppRRacac		ppR^{pw}R^{pw}AcAc	
花	塊茎	花	塊茎	花	塊茎	花	塊茎
-	-	-	+++	-	-	-	-
-	-	++	-	-	-	-	-
-	++	++	++	-	-	-	++
+	-	-	-	-	-	-	-
+++	+++	-	-	-	-	-	-
-	-	-	-	-	+++	-	-
-	-	++	-	+++	++	-	-
-	-	-	-	-	-	-	-
-	-	-	-	-	-	-	-

スを結合させる遺伝子 Gl を見出している。この遺伝子の優性型と劣性型との花におけるフラボノール配糖体は表 5·15 のとおりで，優性型では 3-グルコシドは全然含まれないが，3-グルコシルグルコシドは少量，また 3-グルコシルラムノシルグルコシドは多量に含まれている。劣性型では 3-グルコシルラムノシルグルコシドは非常に少量で，3-ラムノシルグルコシドが比較的多く含まれている。また，この表によると，Gl には 3-グルコシドにさらにグルコースを結合させて 3-グルコシルグルコースにする作用もあることがわかる。

表 5·15　*Solanum chacoense* の花におけるクェルセチン配糖体の含量 (Harborne, 1962)

クェルセチン配糖体	生鮮花 1 g 当りのクェルセチン配糖体の μM	
	優　性　型*	劣　性　型 (glgl)
3-グルコシルラムノシルグルコシド	7.64	0.27
3-グルコシルグルコシド	2.25	0.0
3-ラムノシルグルコシド	1.86	7.48
3-グルコシド	0.0	0.31

＊　遺伝子型は GlGl か Glgl と考えられる。

同氏はポテトのアントシアニンとフラボノールの配糖体生成を図 5·6 のように説明している。

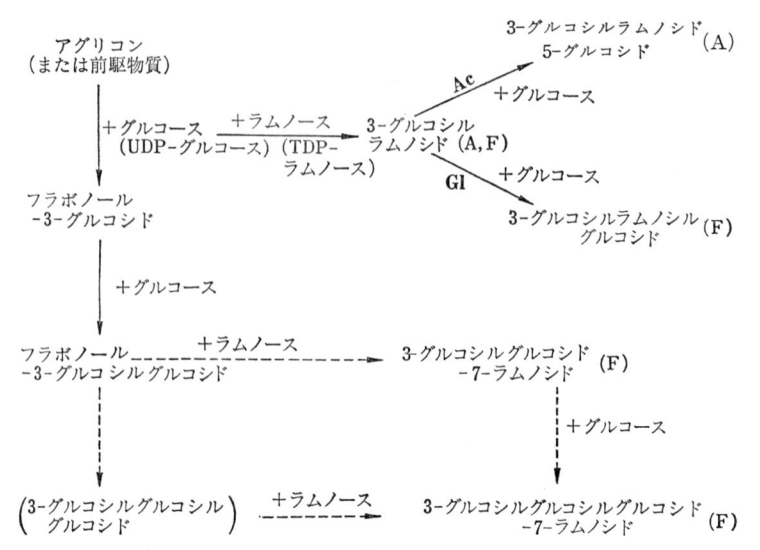

図 5・6 ポテトにおけるフラボノイド配糖体の予想生成図(Harborne, 1962)

A はアントシアニジン，F はフラボノールを表わす

パンジー(サンシキスミレ) (Pansy) *Viola* × *Wittrockiana*

パンジーは花色の種類の多い草花に属するが，その遺伝生化学的研究はあまり進んでいない。ここでは，Endo(1954)が Swiss Giant 系の品種について行

表 5・16 Swiss Giant 系パンジーの花色素(Endo, 1954)

品 種 名	フラボン		アントシアニン					カロチノイド				
								キサントフィル			カロチン	
	a	b	a	b	c	d	e	a	b	c	d	e
Pure White*	++	++	—	—	—	—	—	—	—	—	—	—
Coronation Gold	+	++	—	—	—	—	—	+	+	+	—	—
Giant Orange	+	++	—	—	—	—	—	+	+	+	+	+
Mont Blance*	+	++	—	—	—	(++)	(+)	—	—	—	—	—
Rhinegold	+	++	—	—	—	(++)	(+)	+	+	+	—	—
Raspberry Rose	++	+	+	+	++	—	±	—	—	—	—	—
Fire Beacon	++	+	+	+	+	—	±	+	+	+	—	—
Alpenglow	++	+	+	+	++	—	±	+	+	+	—	—
Lake of Thun	++	++	—	—	—	+	±	—	—	—	—	—
Berna	+	+	—	—	—	++	±	—	—	—	—	—

* Mont Blance には2種類が区別される。一つは純白のもので他は白色の地に青紫色の斑点のあるものである。ここでは前者を Pure White，後者を Mont Blance とした。

なった研究の大要を紹介するにとどめる。

花色素はフラボン2種類，アントシアニン5種類，カロチノイド5種類（そのうち3種類はキサントフィル，残りはカロチン）である（表5・16）。Pure White は2種類のフラボンを含むだけで，使用した品種の中で最も単純なものである。ほかの品種は花色素の面からみると Pure White から誘導されたものと考えられ，各品種の相互関係は図5・7のように説明されている。

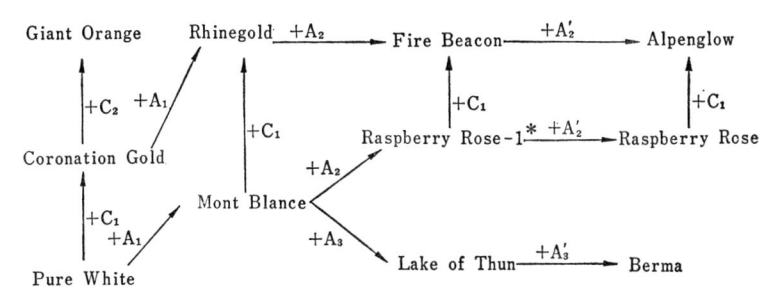

```
          Giant Orange    Rhinegold  +A₂→ Fire Beacon ──+A'₂──→ Alpenglow
               ↑              ↑             ↑                      ↑
           +C₂  +A₁           +C₁          +C₁                    +Cı
                              +C₁    Raspberry Rose-1 *─+A'₂─→ Raspberry Rose
          Coronation Gold          +A₂
               ↑            Mont Blance
           +C₁  +A₁            +A₃
          Pure White              →  Lake of Thun ──+A'₃──→ Berma
```

  * Raspberry Rose-1 は通常型で，薄い紫がかった桃色の地をもつ
  C_1 はキサントフィル生成要素
  C_2 はカロン生成要素
  A_1 はアントシアニンをブロッチに生成させる要素
  A_2 は高含量のアントシアニンを生成させる要素
  A'_2 は A_2 の変形要素，またはさらに高含量のアントシアニンを生成させる要素
  A_3 はアントシアニンを生成させ，そのうえ花弁を青色にする要素
  A'_3 は A_3 の変形要素，または高含量のアントシアニンを生成させる要素
  図 5・7 Swiss Giant 系パンジーにおける各品種の相互関係(Endo, 1954)

ホウセンカ Impatiens balsamina L.

ホウセンカの花色は H, L, P の3個の遺伝子により支配されている（Davis ら，1958）。このうち P は P^r と P^g の2個の対立遺伝子からなっており，その発現は複雑である。種々の遺伝子型と花色素との関係は Alston ら(1958)，Clevenger(1958)により研究されている。Clevenger(1958)の実験結果を表5・17にかかげたが，花弁とガタ片（花弁状に発達している）とでは遺伝子の現われ方が異なる。

各遺伝子の作用を示せば次のとおりである。

H は花弁のペラルゴニジンの生成を盛んにする。また，ロイコペラルゴニジ

表 5・17 ホウセンカにおける花色素と遺伝子型 (Clevenger, 1958)

遺伝子型	花　　　色	アントシアニジン*				フラボノール*		
		Pel.	Cya.	Peo.	Mal.	Kam.	Que.	Myr.
llhhpp	花弁：白　色					+		
	ガク片：白　色					+	+	
L–hhpp	花弁：フジ色				+	+		+
	ガク片：白　色					+	+	+
llH–pp	花弁：ハーモーサー	+				+		
	ガク片：白　色					+	+	
L–H–pp	花弁：バラフジ色	+			+	+		
	ガク片：白　色				+	+	+	
llhhP^g–	花弁：淡　桃　色	+				+		
	ガク片：淡　桃　色			+		+	+	
L–hhP^g–	花弁：フジ色				+	+		+
	ガク片：フジ色				+	+	+	+
llH–P^g–	花弁：バラ色	+				+		
	ガク片：桃　色	+		+		+	+	
L–H–P^g–	花弁：桃色がかったフジ色	+			+	+		+
	ガク片：桃色がかったフジ色				+	+	+	+
llhhP^r–	花弁：桃　色	+		?		+		
	ガク片：桃　色		+	+		+	+	
L–hhP^r–	花弁：赤　紫　色				+	+		+
	ガク片：赤　紫　色				+	+	+	?
llH–P^r–	花弁：赤　色	+				+		
	ガク片：赤　色	+	+	+		+	+	
L–H–P^r–	花弁：マゼンタ	+			+	+		+
	ガク片：マゼンタ				+	+	+	?

* Pel. はペラルゴニジン，Cya. はシアニジン，Peo. はペオニジン，Mal. はマルビジン，Kam. はケンフェロール，Que. はクェルセチン，Myr. はミリセチンを表わす．

ンも生成させる．

　Lは花弁ではアントシアニジンとしてマルビジンを，フラボノールとしてミリセチンを生成する．ガク片ではミリセチンだけを生じる．

　PはP^r，P^{g}ともに花弁ではペラルゴニジンを，ガク片ではペオニジンを生成させる．ただし，P^{r}型では茎は赤色となり花色は濃厚になるが，P^{g}型では茎は緑色，花色は淡くなる．

　以上のほかに遺伝子Wも関係している．この遺伝子はガク片をクリーム色にするがその生化学的作用はよくわかっていない．

表 5·18 トレニアの花における遺伝子型とアントシアニン含量(Endo, 1962)

系統	花色	遺伝子型	使用株数	O. D. の範囲	1花当りの O. D.
BP	濃い青紫色	AABB	25	0.737～1.140	0.869±0.254
pP	薄い青紫色	AAbb	25	0.037～0.242	0.096±0.013
W	白色	aaBB	5	0.013～0.032	0.024±0.007
BP×W	濃い青紫色	AaBB	25	0.464～1.060	0.898±0.215
W×BP	濃い青紫色	AaBB	25	0.710～1.130	0.902±0.288
BP×pP	濃い青紫色	AABb	25	0.592～1.125	0.824±0.128
pP×BP	濃い青紫色	AABb	25	0.472～0.862	0.703±0.103
pP×W	青紫色	AaBb	25	0.441～0.760	0.596±0.091
W×pP	青紫色	AaBb	25	0.264～0.772*	0.416±0.157

* 別の開花期に測定したもの。

トレニア (Torenia) *Torenia fournieri* Lind.

Endo(1962)は，種々の花色のトレニア(濃い青色系，薄い青色系および白色系)の遺伝子型とアントシアニン(マルビジン-3,5-ジグルコシドを主成分とする)の出現およびその含量との関係を調べ，トレニアの花のアントシアニン生成には A, B 2個の補足遺伝子が関係していることを見出した。この2個の遺伝子の優性と劣性の組合せによって色素含量が相違する。その結果，花色は白色系から濃い青紫色系へと種々の変異を示す(表5·18)。

この表から，遺伝子型とアントシアニン含量との関係は次の順序になる。

$$AABB=AaBB>AABb>AaBb>AAbb>aaBB>aabb=0$$

A は a に対して完全な優性を示すが，B の優性の発現は環境要因によっては不完全になることがある。

ポインセチア (Poinsettia) *Euphorbia purcherrima* Willd.

ポインセチアの花弁状の部分はホウに相当するが，ここに含まれているアントシアニンは次の4種類である(Stewart ら，1969)：シアニジン-3-グルコシド，シアニジン-3-ラムノグルコシド，ペラルゴニジン-3-グルコシド，ペラルゴニジン-3-ラムノグルコシド。

これらのアントシアニン構成と遺伝子型との関係はまだはっきりしていないが，Stewart(1960)および Stewart ら(1966)の研究によれば，アントシアニンの生成を抑制する遺伝子 wh が発見されており，また桃色系花色の発現には遺

表 5·19 マツバボタンの交配実験における親(P)と雑種第1代(F_1)の色素構成 (Ootani ら, 1969)

交配の組合せ	株の記号	花色**	色素構成* ベタシアニン					ベタキサンチン				
			Bc1	Bc2	Bc3	Bc4	Bc5	Bx1	Bx2	Bx3	Bx4	Bx5
White I × White II												
P	E7	W1										
	A1	W2		t								
F_1 E×A	EA 71	W1										
A×E	AE 17	W2		t								
White I × Yellow I												
P	E7	W1										
	C5	Y2	t	t	t			++			t	t
F_1 E×C	EC 75	Pi1	t	++	+					t	t	
C×E	CE 57	Pi2	t	++	+						t	
White I × Purple I												
P	E7	W1										
	H1	P1	+	±	+++	+	t	t		±		
F_1 E×H	EH 71	P1	t	+++	++	+			t	±		
H×E	HE 17	P1	t	+++	++	+				±		
Yellow I × Yellow orange I												
P	C5	Y1	t	t	t			++			t	t
	D1	Yo1	t	+	t			++	++	t	t	±
F_1 C×D	CD 51	Y2		t	t			+	+		t	t
D×C	DC 15	Y2		t	t			+	+		t	t
Yellow I × Red I												
P	C5	Y1	t	t	t			++			t	t
	D4	R1	++	++	++	t		+		+		t
F_1 C×D	CD 54	R2	t	+++	++	+				±	±	t
D×C	DC 45	R2	t	++	+	+				+	±	t
Yellow I × Pink III												
P	C5	Y1	t	t	t			++			t	t
	E8	Pi3	t	+	±							
F_1 C×E	CE 58	P2	t	++	+	+						
E×C	EC 85	P2	t	++	+				t		+	
Reddish yellow II × Red I												
P	B1	Ry2	t	t		t		++		t	t	t
	D4	R1	++	+++	++	t		+		+		t
F_1 B×D	BD 14	R3	t	+++	++	±				t	+	±
D×B	DB 41	R3	t	+++	++	±				+	+	±

Yellow orange I × Pink III											
P		D1	Yo1	t	+	t		++	++	t	t	t
		E8	Pi3	t	+	±					
F_1	D×E	DE 18	R2	t	++	++	+		±	±	t
	E×D	ED 81	R2	t	++	+	+		±	±	t
Yellowish red III × Red I											
P		F1	Yr3	+	++	+	t	+	++	t	t	±
		H3	R1	t	++	+++	+	t	±	±		t
F_1	F×H	FH 13	R3	t	+++	++	+	t		+	+	t
	H×F	HF 31	R3	t	++	++	+			±	+	t
Red I × Purple I											
P		H3	R1	t	++	+++	+	t	±	±		t
		H1	P1	t	±	+++	+	t	t	t	
F_1	H3×H1	HH 31	P1	t	t	+++	++	±		t	
	H1×H3	HH 13	P1		t	+++	++	±		t	
Red I × Purple I											
P		D4	R1	++	+++	++	t	+	+		t
		H1	P1	t	±	+++	+	t	t	t	
F_1	D×H	DH 41	P1		t	+++	++	+		t	
	H×D	HD 14	P1		t	++	++	+		t	
Pink III × Purple I											
P		E8	Pi3	t	+	±					
		H1	P1	t	±	+++	+	t	t	t	
F_1	E×H	EH 81	P1		t	+++	++	t		+	t
	H×E	HE 18	P1		t	+++	++	t		+	t

* tは痕跡, ±は少量, +→+++は含量の増加を示す.
** 花色記号 W: 白色系; Y: 黄色系; Yo: 黄橙色系; P: 赤紫色系; Pi: 桃色系; R: 赤色系; Ry: 赤黄色; Yr: 黄赤色

伝子 ph が関係するものと考えられている。

マツバボタン *Portulaca grandiflora* Hook.

Portulaca 属の植物の花色素が水に可溶の窒素を含む化合物ベタシアニンであることは，中心子目 (*Centrospermae*) の化学的分類学上重要な意義があるとして古くから研究されてきた。前に述べたとおり，ベタシアニン系色素の化学構造が明らかにされたのはごく最近のことであるが，Ootani ら (1969) のペーパークロマトグラフィーによる定性によれば，マツバボタンの花色素はベタシアニンとベタキサンチンの2系統で (図 5・8)，それぞれの系統は5種類の異なっ

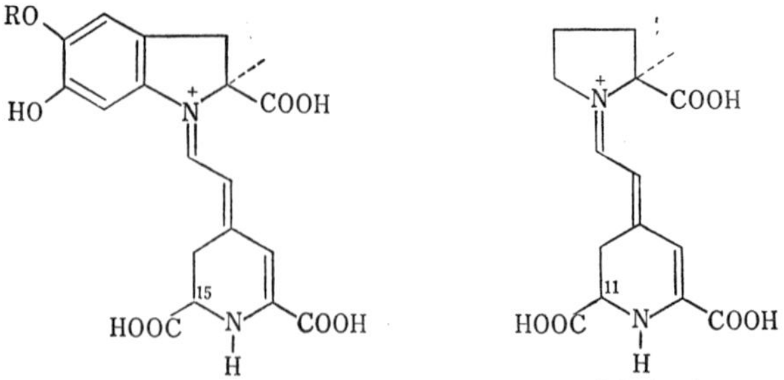

ベタシアニン　　　　　　　　ベタキサンチン

R=β-D-グルコシル………ベタニン，イソベタニン
R=H …………………………ベタニジン，イソベタニジン

図 5・8　ベタシアニンとベタキサンチンの基本骨格(Ootani, 1969)

た色素から成り立っている。

　同氏らは種々の花色のマツバボタンを相互に交配し，親と雑種第1代(F_1)の色素の定性と定量を行なった(表5・19)。この表から一般的にいえることは，ベタシアニン(Bc_3, Bc_4)は F_1 に現われやすく，ベタキサンチン(Bx_1, Bx_2)は F_1 に現われにくい傾向を示すことである。このことから，ベタシアニンを生成する遺伝子はベタキサンチンを生成する遺伝子に対して優性であろうとの推定がなされている。

　また，同氏らの色素の定量結果によると，ベタシアニンの高含量型(赤紫色型)は低含量型(桃色型)に対して優性の傾向を示すが，ベタキサンチンの場合はこれと反対で，高含量型(黄橙色型)は低含量型(桃色型)に対してむしろ劣性を示す傾向がある。また，ベタシアニンもベタキサンチンも含まない白色型は，有色型に対して劣性を示す。

花色変異の要因についての各論

　ここでいう花色変異は，4章で述べたのと同様に広い意味で用いられている。したがって，コピグメントの生成や細胞液の pH の変動などを支配する遺伝子のほかに，生合成経路と遺伝子との関係，すなわちフラボノイドの種類と遺伝子との関係についても取り扱われる。以下順を追って説明しよう。

5・1 フラボノイドの種類と遺伝子

　フラボノイドの細かな種類が決定される前に，まずフラボノイドの生成を出発させる遺伝子，すなわちある種の代謝系からフラボノイド生成に向かわせる遺伝子がなくてはならない。しかし，この遺伝子についての具体的な研究例は非常に乏しく，わずかにキンギョソウのアルビノ遺伝子 N(Jorgensen 1955, 図 5・2)があげられているだけである。この遺伝子が劣性型 n のとき，C_6–C_3–C_6 の骨格をもつフラボノイドは生成されないで，p-クマル酸などの C_6–C_3 骨格の化合物でとどまり，優性型 N のときに初めて C_6–C_3–C_6 化合物の生成が起こると考えられる。このようなフラボノイド生合成の入口の直前で作用する遺伝子は，キンギョソウ以外の植物でも当然存在するわけで，この遺伝子によって初めてフラボノイド生成が出発するのである。

　フラボノイド生合成の入口が開かれると，以後の経路には幾つかの分岐点があり(3章参照)，各分岐点にはそれぞれの遺伝子が作用して，どの経路に進むかが決定される。かりに，ある前駆物質からフラボノイドIとフラボノイドIIとに進む経路が，対立遺伝子 A, a によって支配されるとする(下図)。この遺伝子が優性型 A のときはフラボノイドIが生じ，フラボノイドIIは生成され

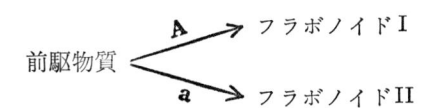

$$\text{前駆物質} \begin{array}{c} \xrightarrow{A} \text{フラボノイドI} \\ \xrightarrow{a} \text{フラボノイドII} \end{array}$$

ない。劣性型 a のときはこの逆で，フラボノイドIIだけが生成される。しかし，これは理想的な場合で，この優性は必ずしも完全でない場合が多い。上の図で，もし A の優性が不完全であるときは，A 型であればフラボノイドIIが少量混在するし，a 型であればフラボノイドIが混在する結果となる。

　フラボノイドのだいたいの種類を決定する遺伝子の例はチュウカザクラの B (フラボンの生成を盛んにし，そのかわりにアントシアニンの生成を弱める)，キンギョソウの Y (優性のときは合成経路はフラボノールやアントシアニンの方向に進み，劣性のときはアウロンの方向に進む)，スイートピーの Co, Dw, Br (いずれも共通の前駆物質から競争的にアントシアニンの方向に進むかコピ

グメントの方向に進むかを決定する),ニオイアラセイトウの **C** と **R**(中間体からアントシアニン合成経路に向かわせる)などがあげられている。

フラボノイドのだいたいの種類が決定されると,次に水酸基の数やメチル化の有無,グリコシド型など化学構造の差異によるさらに細かな種類の決定が行なわれる。以下これらを反応別に分けて説明する。

ヒドロキシル化

フラボノイドのヒドロキシル化の遺伝生化学的研究は,B環に関してはかなり行なわれているが,そのほかの位置の水酸基についてはあまりなされていない。B環のヒドロキシル化とは,4′-位に水酸基が結合しているもの†にさらに1個の水酸基が 3′-位に,また 4′-位と 3′-位とに 2 個の水酸基がついているものにさらに 5′-位に 1 個の水酸基がそれぞれ導入される反応である。

ペラルゴニジン型アントシアニンをシアニジン型アントシアニンに変化させる遺伝子の例は,多くの植物であげられている。たとえば,ヒナゲシの **E**,ニオイアラセイトウの **P**,ストレプトカルプスの **R** などである。また,ストレプトカルプスの **O** は,ペラルゴニジンに対しては 3′-位と 5′-位とに 2 個の水酸基を,またシアニジンに対しては 5′-位に 1 個の水酸基をそれぞれ導入し,結局最終的にはデルフィニジンを生成させる。

同じ 1 個の遺伝子が,アントシアニジンの B 環だけでなく,フラボノールの B 環のヒドロキシル化も支配する場合がある。チュウカザクラの **K** (Harborne, 1961),キンギョソウの **M** などはその好例である。B 環の水酸基が同数のアントシアニンとフラボノールとが共存することが多くの植物でみられる。たとえば,ペラルゴニジン型アントシアニンに対してはケンフェロール配糖体が,

---

† 4′-位の水酸基は,フラボノイド生合成の初期の段階ですでに導入されているとの考え方が有力である(3 章参照)。

シアニジン型にはクェルセチンが，またデルフィニジン型にはミリセチンがそれぞれ共存する傾向にある。このことは，1個の遺伝子でアントシアニンとフラボノールのB環を同時に酸化することが植物界でかなり一般的に行なわれていることを示唆するものである。

また，1個の遺伝子でB環のヒドロキシル化とメチル化の両方を支配する場合もある。チュウカザクラの K，アサガオの Mg などがその例である。ヒドロキシル化とメチル化とは全然別の種類の酵素反応であるから，これらの遺伝子が多面発現性 pleiotropism であるとも考えられるし，またメチル化は別の未同定の遺伝子によって支配されているとする考え方も成り立つ。Harborne (1961)は1遺伝子—1酵素説の立場からチュウカザクラの K は後者の例であると考えている。

B環のヒドロキシル化を支配する遺伝子が優性型か劣性型によって，別の酵素反応であるグルコシル化が影響される例もある。詳しくはグリコシル化の項で説明するが，Harborne (1965)のスイートピーの実験によれば，E (Sm とともにアントシアニンのヒドロキシル化にあずかる)が劣性 e のとき，グルコシド合成に関与する酵素の特異性をやや変更させるという結果があげられている。

フラボノイド骨格のB環以外のヒドロキシル化に関係する遺伝子の研究例は皆無といってよい。ただ，フラボノイド骨格の真中の-C_3-構造の酸化状態を決定すると考えられる遺伝子に，キンギョソウの P がある (Geissman 1954)。P型のキンギョソウでは，アントシアニジンとしてはシアニジンとペラルゴニジン，フラボノールとしてはクェルセチンとケンフェロールを含んでおり，これらはいずれも共通して3-位に水酸基をもっている。

Beale (1941)は，アントシアニジン型を決定する遺伝子の優性と劣性との関係を調べ，その結果を表5・20にまとめている。これによれば，酸化程度のより高いアントシアニジンを生成させる遺伝子は，酸化程度のより低いアントシアニジンを生成させる遺伝子に対して優性の場合が多い。また同氏は，多くの野生種とその突然変異種とでアントシアニジン型が明らかに異なる例を集めた(表5・21)。これによれば，突然変異は酸化程度の高いアントシアニジン型から

表 5·20 種々の植物におけるアントシアニジン型の優性・劣性の関係(Beale, 1941)

デルフィニジンがシアニジンに対して優性の場合	シアニジンがデルフィニジンに対して優性の場合
Callistemma chinensis *Lathyrus odoratus* *Pisum sativum* *Salvia horminum* *Streptocarpus* (garden hybrid) *Trifolium pratense*	*Nemesia* (hybrids)
デルフィニジンがペラルゴニジンに対して優性の場合	ペラルゴニジンがデルフィニジンに対して優性の場合
Callistemma chinensis *Campanula medium* *Clarkia elegans* *Lathyrus odoratus* *Linaria alpina* *Pelargonium zonale* *Primula sinensis* *Salvia splendens* *Streptocarpus* (garden hybrid) *Verbena* (garden hybrid)	*Anagallis arvensis* *Verbena* (garden hybrid)
シアニジンがペラルゴニジンに対して優性の場合	ペラルゴニジンがシアニジンに対して優性の場合
Antirrhinum majus *Cheiranthus cheiri* *Matthiola incana* *Papaver rhoeas* *Pharbitis nil* ? *Zea mays*	*Papaver rhoeas*

低いアントシアニジン型へ変化する方向に起きている。

上述したように，酸化程度の高いアントシアニジンを生成させる遺伝子は一般に優性を示すが，この優性は必ずしも完全でない場合がある。たとえば，Hess(1969)がウンランモドキ *Nemesia strrumosa* で実験したところによれば，遺伝子 **B** はシアニジンに1個の水酸基をつけてデルフィニジンにする作用があるが，**B** の優性は不完全で，**Bb** 型ではシアニジンとデルフィニジンの両者がつくられる。

メチル化

フラボノイドのメチル化は，B環の水酸基で行なわれる場合がおもで，A環

表 5・21 種々の植物におけるアントシアニジン型の突然変異の起こる方向 (Beale, 1941)

デルフィニジン──→シアニジン	シアニジン──→デルフィニジン
Ajuga reptans *Aster amellus* *Clematis viticella* *Collinsia bicolor* *Gilia tricolor* *Lathyrus odoratus* *Pisum sativum* *Prunella grandiflora* *Phlox drummondii* *Salvia horminum* *Scilla non-scripta* *Trifolium pratense*	なし
デルフィニジン──→ペラルゴニジン	**ペラルゴニジン──→デルフィニジン**
Campanula medium *Clarkia elegans* *Convolvulus bicolor* *Delphinium ajacis* *Hyacinthus orientalis* *Hyssopus vulgaris* *Linaria alpina* *L. purpurea* *Primula sinensis* *Veronica spicata*	*Anagallis arvensis* *Salvia splendens*
シアニジン──→ペラルゴニジン	**ペラルゴニジン──→シアニジン**
Antirrhinum majus *Centaurea cyanus* *Dianthus caryophyllus* *D. barbatus* *Lathyrus odoratus* *Matthiola incana* *Verbascum phoeniceum*	*Papaver rhoeas**

* *P. rhoeas* では，シアニジン──→ペラルゴニジンの復帰突然変異 back mutation と考えることもできる。

　その他の水酸基で行なわれる例は少ない。したがって，フラボノイドのメチル化の遺伝生化学的研究はB環に集中している。

　メチル化で最もよく研究されているのは，デルフィニジンがペツニジンを経てマルビジンに変わる過程である。Hess(1964)のツクバネアサガオによる実験によれば，デルフィニジンからペツニジンへの変化は遺伝子 F により，また

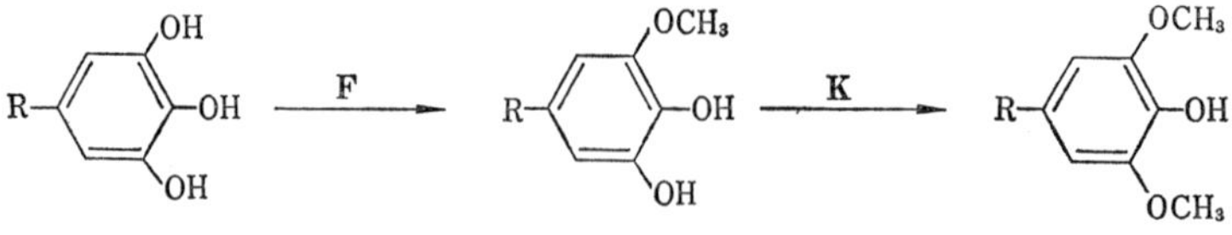

```
     OH                    OCH₃                   OCH₃
      |                      |                      |
R─◯─OH    ─F→    R─◯─OH    ─K→    R─◯─OH
      |                      |                      |
     OH                     OH                    OCH₃
 デルフィニジン              ペツニジン              マルビジン
```

図 5・9 ツクバネアサガオにおけるデルフィニジンのメチル化 (Hess, 1964)

ペツニジンからマルビジンへの変化は遺伝子 **K** により支配されると考えられる (図5・9)。この場合，**F** は多面発現性で，メチル化と同時にグリコシル化にも関係すると考えられる。多面発現性の遺伝子によるメチル化の例は **F** のほかに，チュウカザクラの **K** (ヒドロキシル化とメチル化——ただし Harborne (1961) によればヒドロキシル化のみ)，アサガオの **Mg** (ヒドロキシル化とメチル化)，ポテトの **Ac** (アシル化，グリコシル化，メチル化) などがある。

また，メチル化を支配する遺伝子が，ほかの反応を支配する遺伝子型によってその作用発現に影響される場合がある。たとえば，チュウカザクラのコピグメント生成に関係する遺伝子が **BB** 型のときはマルビジン75%，ペツニジン25%であるが，**bb** 型のときはマルビジン68%，ペツニジン28%，デルフィニジン9%となり，**BB** 型のほうが **bb** 型よりメチル化の程度が大きい (Harborne, 1965)。

グリコシル化

フラボノイドの配糖体型を支配する遺伝子の研究は，アグリコン骨格のヒドロキシル化やメチル化などに関係する遺伝子の研究に比べて，やや遅れた感がある。これは，配糖体の定性がアグリコンの定性より比較的困難なことに原因があるようである。しかし，最近のペーパークロマトグラフィーなどの微量分析法の進歩にともない，この方面も遺伝生化学的に解明されるようになった。

アントシアニジンのグリコシル化の遺伝生化学的研究で最も古いものは Scott-Moncrieff (1939) によるストレプトカルプスである。それによると，ストレプトカルプスには配糖体型を決定する遺伝子 **D** があり，優性型 **D** のときはアントシアニジン-3,5-ジモノシドを生じ，劣性型 **d** のときは3-ビオシド型

表 5・22 ストレプトカルプスの花における遺伝子型とアントシアニン構成 (Scott–Moncrieff, 1939; Bonner, 1950)

遺伝子型	花 色	アントシアニジン	配 糖 体 型
ROD	青 色	マルビジン	3,5-ジモノシド
RoD	マゼンタ	ペオニジン	3,5-ジモノシド
roD	桃 色	ペラルゴニジン	3,5-ジモノシド
ROd	フジ色	マルビジン	3-ビオシド
Rod	バラ色	ペオニジン	3-ビオシド
rod	サーモン	ペラルゴニジン	3-ビオシド

のアントシアニンを生ずる(表5・22)。このことから，Dは3-ビオシドを3,5-ジモノシドに変える作用があると考えられる。

Harborne(1963)は，ストレプトカルプスのアントシアニジンのグリコシル化をさらに詳しく検討し，前述のDのほかにQ, X, Zが関係すると報告した(図5・4)。このうちQはアントシアニジンの前駆物質の3-位にグルコースを結合させる反応にあずかり，XとZとはその後の段階で5-位にグルコースを結合させる反応に関係する。このように，アントシアニジンはまず3-位がグリコシル化され，ついで5-位がグリコシル化される。また前述のDは3-位のグルコシル基にさらにラムノシドを結合させて3-ルチノシドにする作用もあると考えられる。アントシアニジンの5-位にグルコースを結合させる遺伝子にポテトのAc(多面発現性で，アシル化，メチル化にも関係する)がある。野生ポテトを用いたHarborne(1962)の実験では，3-グルコシドにさらに1個のグルコースを結合させて3-グルコシルグルコシドにする遺伝子Glがある。この遺伝子は，本来フラボノールの3-位のラムノシルグルコシドにさらに1個のグルコシドを結合させるものである。

グリコシル化に関係する酵素は，メチル化酵素と同様に基質に対してかなりの特異性を示す。しかし，Harborne(1965)があげた例では，別の反応に関係する遺伝子が優性型か劣性型かによってグリコシル化酵素の基質の特異性に変化が起こる。すなわち，スイートピーにおけるヒドロキシル化を支配する遺伝子Eが劣性型のeのとき，グリコシル化の特異性がやや失われる傾向にある(表5・23)。

表 5·23 スイートピーにおける遺伝子型とフラボノイドの配糖体型(Harborne, 1965)

遺伝子型	花色	配糖体型 アントシアニジン[a]	フラボノール[b]
E-Sm	マウブ	3-ラムノシド 3-ラムノシド-5-グルコシド	3-ラムノシド 3,7-ジラムノシド 3-ラチロシド-7-ラムノシド
eeSm	クリムソン	3-ラムノシド 3-ラムノシド-5-グルコシド 3-ガラクトシド	3-ラムノシド 3,7-ジラムノシド 3-ラチロシド-7-ラムノシド
eesm	サーモン	3-ラチロシド 3-ガラクトシド-5-グルコシド	

a) マウブ型　　：デルフィニジン，ペツニジン，マルビジン
　　クリムソン型：シアニジン，ペオニジン
　　サーモン型　：ペラルゴニジン
b) マウブ型　　：ミリセチン，クェルセチン，ケンフェロール
　　クリムソン型：クェルセチン，ケンフェロール
　　サーモン型　：ケンフェロール

表 5·24 種々の植物におけるアントシアニンの配糖体型の突然変異の起こる方向および優性・劣性の関係(Beale, 1941)

ジグリコシド(野性種)⟶モノシド (突然変異種)	モノシド(野生種)⟶ジグリコシド (突然変異種)
Dianthus caryophyllus *Phlox drummondii* *Statice sinuata*	なし
ジグリコシドがモノシドに対して優性の場合	モノシドがジグリコシドに対して優性の場合
Callistemma chinensis *Verbena* (garden hybrid)	*Verbena* (garden hybrid)

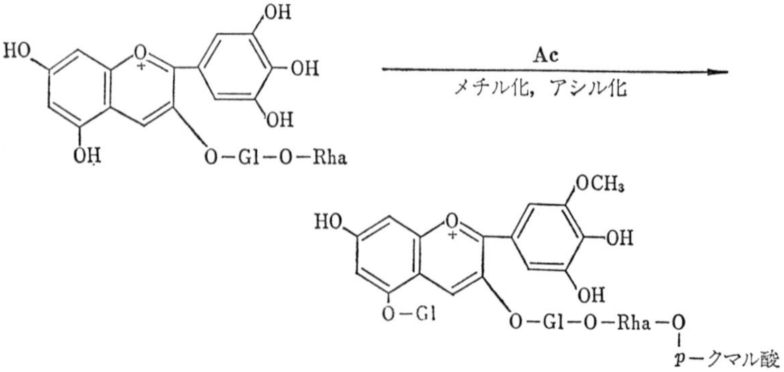

図 5·10 ポテトにおける遺伝子 Ac によるアントシアニンのメチル化とアシル化 (Harborne, 1967)

配糖体型を決定する遺伝子の優性と劣性との関係は一般に 3,5-ジグルコシド型は 3-グルコシド型に対して優性である。Beale(1941)が配糖体型について, 突然変異の起こる方向と, 優性・劣性関係を表 5・24 に示している。まだ資料不足の感はあるが, だいたい上に述べた傾向がうかがえる。

アシル化

アントシアニンやフラボノール配糖体の 3-位の糖が p-クマル酸などの有機酸でアシル化される場合, やはり遺伝子に支配される。いままでに明らかにされた例は少ないが, ペチュニアの F, ポテトの Ac(図 5・10), $Solanum\ melongena$ の未詳の遺伝子(Abe ら, 1959), マッチオラの V などがあげられる。

アシル化を支配する遺伝子は多面発現性の場合があり, グリコシル化, メチル化なども同時に支配することが多い。前に述べたポテトの Ac(メチル化にも作用), ナスの Ac(グリコシル化にも作用)などがあげられる。

5・2 アントシアニンの色調変化にあずかる遺伝子

4 章で述べたように, アントシアニン花弁の花色は, アントシアニンの種類が同じでも, 細胞液の酸性度, コピグメントとの共存, 金属元素などとの複合体の形成, またはアントシアニン自身の濃度などによって著しく変異する。これらの花色変異の要因のうち, 遺伝子に支配されるのが明らかにされているのは, 細胞液の酸性度, コピグメントの出現, アントシアニンの濃度などであり, 金属元素などとの複合体形成についての遺伝生化学的研究はまだなされていない。以下, これらの要因といままでに明らかにされた遺伝子との関係を述べる。

細胞液の酸性度

青色花発現についての学説のうち, いわゆる「pH 説」はいまや否定的なものになり, 正常な植物細胞の細胞液はすべて酸性であることが常識になっている。しかし, 酸性であっても狭い範囲(pH 1 以内程度)の変異があることは数種の植物で調べられており, しかもこの程度の酸性度の変化でも, アントシアニン花弁の花色変異に影響をおよぼすことは事実である。

花弁の組織細胞の酸性度に関する遺伝学的研究はスイートピー, チュウカザ

表 5·25 種々の植物における pH の上下と優性・劣性の関係 (Beale, 1941)

より低い pH がより高い pH に対して優性の場合	より高い pH がより低い pH に対して優性の場合
Lathyrus odoratus *Papaver rhoeas* *Primula acaulis* *P. sinensis* *Trifolium pratense* *Tropaeolum majus* *Verbena* (garden hybrid)	なし

クラ，ヒナゲシなどで研究され，チュウカザクラの **R**，ヒナゲシの **P**，スイートピーの **D** などがあげられている (Scott-Moncrieff, 1936; Beale, 1939)。これらの遺伝子が優性のとき，花弁の組織細胞の pH は劣性のときよりもやや低い値を示す。Beale (1941) によれば，pH を低くする遺伝子は，高くする遺伝子に対して優性である (表 5·25)。しかし，pH の高低が生ずる機構はまだよくわかっていない。

コピグメンテーション

コピグメンテーションとは，4 章の説明のように，赤色系の色調を示すアントシアニンが，コピグメントといわれる物質の作用により，青色系の色調を示すようになることをいう。天然に普通にみられるコピグメントとしては，現在フラボノールやタンニンなどがわかっているが，従来の遺伝生化学的研究はもっぱらフラボノールに関するものにかぎられている。

コピグメンテーション効果を示すフラボノールの生成を支配する遺伝子は幾つか知られたが，多くはアントシアニン生成にも関係が深い。すなわち，ある共通の前駆物質からアントシアニンとフラボノールへといく 2 経路がある場合，おもにどちらの経路に進むかは遺伝子の支配を受ける。もし，フラボノールへの経路を盛んにする遺伝子 **a** があれば，前駆物質はその生成に消費され，アントシアニンの生成は当然弱くなる (下図)。このようにして生成されたフラボノ

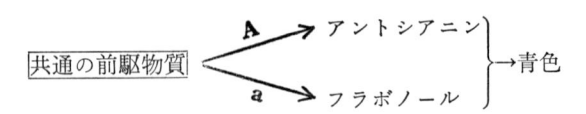

```
                    A  → アントシアニン  ⎫
共通の前駆物質 <                          ⎬ → 青色
                    a  → フラボノール    ⎭
```

ールがアントシアニンに対してコピグメンテーション効果を示せば，花色は青色調を加える結果となる。前の図で，Aとaの優性・劣性の関係が完全であれば，Aのときはアントシアニンだけが，aのときはフラボノールだけが生成されるが，多くの場合はこの優・劣関係は不完全で両成分が混在する。チュウカザクラのB，スイートピーのBrはそのよい例である。

アントシアニンの含量

アントシアニン含量の高低が桃色から赤色を経て黒色に至る花色変異の一因となることはすでに述べた。アントシアニン含量と遺伝子との関係はかなり古くから研究され，多くの資料がある。これに関する遺伝子でいままで明らかにされたものを大別すると，次の4型に分類される。(1)アントシアニン生成を促進する遺伝子，(2)アントシアニン生成を抑制する遺伝子，(3)他のフラボノイドと共通の前駆物質から競争的にアントシアニンを生成させる遺伝子(前出のコピグメントの生成を参照)，(4)補足遺伝子の組合せ。このように，アントシアニン含量と遺伝子との関係はかなり複雑である。以下それぞれの型について具体例をあげる。

(a) アントシアニン生成促進遺伝子

これはアントシアニンの種類には関係なくその生成だけを盛んにし，しかも他のフラボノイドの生成には関係しない遺伝子である。

たとえば，チュウカザクラでは Dz 型と dz 型ではアントシアニン含量にかなりの差異がある(表5・2)。チュウカザクラの V，ヒナゲシの B なども同様の作用をもつ遺伝子である。ダリアでは A と B との2個の遺伝子がアントシアニン含量を支配しており，A では含量が低く B では高い。

(b) アントシアニン生成を抑制する遺伝子

アントシアニン生成を促進する遺伝子に対して，その生成を抑制する遺伝子がある。この抑制遺伝子の作用が非常に強い場合には，たとえアントシアニン生成を促進する遺伝子が存在しても，アントシアニン生成は起こらないかまたは起こってもほんのわずかで，花は赤色を呈することがない。結局，抑制遺伝子と促進遺伝子の相互の強弱関係でアントシアニンの含量が決定される。

たとえば，ダリアでは高含量のアントシアニンを生成させる遺伝子 B がアントシアニン生成を抑制する遺伝子 Y と共存すると，低含量のアントシアニンが生ずる結果となる。

(c) 他のフラボノイドと共通の前駆物質から競争的にアントシアニンを生成させる遺伝子

これはコピグメンテーションの項で説明したような作用のある遺伝子で，たとえばチュウカザクラの B はある前駆物質からフラボノールへの経路を促進する作用をもつ。したがって，この遺伝子が存在するとアントシアニンの生成が弱められる結果となる。

アウロン生成との競争的関係でアントシアニン含量に変化が起こる場合もある。キンギョソウの Y 遺伝子がそれで，YY 型ではアントシアニン含量が最も高く，Yy 型ではこれにつぎ，yy 型では最低となる。これは Y がフラボノイドに共通の前駆物質からアウロンへの経路と，アントシアニンなど他のフラボノイドへの経路の分岐点に作用しているためと考えられる（図 5・2）。

(d) 補足遺伝子の組合せ

これは幾つかの補足遺伝子の優性，劣性の組合せによりアントシアニン含量が変化する場合で，トレニアが好例である。トレニアの花色の遺伝生化学はすでに植物各論で述べたが，結局トレニアではアントシアニン生成に A, B 2 個の遺伝子が補足的に関係し，A と B の優性・劣性の組合せによりアントシアニン含量に広い変異が起こり，花色は白色系から濃い青紫色系へと変異する（表 5・18）。

5・3 フラボノイドの分布に関係する遺伝子

色素の生成にあずかる遺伝子は，植物体全般に均等にその作用を現わすとはかぎらない。花には色素の形成が起こらないのに別の器官には色素が現われる場合もあるし，花と他の器官とで色素の種類が異なる例もある。これは，色素の種類を決定する遺伝子と色素生成を促進する遺伝子，あるいは色素生成を抑制する遺伝子などが局部的にその作用を現わすことによる。以下，いままでに

わかっている色素の分布に関する遺伝子の概要を説明する。

花と他の器官とで色素の分布を不均一にする遺伝子

花と他の器官とでアントシアニン構成が異なることはポテト，ナスなどで遺伝的に研究された。最も極端な例は，ポテトの花が白色，塊茎が赤紫色という場合である。これは遺伝子 R^{pw} があり，塊茎ではペオニジン型アントシアニンが生成するが，花ではその生成が強く抑制されるためと考えられる（表5・13,5・14)。逆に，塊茎が白色，花が着色の場合は ii 型の遺伝子型である。

ナスの場合は，アントシアニンの生成に関係する遺伝子として D, P, Y があり，それぞれに1～3個の対立遺伝子をもつ（表5・26)。この遺伝子のあるものは，ある器官だけの色素生成を促進する。D系では次の順序で優性が強くなる。

$$D > d > d^t > d^w$$

D は植物全体にアントシアニンの生成を高める作用があるが，d は果実だけにアントシアニンの生成を阻害する。したがって，d をもつ種類では花は着色するが果実は着色しない。P では $P > p > p^w$ の順で優性が強くなる。このうち p は胚軸と果実とでアントシアニン生成を阻害する。したがって，この場合は花だけが着色する。

表 5・26 ナスにおけるアントシアニンの分布と遺伝子 (Tigchelaar ら, 1968)

遺伝子記号	アントシアニンの分布		
	花冠	胚軸	果実
D	+	+	+
d	+	+	−
d^t	+(かすか)	+	−
d^w	−	−	−
P	+	+	+
p	+	−	−
p^w	−	−	−
Y	+	+	+
y	+	−	−

器官によってアントシアニンの種類に相違を起こさせる遺伝子も知られている。たとえば，ポテト (*Solanum rybinii*) の R は，塊茎にはペラルゴニジン型のアントシアニンを生成するが，花にはシアニジン型のアントシアニンを生成

する。また，キンギョソウの Y と y も花にだけアウロンの一種アウロイシジンをつくる(Geissman 1954)。

一つの花の中で色素の分布を不均一にする遺伝子

一つの花をとってみると，その色調は必ずしも均一とはかぎらない。これは色素の分布が不均一なためである。この色素分布の不均一性も，ある種の遺伝子により支配される。以下は，その代表的な例である。

(a) チュウカザクラ　色素分布の不均一性には遺伝子 J, D, G が関係する。J はアントシアニンの生成を促進する遺伝子であるが，その作用は花の中心部で弱い。D と G はともにアントシアニンの生成を抑制するが，その作用は D では花の周辺部に，G では花の中心部に現われる。

(b) ヒナゲシ　遺伝子 W をもつ種類では，花弁の周辺部が白色となる。その生化学的作用はまだわかっていないが，周辺部の色素生成が抑えられるためであろう。また，遺伝子 P はアントシアニンをアシル化する作用をもつが，花弁の基部ではこの作用が現われない。したがって，ここではアシル化されないアントシアニンを含む。

(c) スイートピー　遺伝子により旗弁と翼弁のアントシアニン，コピグメントの生成に相違が生じ，その結果色調が複雑に変化する。遺伝子と旗弁，翼弁での作用の現われ方を表 5・27 に示した。コピグメントの生成が高まればその花弁は青色調が強められ，その生成が抑えられれば青色調は弱められて，反対に赤色調が強くなる。

表 5・27　スイートピーにおける旗弁と翼弁のフラボノイド生成に関係する遺伝子とその作用(p. 234 参照)

遺伝子	旗　　弁	翼　　弁
K M		コピグメントの生成を促進する
Co	コピグメント生成を全面的に抑制する	コピグメントの生成を部分的に抑制する
Dw		アントシアニンの生成を抑制し コピグメントの生成を促進する
H	コピグメントの生成を促進する	

(d) ストレプトカルプス　花筒の内側にアントシアニンの斑点を生じる遺伝子 **B**, 花筒の入口から奥にかけてアントシアニンの線条を生じる遺伝子 **L**, 同じく黄色の帯状模様を生じる Y_1 と Y_2 が知られている。

　(e) ウンランモドキ　遺伝子 **W** があって，花の下唇でアントシアニン生成を阻害する。したがって，この遺伝子をもつ種類では下唇は白色となる (Hess, 1969)。

その他

　Von Wettstein-Knowles (1968) の野生型トマトの実験によれば，遺伝子 **ai** があり，アントシアニンが細胞液中球状で含まれている場合，この球状体の数を増加させる作用がある。

　アントシアニンは一般に細胞液に溶解して存在するが，中には細胞液中に球状または塊状で含まれている場合がある。著者が数種の園芸植物の花弁について観察しただけでもゼラニウム(球状)，赤バラ(塊状)をあげることができる。この球状体または塊状体は，ある場合には花色の微細変異に影響すると考えられるので，この形成を支配する遺伝子作用の解明を期待したい。

カロチノイドに関する遺伝生化学

　カロチノイドはフラボノイドとともに花色素の重要な一群をなしているが，フラボノイドの遺伝生化学がめざましい発展をとげているのに対して，カロチノイドのほうはあまり進歩をみせていない現状である。とりわけ，花を直接に取り扱った研究は皆無といってよい。ここでは，花以外の器官(たとえばトマトの果実，ニンジンの根など)についての研究の概略を述べ，カロチノイド花弁の遺伝生化学を考察する参考にとどめたい。

　結局，カロチノイドの遺伝生化学でいままでにわかっているのは，種類と量を支配する遺伝子につきるといってよい。

　Nakayama (1958) はカロチノイドの遺伝生化学的研究に関する抄録を行なっているが，それによると，トマト果実におけるカロチノイド生成には **R** と **T** の2遺伝子が関係しており，この2遺伝子の組合せによって生成するカロチノ

イドの種類は次のようになるといっている。

(a) R—・T—型：リコピン，β-カロチンを生じる。
(b) rr・T—型 ：種類は(a)と同じであるが，量は(a)よりも少ない。
(c) R—・tt 型：プロリコピンとζ-カロチンを生じる。
(d) rr・tt 型 ：カロチンの種類は(c)と同じであるが，その量が少ない。

遺伝子型とカロチンの総量との関係は次のように考えられている。

$$rT>rt>Rt=RT$$

これらの関係から，遺伝子 R はカロチンの量を支配し，T はカロチンの種類を決定する作用をもつものと考えられる。おそらく R はカロチノイド生合成の前駆物質(具体的にはわかっていないが，フィトエン生成よりも以前の段階と思われる)を大量に生成させる作用があり，その結果，以後の生合成が有利に展開されると考えられる。T は R の存在下でフィトエン，フィトフルエン，ζ-カロチンなどをリコピンに変化させる作用があると推定されるが，その詳しい生化学的作用は不明である。また，T はカロチンの立体異性体の生成にも関係しており，tt 型ではシス型カロチンは出現するがトランス型は出現しないことから，T はシス型をトランス型に変化させる酵素をつくる作用があると考える人もある (Zechmeister, 1948)。

結局，遺伝子型と果実の色は次のように関係づけられる。

RT 型＝赤色，Rt 型＝橙色，rT 型＝黄色，rt 型＝黄色と橙色の中間色

トマト果実のカロチン生成には以上述べた遺伝子のほかに，β-カロチンの生成に関与する遺伝子として B，リコピン生成を抑制する遺伝子 at が報告されている。B はリコピンを β-カロチンに変化させる酵素をつくりだす働きがある (Porter ら，1962)。

Lincoln ら(1950)，Tomes ら(1953, 1954)の実験では，RRTTbb 型のトマト果実ではリコピンを生成するが，RRTTBB 型は β-カロチンをつくるということである。

参考文献

Abe, Y., Gotoh, K., *Bot. Mag. Tokyo*, **72**, 432(1959)
Alston, R. E., Hagen, C. W., *Genetics*, **43**, 35(1958)
Arisumi, K., 九大農芸誌, **20**, 131(1963); *ibid.*, **21**, 169(1964)
Bate-Smith, E. C., *Nature*, **161**, 835(1948)
Bate-Smith, E. C., Geissman, T. A., *Nature*, **167**, 688(1954)
Bate-Smith, E. C., Swain, T., *J. Chem. Soc.*, **1953**, 2185.
Bate-Smith, E. C., Swain, T., Nördstrom, C. G., *Nature*, **176**, 1016(1955)
Beale, G. H., *J. Genet.*, **42**, 197(1941)
Beale, G. H., Robinson, G. M., Robinson, R., Scott-Moncrieff, R., *J. Genet.*, **37**, 375(1939)
Bonner, J. "Plant Biochemistry", Academic Press, New York(1952)
Clevenger, S., *Arch. Biochem. Biophys.*, **76**, 131(1958)
Davis, D. W., Taylor, L. A., Ash, R. P., *Genetics*, **43**, 16(1958)
DeWinton, D., Haldane, J. B. S., *J. Genet.*, **27**, 1(1933)
Dodds, K. S., Long, D. H., *J. Genet.*, **53**, 136(1955); *ibid.*, **54**, 27, 298(1956)
Endo, T., *Japan J. Bot.*, **14**, 187(1954)
Endo, T., *Japan J. Genet.*, **37**, 284(1962)
Fincham, J. R. S., *53rd Ann. Rep. John Innes. Inst.*, p. 20(1962)
Geissman, T. A., Jorgensen, E. C., Johnson, B. L., *Arch. Biochem. Biophys.*, **49**, 368(1954)
Geissman, T. A., Harborne, J. B., *Arch. Biochem. Biophys.*, **55**, 447(1955)
Gregory, R. P., *J. Genet.* **1**, 73(1911)
Gregory, R. P., DeWinton, D., Bateson, W., *J. Genet.* **13**, 219(1923)
Hagiwara, T., *Bot. Mag. Tokyo*, **37**, 41(1923); *ibid.*, **42**, 395(1928); *ibid.*, **43**, 106(1929); *ibid.*, **44**, 573, 580, 591(1930)
Hagiwara, T., *J. Coll. Agrc. Tokyo Imp. Univ.*, **11**, 241(1931)
Hagiwara, T., *Proc. Imp. Acad. Japdn*, **8**, 54(1932)
Harborne, J. B., *Biochem. J.*, **74**, 262(1960); *ibid.*, **84**, 100(1962)
Harborne, J. B., *Phytochemistry*, **2**, 85, 327(1963)
Harborne, J. B.(Bonner, J. Varner, J. E. ed.), "Plant Biochemistry", p. 618, Academic Press, New York(1965)
Harborne, J. B., "Comparative Biochemistry of the Flavonoids" Academic Press, New York(1967)
Harborne, J. B., Sherratt, H. S. A., *Biochem. J.*, **65**, 23(1957); ibid **78**, 298(1961)
Harborne, J. B., Corner, J. J., *Arch. Biochem. Biophys.*, **92**, 192(1961)
Hess, D., *Planta*, **61**, 73(1964)
Hess, D., *Z. Pflanzenphysiol.* **60**, 46(1968), 348(1969)

Hurst, C. C., *J. Roy. Hort. Soc.*, **66**, 73, 242, 282 (1941)
Jorgensen, E. C., Geissman, T. A., *Arch. Biochem. Biophys.*, **54**, 72 (1955); *ibid.*, **55**, 389 (1955)
Lawrence, W. J. C., *J. Genet.*, **21**, 125 (1929); *ibid.*, **30**, 155 (1935)
Lawrence, W. J. C., *Heredity*, **11**, 337 (1957)
Lawrence, W. J. C., Scott-Moncrieff, R., Sturgess, V. C., *J. Genet.*, **38**, 299 (1939)
Lawrence, W. J. C., Sturgess, V. C., *Heredity*, **11**, 303 (1957)
Nakayama, K., 化学の領域, **12**, 381 (1958)
Newton, W. C. F., *J. Genet.*, **21**, 389 (1929)
Ootani, S. Hagiwara, T., *Japan. J. Genet.*, **44**, 65 (1969)
Philp, J., *J. Genet.*, **28**, 169, 175 (1933)
Porter, J. W., Anderson, D. G., *Arch. Biochem. Biophys.*, **97**, 520 (1962)
Punnett, R. C., *J. Genet.*, **13**, 101 (1913); *ibid.*, **26**, 97 (1932); *ibid.*, **32**, 171 (1936)
Scott-Moncrieff, R., *J. Genet.*, **32**, 117 (1936)
Scott-Moncrieff, R., *Ergeb. Enzymforsh.*, **8**, 277 (1939)
Scott-Moncrieff, R., *Biochem. J.*, **24**, 753 (1930); ibid. **65**, 23 (1957)
Seikel, M. K., *J. Amer. Chem. Soc.*, **77**, 5685 (1955)
Stewart, R. N., *J. Hered,.* **51**, 175 (1960)
Stewart, R. N., Arisumi, T., *J. Hered.*, **57**, 217 (1966)
Stewart, R. N., Asen, S., Norris, K. H., Massie, D. R., *Amer. J. Bot.*, **56**, 227 (1969)
Tigchelaar, E. C., Janick, J., Erickson, H. T., *Genetics*, **60**, 475 (1968)
Von Wettstein-Knowles, P., *Hereditas*, **60**, 317 (1968)
Wheldale, M., *Proc. Roy. Soc. London*, **79** B, 288 (1907)
Wheldale, M., *Biochem. J.*, **7**, 87 (1913)
Wheldale, M., *J. Genet*, **4**, 109 (1914)
Wheldale, M., Bassett, H. L., *Biochem. J.*, **7**, 441 (1913); *ibid.*, **8**, 204 (1914)
Wylie, A. P., *J. Roy. Hort. Soc.*, **79**, 555 (1954); *ibid.*, **80**, 8, 77 (1955)
Zechmeister, L., Went, F. W., *Nature*, **162**, 847 (1948)

補　遺

ベタレイン色素

　ベタレイン色素 betalain とは，ベタシアニン類とベタキサンチン類との総称で(Mabry ら，1968)，これらの色素については，すでに第2章の末尾にその概略が述べられている。その後この色素の研究は，化学，生化学の方面で著しい進歩発展がみられ，これらに関する文献はおびただしい数にのぼっている。もちろん，まだ多くの不明の点が残されており，フラボノイドやカロチノイドと同程度にまとめることはいささか難しいと感じられるが，ベタレイン色素の化学分類学的重要性や，色素生成の生理・生化学的研究，あるいは遺伝生化学的研究等のより発展が望まれている今日，中間段階としてのまとめを行なうことも必要と考え，特に化学と生合成経路について最近の進歩の跡をたどってみることにした。

化　学

　ベタニンの化学構造は，第2章 58 ページに示したが，ベタシアニン類のアグリコンはすべてこの骨格を基本としている。ただし，15-位の炭素原子に結合する水素原子とカルボキシル基の立体配置により，ベタニジンとイソベタニジン isobetanidin の立体異性体が区別される(図 補遺・1)。

図 補遺・1 ベタニジン(A)とイソベタニジン(B)の 15 位における立体配置

ベタシアニン骨格の 5-位または 6-位の水酸基に糖が結合して配糖体が形成されるが、こゝに結合する糖の種類によって種々のベタレイン色素が存在することになる。また糖が、p-クマル酸、カフェー酸、フェルラ酸等によってアシル化されている例も数多く発見されている。アシル化にあずかる酸類は上記のほか、クエン酸やマロン酸、時としては硫酸の場合も知られている。糖の結合する位置、糖の種類、有機酸の種類が同じでも、アグリコンがベタニジンかイソベタニジンかで色素の種類が異なって来ることもちろんである。

例　ベタニン　：ベタニジンの 5-グルコシド
　　イソベタニン：イソベタニジンの 5-グルコシド

ベタキサンチン類の化学は、ベタシアニン類のそれよりもはるかに遅れており、不明の点はベタシアニン類よりもさらに多い。現在までに天然から発見されたベタキサンチン類の化学構造は図 補遺・2 の通りで、ベタシアニン類に比べるとその種類はかなり多い。配糖体についてはまだ詳しく調べられていない。

生合成

前にも述べたように、この色素の化学構造がはっきりし始めたのはごく最近のことなので、その生合成の本格的な研究のスタートもかなり遅れたことは当然のことといえよう。文献上、ベタレイン色素生合成の具体的なデータが出始

ポルチュラキサンチン　　R=NH₂　ブルガキサンチン-I　　　　ドーパキサンチン
　　　　　　　　　　　R=OH　ブルガキサンチン-II

ミラキサンチン

図 補遺・2 ベタキサンチン類の化学構造 Piattelli(1976)

めたのは 1964 年以後とみなされるが，それ以前からもベタニジン骨格が 2 分子の 3,4-ジヒドロキシフェニルアラニン（いわゆるドーパ，DOPA）から生成されるとの仮説が立てられていた(Wyler ら，1963)。この仮説は Dreiding 氏の仮説ともいわれ，特に実験的事実に基づいたものではないが，次のように説明されている。

　すなわち，まず 1 分子の DOPA からシクロドーパ cyclodopa が，また他

の1分子の DOPA からベタラミン酸 betalamic acid がそれぞれ生成し，この両者が縮合してベタニジン骨格ができ上がるというのである(図 補遺・3)。

図 補遺・3 ベタニジン骨格構成の予想図

その後ベタレイン色素の生合成の研究が進むにつれて，この Dreiding 氏の仮説を支持し得る多くの実験事実が提出された。例えば，Hörhammer ら(1966)や Garay ら(1966)はラベルした DOPA がベタインやアマランチン ammaranthin に取り込まれることを認め，また Minale ら(1965)は DOPA がベタレイン色素の化学構造中のジヒドロピリジン核の前駆物質になることを確かめている。さらにまた，Miller ら(1968)は DOPA がベタニジンのジヒドロピリジン核だけでなく，ジヒドロインドール核の形成にもあずかっていることをみた。これらの実験事実から，ベタレイン色素の基本骨格が2分子の DOPA から導かれるとの Dreiding 氏の仮説は最早疑う余地がないものといえよう。また，ベタレイン色素生合成にとって重要な中間物質と考えられているベタラミン酸が，中心子目に属する多くの植物から遊離の状態で発見されているが(Reznik, 1978)，このことも Dreiding 氏の仮説を裏付ける一つの証拠といわなければならない。

DOPA からベタラミン酸が生成されるのには，DOPA のベンゼン核が一度開環して再び N-原子を介して新しく閉環しなおしてピリジン核にならなけれ

ばならない。この開環—閉環には，理論的に二つの様式が考えられる。一つは，ベンゼン核の 3′-位と 4′-位間で開環し，5′-位の C-原子が N-原子と結合する。他は，ベンゼン核の 4′-位と 5′-位間で開環して 3′-位の C-原子と N-原

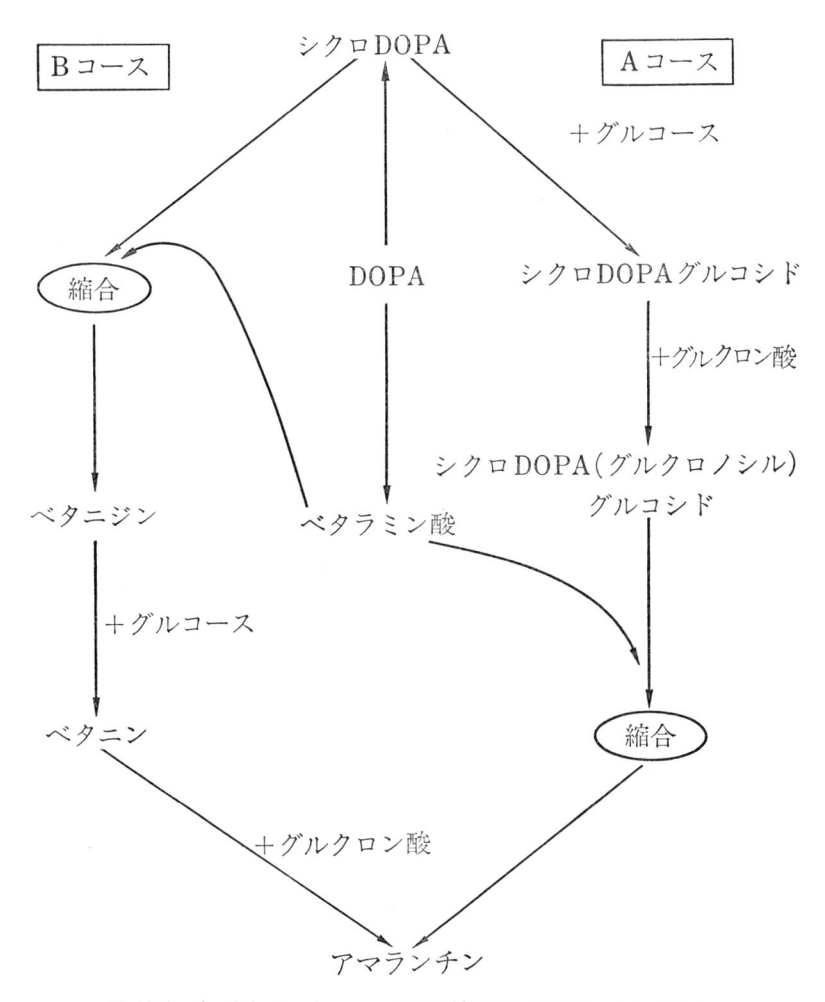

```
                    シクロDOPA
    Bコース      ↙     ↑     ↘      Aコース
                            +グルコース
          ↓         DOPA      シクロDOPAグルコシド
        縮合          ↑              ↓
          ↓           ↑         +グルクロン酸
          ↓           ↑              ↓
       ベタニジン   ベタラミン酸   シクロDOPA(グルクロノシル)
                                    グルコシド
          ↓                           ↓
       +グルコース                     ↓
          ↓                          縮合
       ベタニン                        ↓
           ↘    +グルクロン酸     ↙
                アマランチン
```

図 補遺・4 *Celosia plumosa* の発芽種子におけるアマランチンの生成過程(Suito ら, 1974)

子とが結合する。実際の生合成の過程でどちらの様式がとられているかはまだよくわかっていないが，現在では後者の方が支持されている(Piattelli, 1976)。

グリコシル化が生合成のどの段階で行なわれているかについても，まだよくわかっていない。Suito ら(1972)は，^{14}C-ベタニジンが *Opuntia dillenii* の果実でベタニン(ベタニジン 5-O-β-d-グルコシド)に取り込まれることから，グリコシル化が生合成の終りの段階で起きるものと考察した。しかし，その後の同氏らの *Celosia plumosa* の発芽種子を用いた実験では，むしろ前述の見解を否定する結果を得ている(Suito ら，1974)。すなわち同氏らは，アマランチン(ベタニンのグルコースの 2-位にさらにグルクロン酸が結合したもの)の生合成には二つの経路が考えられるとしている(図 補遺・4)。一つはシクロ DOPA がベタラミン酸と縮合してベタニジン骨格ができ上がる以前にグリコシル化が行なわれるコース(図 補遺4A コース)，他はベタニジン骨格ができ上がってからグリコシル化が行なわれるものとである(図 補遺4B コース)。このうち同氏らは，*Celosia* の発芽種子では A コースの方がより一般的であると考えている。

あとがき

ベタレイン色素が一つの限られた「目」，中心子目に属する植物にだけ含まれていることや，中心子目の中でもアントシアニンを含む植物にはベタレイン色素は含まれないこと等から，ベタレイン色素はその研究の初期から化学分類学上興味ある色素群として取り扱かわれている。しかし，Piattelli(1976)は，ベタレイン色素の分布が調査されたのは中心子目 8000 種のうちわずかに 300 種に過ぎない現状では，この色素をめぐる化学分類学上の理論は早計に立てられるべきではないといっている。

図 補遺・5 ムスカ-アウリンⅠ の化学構造(Döpp ら, 1973)

最近 Döpp ら (1973) により，毒キノコの一種ベニテングダケから数種の色素が単離されたが，いずれもベタレイン色素と判定されている。その一つであるムスカ-アウリン 1 musca-aurin 1 に対して図 補遺・5 に示す構造式が与えられた。このことから，ベタレイン色素の化学分類学は，単に近縁の「目」相互あるいは同じ「目」内の「科」相互の関係だけでは割り切れない面のあることを予測させる。

このようにベタレイン色素は興味ある色素グループであるので以上述べた色素の化学や生合成のほかに，生合成と生理的条件との関係や遺伝生化学の領域でも，さらに多くのデータがあげられることを期待したい。

参考文献

Döpp, H,. Musso, H., *Naturwissenschaften* **60**: 477 (1973)
Döpp, H., Musso, H., *Chem. Ber.* **106**: 3473 (1973)
Garay, A. S., Towers, G. H. N., *Can. J. Bot.* **44**: 231 (1966)
Hörhammer, L., Wanger, H., Fritzsche, W., *Biochem. Z.* **339**: 398 (1966)
Mabry, T. J., Dreiding. A. S., Recent Advance in Phytochemistry, (1968) Piattelli, M., Chemistry and Biochemistry of Plant Pig-ments 2nd ed. p. 560 (Goodwin, TW. ed. Academic Press, New york, 1976)
Minale, L., Piattelli, M., Nicolaus, R. A., *Phytochemistry* **4**: 593 (1965)
Miller, H. E., Rösler, H., Wohlpart, A., Wyler, H., Wilcox, M. E., Frohofer, H., Mabry,, T. J., Dreiding, A. S., *Helv. Chim. Acta* **51**: 1470 (1968)
Piattelli, M., Chemistry and Biochemistry of Plant Pigments 2nd dd. p. 560 (Goodwin, T. W. ed., Academic Press, New York, 1976)
Reznik, H., Z. *Pflanzenphysiol.* **87**: 95 (1978)
Suito, S., Oriente, G., Piattelli, M., *Phytochemiststry* **11**: 2250 (1972)
Suito, S., Oriente, G., Piattelli, M., Impellizzeri, G., Amico, V. *Phytochemistry* **13**: 947 (1974)
Wyler, H., Mabry, T. J., Dreiding. A. S., *Helv. Chim. Acta*, **46**: 1745 (1963)

索　引

ア　行

I. S. C. C.-N. B. S. 色名　　5, 183, 187, 191
アウロン　　16, 45, 47, 56
　　——の Rf 値　　57
　　——のスペクトル特性　　57
　　——の生成　　75, 81, 83
アウロイシジン　　57
アウロイシン　　57
アウロキサンチン　　14, 15
アオバニン　　25, 30
アカキャベツ　　97, 99
アカセチン　　44, 53
アカダイコン　　113
アグリコン　　17
アサガオ　　238
アザレアチン　　43, 55
アシル化　　23, 90, 138, 263
　　——アントシアニン　　23, 26, 36
アジサイの花色変異　　168
アストラガリン　　45, 55
アピゲニン　　42, 44, 53
アフゼリン　　44, 55
アラスカ豆　　104
アラビノース　　21, 29
アルビノ遺伝子　　225, 229, 255
アルビノ型　　129, 228, 229
アンテラキサンチン　　12
アントキサンチン　　40, 42, 261

アントクロル色素　　46
アントシアニジン　　17, 75
　　——の Rf 値　　28
　　——の塩酸塩　　19
　　——の化学構造　　18
　　——のスペクトル特性　　33
　　——の定性試験　　32
　　——のペーパークロマトグラフィー　　28
アントシアニン　　4, 16, 18
　　——の Rf 値　　30
　　——の作用スペクトル　　98
　　——のスペクトル特性　　23, 33, 34, 36
　　——の抽出　　26
　　——の定性　　27, 31
　　——の配糖体型　　20
　　——の配糖体型と花色　　137
　　——のペーパークロマトグラフィー　　29
アントシアニンの生成　　81, 82
　　——と ATP　　123
　　——とアミノ酸　　112
　　——と硫黄化合物　　115
　　——と温度　　108
　　——と核酸代謝　　109
　　——と金属　　116
　　——と呼吸阻害剤　　122
　　——と酸性度　　123

索引

——と傷害　120
——と生長物質　118
——とタンパク質代謝　110
——と糖類　106
——と光　95
——と病害　120
——とリボフラビン　119
アントシアノホア　3

イソオリエンチン　44, 54
イソクェルシトリン　45, 55
イソサリブルポシド　56
イソスコパリン　44
イソビテキシン　43, 44, 54
イソペンテニルピロリン酸エステル
　　62, 63, 66
　　——の連続縮合　65
イソフラボン　16, 75, 83, 84
イソプレノイド　11, 61, 62, 64
イソラムネチン　43, 55
イソリキリチゲニン　56
イチゴ　97, 107, 108, 123

ウキクサ　96, 106, 109, 113, 114, 115, 117,
　　120, 124

エニン　30
エムベトリン　30

黄色の花色　130
オカニン　56
オパールガラス透過法　206
オパールガラス反射法　216
オリエンチン　44, 51, 54

カ 行

開花の進行と花色　133
開環型カロチノイド　68
カイラチニン　24

花色
　　——の意義　5
　　——の遺伝生化学　219
　　——の研究分野　6
　　——の定義　1
　　——の微細変異　180
　　——と色素の種類　129
　　——とミツバチの行動　5
花色変異の機構　128
褐色の花色　131
カブ　97, 101, 102, 108
カフェー酸　23, 29, 76, 88
花弁
　　——中の遊離酸　20
　　——の吸収スペクトル　206
　　——の組織構造　177
　　——の内部構造　2
　　——の反射曲線　140, 180, 193
　　——の半透明性　197
　　——の培養　93
　　——の表面反射光　191
カブサンチン　14, 15
ガラクトース　21, 29
カラシナ　97, 106, 108
ガランギン　44
カリステフィン　30
カルコン　16, 46, 47, 53, 80, 81, 84
　　——のRf値　56
　　——の生成　75, 78, 79
　　——のスペクトル特性　56
ガルバンゾール　85
カロチノイド　2, 9, 62
　　——の遺伝生化学　269
　　——の化学構造　10
　　——の吸収スペクトル　14, 15
　　——の生合成　60, 71
　　——の前駆物質　64
　　——の抽出法　12
カロチノイドエステル　12

283

カロチン　9, 11
α-カロチン　10, 14, 15, 69
β-カロチン　10, 14, 15, 16, 61, 69, 70
γ-カロチン　10, 14, 15, 69, 70, 72
δ-カロチン　14, 15, 69
ε-カロチン　14
ζ-カロチン　14, 68
含窒素アントシアニン　57
カンナビスミトリン　45

キサントフィル　9, 11, 71
　──の生成　71
キシロシルルチノース　23
キシロース　21, 29
キンギョソウ　226
金属錯体説　142, 145

グイネエシン　25
クェルシトリン　45, 55
クェルシメトリン　45, 55
クェルセタゲチン　44, 131
クェルセチン　43, 44, 55, 76, 77, 86
p-クマル酸　23, 29, 76
グリコシル化　88, 238, 260
グリコフラボン　43
クリサンテミン　30
クリソエリオール　44, 53
クリプトキサンチン　11, 12, 14, 15
クリーム色の花色　129
グルクロン酸　21
グルコシルルチノース　22
グルコース　21, 29
クロセチン　14, 15
クロロージ〔シアニノ〕鉄(Ⅲ)　147, 159

ケイ皮酸　23, 76, 77, 86
ケラシアニン　30
ゲラニルゲラニルピロリン酸エステル
　62, 65, 66, 67

ゲラニルピロリン酸エステル　62, 65, 66
ゲンカニン　44, 53, 156
ゲンチオトリオース　22
ゲンチオビオース　21
ケンフェリチン　55
ケンフェリトリン　45
ケンフェロール　43, 44, 55

黒色の花色　132, 139, 177
コピグメンテーション　161, 188, 264
コレオプシン　56
コロイド状態　166
コンメリニン　151

サ　行

細胞液のpH　142, 144, 198, 263
　──のコロイド状態　167
作用スペクトル　98
サルビアニン　23, 24, 25, 30
サンブビオース　22

C. I. E.標準表色系　183
シアナニン　25
シアノセントーリン　155
シアニジン　19, 28, 30
シアニン　30
ジェヌインアントシアニン　20, 36, 39
ジェヌインシアニン　40, 41
ジェヌインビオラニン　39
ジェヌインペラルゴニン　40, 41
ジオスメチン　53
色彩学　4
色素　2
　──の化学　9
　──の生合成　60
　──の分布　2, 266
　──の量的効果　138, 185
色度座標　183, 186
色度図　183, 186

索 引

シキミ酸　76, 77
紫色の花色　132
ジヒドロカルコン　16
ジヒドロフラボノール　81, 87
シチソシド　44
ジメチルアリルピロリン酸エステル　65
シリンゲチン　44
深紅色の花色　132

水酸基の数と花色　134
スイートピー　234
スウェルチャヤポニン　44
スウェルチジン　44, 155
スカーレットの花色　131
スコパリン　44
スクテラレイン　53
ストレプトカルプス　167, 235
スルフレチン　57, 81

赤色効果　135, 136, 137
積分球　180, 182, 216
α-ゼアカロチン　69
β-ゼアカロチン　69
ゼアキサンチン　11, 12, 14, 15
青色の花色　132
セルヌオシド　57

ゾウゲ色の花色　129
ソホロース　21

タ 行
脱塩素アントシアニン　39, 40
ダリア　232

チボウヒニン　25
チュウカザクラ　137, 220
チロシン　76

デルファニン　25

デルフィニジン　19, 28, 30
デルフィン　30

桃色の花色　132, 139
橙色の花色　131
糖類のペーパークロマトグラフィー　29
トウモロコシ　97, 106, 110, 113, 124
特殊光電管による透過法　213
トリオシド　21
トリ〔シアニジノ〕アルミニウム　159
トリ〔シアニジノ〕鉄(Ⅲ)　159
トリセチン　53
3, 4, 5-トリヒドロキシケイ皮酸　88
トルレン　72
トレニア　251

ナ 行
ニオイアラセイトウ　233

ネオキサンチン　12
ネオブランチメニン　56
ネグレテイン　23, 24, 25

ノイロスポレン　68
　——の閉環　69, 70

ハ 行
バイン　44
パーキンソニン-A　44
パーキンソニン-B　44
白色の花色　129
バラ　3, 97, 239
パンジー　248

pH説　142
ビオカニンA　84
ビオシド　21
ビオラキサンチン　12, 15
ビテキシン　43, 44, 54

ヒスピドール　57
p-ヒドロキシケイ皮酸　76, 86, 88
ヒドロキシル化　86, 104, 105, 256
　——と花色　135
ヒドロキソージ〔シアニジノ〕鉄(Ⅲ)　159
ヒドロキソージ〔シアニノ〕アルミニウム　159
ヒナゲシ　229
ヒルスチジン　19, 28, 30
ヒヤシンシン　25

ファイトクロム　98
ファルネシルピロリン酸エステル
　62, 66, 74
フィサリエン　14
フィセチン　44
フィトエン　14, 62, 66, 67, 68
　——の生成　66, 67
　——の脱飽和　68
フィトフルエン　14, 68
フェニルアラニン　76, 77, 84
フェニルプロパン化合物　76, 77
フェルラ酸　23, 29
ブテイン　56, 81
ブラクテアチン　57
ブラクテイン　57
フラバノン　16, 75, 79, 80
フラボコンメリン　155
フラボノイド　2, 16, 17
　——のグリコシル化　88
　——の前駆物質　75
　——の定性　50
　——の薄層クロマトグラフィー　49
　——のヒドロキシル化　86, 87
　——の分離法　47, 48
　——のメチル化　88
フラボノイドの生(合)成　74, 229
　——と除草剤　118
　——と生長物質　118

　——と生理的条件　92
フラボノール　16, 40, 43, 44, 52
　——の Rf 値　55
　——のスペクトル特性　55
　——の生成　75, 81, 82
　——の生成と光　102
　——配糖体　55
フラボン　16, 40, 42, 52, 75
　——の Rf 値　52
　——のスペクトル特性　53
　——配糖体の Rf 値　54
プリムリン　30, 221, 222
ブルーイング　199
プロアントシアニジン　85
プロトシアニン　146, 149

閉環型カロチノイド　68
ペオニジン　19, 28, 30
ペオニン　30
ベタキサンチン　2, 57, 131, 254
ベタシアニン　2, 57, 131, 254
ベタニジン　58
ベタニン　25, 58
ベツニジン　19, 28, 30
ベツノシド　45, 46
ペナニン　25
ペラニン　25
ペラルゴニジン　19, 28, 33
ペリラニン　25, 30
ヘレニエン　11, 12, 14

ポインセチア　251
ホウセンカ　93, 109, 114, 115, 249
ポテト　244
ポプリン　45, 55
ホルムオノネチン　84, 85

マ　行
マイレン　56

マッチオラニン　25
マツバボタン　253
マリチメチン　57
マルビジン　19, 28, 33
マルビン　30
マンギフェリン　164
マンノース　21

ミリシトリン　45
ミリセチン　43, 44, 55, 145

明度　183, 185
メコシアニン　30
メタロアントシアニン　145, 211
メチル化　88, 258
　――と花色　135
メバロン酸　61, 62, 64, 68, 73

モナルデイン　25
モノシド　21
モリン　44

ラ行
ラチロース　22
ラファヌシンA　23, 24, 25
ラファヌシンB　25
ラファヌシンC　25
ラファヌシンD　25
ラムノース　21, 29

リコピン　10, 14, 15, 68, 70, 71
　――の閉環　70
リコフィル　11, 14, 15
リンゴ　97, 101, 117

ルチノース　22
ルチン　45, 55, 89
ルテイン　11, 12, 71
ルテオリン　42, 53
ルビキサンチン　11, 14, 15
ルブロブラッシシンA　26
ルブロブラッシシンB-1　26
ルブロブラッシシンB-2　26
ルブロブラッシシンC　25
ルブロブラッシシンC-1　26
ルブロブラッシシンC-2　25, 26

レプトシジン　57

ロイコアントシアニン　75, 85
ロイシン　63
ロドキサンチン　14, 15
ロビニン　45

著者略歴

安田　齊（やすだ　ひとし）
1954年　東北大学理学部生物学科卒
1995年　停年退官
　　　　信州大学名誉教授
　　　　理学博士
著　書　花の色の謎（東海大学出版会）

PHYSIOLOGY AND BIOCHEMISTRY OF FLOWER COLOR

1973年5月25日	第1版発行
2003年4月25日	増補訂正3版発行

著者の了解により検印を省略いたします

NDC 464

花色の生理・生化学
―増補版―

著　者　安　田　　　齊
発行者　内　田　　　悟
印刷者　依　田　忠　二

発行所　株式会社　内田老鶴圃　〒112-0012 東京都文京区大塚3丁目34番3号
　　　　電話 03(3945)6781(代)・FAX 03(3945)6782
　　　　印刷/依田鉛版所・製本/榎本製本K.K.

Published by UCHIDA ROKAKUHO PUBLISHING CO., LTD.
3-34-3 Otsuka, Bunkyo-ku, Tokyo 112-0012, Japan

U.R. No.145-5

ISBN 4-7536-4034-5 C3045

動物の色素
多様な色彩の世界
梅鉢幸重 著
A5判・392頁・8000円

動物の体色に関与する色素を，動物自身によって合成されるもの，植物由来のもの，体内微生物由来のものを含めて「動物の色素」として解説する．
カロチノイド／フラボノイド／プテリジン系色素／メラニン／インドール系色素／キノン系色素／オモクローム　ほか

植物生長の遺伝と生理
中山 包 著
A5判・240頁・4000円

本書は主に植物の発育・生長の生理の遺伝関係を解説することを主眼とする．
組織培養／種子と発芽／胎生／形態形成の立場から／凋萎／葉と葉色の変異／光合成の立場から／特異の生長型1／特異の生長型2／根系の生長／矮性／腫瘍／倍数体と生長／ヘテロシス／遺伝死

新日本海藻誌
日本産海藻類総覧
吉田忠生 著
B5判・1248頁・46000円

本書は古典的名著である，岡村金太郎著「日本海藻誌」(1936)をあらたに全面的に書き下ろしたものである．「海藻誌」以来約60年の研究の進歩を要約し，日本産として報告のある海藻1400種について詳述する．
〔収録〕緑藻綱14目25科，褐藻綱13目35科，紅藻綱16目50科

淡水藻類入門
淡水藻類の形質・種類・観察と研究
山岸高旺 著
B5判・700頁・25000円

極めて多様な淡水藻類の世界を形質，種類で総合的に分類するとともに，多くの第一線の研究者が参加し，具体的な観察方法などを丁寧に述べる．初心者から専門家，研究者まで必携の書．
淡水藻類の形質／淡水藻類の種類／淡水藻類の観察と研究

原生生物の世界
細菌，藻類，菌類と原生動物の分類
丸山 晃 著　丸山雪江 絵
B5判・440頁・28000円

細菌・藻類・菌類と原生動物の分類という壮大な世界を一巻に収めた類例のない書．生物界全体を概観した後，生命の歴史，その分類の歴史をたどり，形と機能から生物を段階的に区分する．
生物群の概説／生命の歴史／分類の歴史／形と機能を分ける／生物を分ける／生物界を再編する

内田老鶴圃　　価格はすべて税抜きです．